云计算应用开发1+X证书制度系列教材

云计算应用开发

（高级）

腾讯云计算（北京）有限责任公司　主　编

路　亚　李　腾　张科伦　杨　睿　副主编

电子工业出版社

Publishing House of Electronics Industry

北京·BEIJING

内 容 简 介

本书是腾讯云计算（北京）有限责任公司开发的"1+X"职业技能等级证书配套教材，是一本基于"项目导向，任务驱动"教学理念的云计算应用开发（高级）教材。本书依据课程教学改革思路而编写，围绕云计算应用开发人员工作任务的实施过程精心组织内容。

本书较系统地介绍云计算应用开发的相关知识和实际操作。本书共 7 个项目、29 个任务，主要内容包括软件开发规划及管理、非关系型数据库管理、公有云数据库资源管理、公有云容器资源管理调用、公有云中间件资源管理调用、微服务平台管理和应用、微服务平台服务治理与运维。每个任务配有"教学课件"和"微课"，以便于学习和教学的开展。

本书可作为职业院校、应用型本科院校大数据、云计算及计算机相关专业的教材，也可作为云计算应用开发人员的自学指导书和培训用书。

图书在版编目（CIP）数据

云计算应用开发：高级 / 腾讯云计算（北京）有限责任公司主编 . —北京：电子工业出版社，2022.7
ISBN 978-7-121-43783-0

Ⅰ. ①云…　Ⅱ. ①腾…　Ⅲ. ①云计算—职业技能—鉴定—教材　Ⅳ. ①TP393.027

中国版本图书馆CIP数据核字（2022）第101384号

责任编辑：朱怀永
印　　刷：三河市华成印务有限公司
装　　订：三河市华成印务有限公司
出版发行：电子工业出版社
　　　　　北京市海淀区万寿路 173 信箱　邮编 100036
开　　本：787×1092　1/16　印张：30.25　字数：771.2 千字
版　　次：2022 年 7 月第 1 版
印　　次：2022 年 7 月第 1 次印刷
定　　价：86.80 元

凡所购买电子工业出版社图书有缺损问题，请向购买书店调换。若书店售缺，请与本社发行部联系，联系及邮购电话：（010）88254888，88258888。

质量投诉请发邮件至 zlts@phei.com.cn，盗版侵权举报请发邮件至 dbqq@phei.com.cn。

本书咨询联系方式：（010）88254608 或 zhy@phei.com.cn。

前　言

为贯彻《国家职业教育改革实施方案》，落实"1+X"证书制度试点工作有关政策要求，腾讯云计算（北京）有限责任公司发挥在云计算应用开发领域积累的技术优势、人才培养经验和资源，与高校开展校企合作，并合作开发配套教材。

本书是云计算应用开发"1+X"职业技能等级证书（高级）配套教材。本书配套丰富的教学资源，包括 PPT、微课等。

1. 本书特色

本书结合众多编者多年的工作经验并根据云计算应用开发人员所需的知识和技能编写而成。本书围绕企业云计算应用开发项目的实际实施过程来组织内容，是为"1+X"证书考证人员量身定做的教材。本书内容实用，重在帮助学习者提高分析问题和解决问题的能力。本书配套的教学资源可通过扫描书中的二维码获取。

2. 参考学时

本书参考学时为 64 学时，其中实践教学学时为 40 学时。各项目参考学时见下表。

项目	课程内容	课时分配		
		讲授	实训	小计
项目 1　软件开发规划及管理	任务 1　软件开发规划	1	1	7
	任务 2　软件开发项目统筹	1	1	
	任务 3　软件系统维护	0.5	0.5	
	项目实训　资产管理信息系统软件项目开发规划及统筹	0.5	1.5	
项目 2　非关系型数据库管理	任务 1　认识非关系型数据库	1	1	8
	任务 2　常用键值数据库的管理与使用	1	1	
	任务 3　文档数据库的使用与管理	1	1	
	项目实训　通过 XMemcached 插件管理 Memcached 集群	0	2	

续表

项目	课程内容	课时分配		
		讲授	实训	小计
项目3 公有云数据库资源管理	任务1 云数据库的原理及关键技术	0.5	0.5	13
	任务2 云数据库 MySQL 的配置和调用	1	1	
	任务3 云数据库 SQL Server 的配置和调用	1	1	
	任务4 云数据库 PostgreSQL 的配置和调用	1	1	
	任务5 云数据库 Redis 的配置和调用	1	1	
	任务6 云数据库 MongoDB 的配置和调用	1	1	
	项目实训 基于 Redis 及 MySQL 的高并发访问架构搭建	0	2	
项目4 公有云容器资源管理调用	任务1 Docker 的安装与配置	1	1	10
	任务2 Kubernetes 的部署与应用	1	1	
	任务3 云容器服务的部署与管理	1	1	
	项目实训 基于腾讯云容器服务部署个人小说网站系统	0	4	
项目5 公有云中间件资源管理调用	任务1 认识中间件	0.5	0.5	8
	任务2 公有云分布式消息队列	1	2	
	任务3 公有云 API 网关	1	1	
	项目实训 运用 API 网关快速开放 Serverless 服务	0	2	
项目6 微服务平台管理和应用	任务1 认识微服务平台 TSF	1	1	8
	任务2 微服务平台 TSF 的应用部署	1	1	
	任务3 微服务平台 TSF 环境与资源管理	1	1	
	项目实训 基于 TSF 容器部署图书管理系统微服务	0	2	
项目7 微服务平台服务治理与运维	任务1 服务生命周期管理	0.5	0.5	10
	任务2 服务鉴权管理	0.5	0.5	
	任务3 服务限流设置	0.5	0.5	
	任务4 服务路由设置	0.5	0.5	
	任务5 弹性伸缩设置	0.5	0.5	

续表

项目	课程内容	课时分配		
		讲授	实训	小计
项目7　微服务平台服务治理与运维	任务6　服务依赖分析	0.5	0.5	
	任务7　使用服务监控	0.5	0.5	
	任务8　使用日志服务	0.5	0.5	
	项目实训　图书管理系统微服务治理与运维	0	2	
合计		24	40	64

　　本书由腾讯云计算（北京）有限责任公司主编，由重庆电子工程职业学院路亚、李腾、张科伦、杨睿担任副主编。本书在编写过程中参考了大量书籍和技术文献，同时得到相关职业学院老师的大力支持，在此向所有人员一并表示感谢。由于编者水平有限，书中难免存在不足，敬请广大读者批评指正。

编　者

2021 年 10 月

目　录

项目1　软件开发规划及管理 …………………… **001**

学习目标 …………………………………………… 002

项目描述 …………………………………………… 003

任务1　软件开发规划 ……………………………… 003

任务2　软件开发项目统筹 ………………………… 022

任务3　软件系统维护 ……………………………… 033

项目实训　资产管理信息系统软件项目开发规划及统筹 ……… 043

项目练习 …………………………………………… 061

项目2　非关系型数据库管理 …………………… **063**

学习目标 …………………………………………… 064

项目描述 …………………………………………… 064

任务1　认识非关系型数据库 ……………………… 065

任务2　常用键值数据库的管理与使用 …………… 087

任务3　文档数据库的使用与管理 ………………… 113

项目实训　通过 XMemcached 插件管理 Memcached 集群 … 128

项目练习 …………………………………………… 137

项目3　公有云数据库资源管理 ………………… **139**

学习目标 …………………………………………… 140

项目描述 …………………………………………… 140

任务1　云数据库的原理及关键技术 ……………… 141

任务2　云数据库 MySQL 的配置和调用 ………… 153

任务3　云数据库 SQL Server 的配置和调用 …… 172

任务4　云数据库 PostgreSQL 的配置和调用 …… 182

任务5　云数据库 Redis 的配置和调用 …………… 191

任务6　云数据库 MongoDB 的配置和调用 ……… 207

项目实训　基于 Redis 及 MySQL 的高并发访问架构搭建 …… 220

项目练习 …………………………………………… 248

项目4　公有云容器资源管理调用 ····················· **249**

学习目标 ··· 250
项目描述 ··· 250
　任务 1　Docker 的安装与配置 ························· 251
　任务 2　Kubernetes 的部署与应用 ··················· 263
　任务 3　云容器服务的部署与管理 ····················· 288
项目实训　基于腾讯云容器服务部署个人小说网站系统 ······· 300
项目练习 ··· 320

项目5　公有云中间件资源管理调用 ·················· **323**

学习目标 ··· 324
项目描述 ··· 324
　任务 1　认识中间件 ····································· 325
　任务 2　公有云分布式消息队列 ······················· 331
　任务 3　公有云 API 网关 ······························· 358
项目实训　运用 API 网关快速开放 Serverless 服务 ·········· 366
项目练习 ··· 378

项目6　微服务平台管理和应用 ······················· **379**

学习目标 ··· 380
项目描述 ··· 380
　任务 1　认识微服务平台 TSF ·························· 381
　任务 2　微服务平台的应用部署 ······················· 396
　任务 3　微服务平台 TSF 环境与资源管理 ·············· 409
项目实训　基于 TSF 容器部署图书管理系统微服务 ·········· 420
项目练习 ··· 426

项目7　微服务平台服务治理与运维 ·················· **429**

学习目标 ··· 430
项目描述 ··· 430
　任务 1　服务生命周期管理 ····························· 431

任务 2　服务鉴权管理 ……………………………………… 435

任务 3　服务限流设置 ……………………………………… 439

任务 4　服务路由设置 ……………………………………… 443

任务 5　弹性伸缩设置 ……………………………………… 449

任务 6　服务依赖分析 ……………………………………… 453

任务 7　使用服务监控 ……………………………………… 458

任务 8　使用日志服务 ……………………………………… 462

项目实训　图书管理系统微服务治理与运维 ……………………… 470

项目练习 ……………………………………………………… 471

项目 1

软件开发规划及管理

 学习目标

（一）知识目标

- 掌握常见的软件开发需求分析方法。
- 掌握常见的软件开发系统设计方法。
- 掌握常见的软件开发任务分解策略。
- 掌握软件开发项目常见的成本估算方法 。
- 掌握软件开发项目常见的风险点和应对策略 。
- 掌握软件开发项目常见的进度安排策略 。
- 掌握常见的软件维护活动类型 。
- 掌握常见的软件维护计划定制方案 。
- 掌握软件可维护性设计原理 。

（二）技能目标

- 掌握《软件需求规格说明书》的编写。
- 掌握《项目工作列表》的编写。
- 掌握《工作分解结构表》的编写。
- 掌握《已识别风险清单》的编写。
- 掌握《项目成本估算表》的编写。
- 掌握《软件维护计划》的编写。
- 掌握工作分解结构图的绘制。
- 掌握单代号网络图的绘制。

（三）素质目标

- 培养软件开发规划及统筹的规范意识；
- 培养软件系统维护的规划意识；
- 培养软件开发及维护中的团队精神及协作意识；
- 培养软件开发项目管理的基本素质。

 项目描述

（一）项目背景及需求

软件开发管理一般是对软件项目的进度、成本、风险、参与人员、干系人等方面进行管理，以促进项目朝着既定目标正常推进，是项目成功的关键保障。在大中型软件项目开发中通常会配备专门的软件开发管理人员，对项目进行统筹规划。软件开发管理人员一般需要具有一定的软件开发经验、了解基本的软件工程概念及软件项目管理经验。

本项目是为了达成软件开发规划与管理学习的知识目标、技能目标、素质目标而设计的项目。本项目的参与人员的身份设定为准项目管理人员，须具备一定的软件开发知识及软件工程理论知识。本项目中任务1、2、3分别针对软件项目的开发规划、统筹及维护管理进行知识准备，以加强准项目管理人员对于软件项目管理的相关知识及规范的理解；最后通过项目实训综合运用软件开发管理相关知识实现"资产管理信息系统"软件的开发管理。

（二）项目分解

本项目可分解为以下4个任务。
- 任务1　软件开发规划。
- 任务2　软件开发统筹。
- 任务3　软件系统维护。
- 任务4　项目实训。

任务1　软件开发规划

（一）任务描述

教学课件1-1-1　　教学课件1-1-2

在软件开发管理研究中，为了提升软件质量和软件开发效率，软件开发管理研究人员把整个软件生命周期划分为若干阶段，使得每个阶段有明确的任务，使规模大、结构复杂和管理复杂的软件开发变得容易控制和管理。这种软件开发生命周期的典型实践与研究，最终归纳和总结为软件生命周期模型。常见的软件生命周期模型有瀑布模型、快速原型模型、增量模型、喷泉模型等。如图1-1所示为瀑布模型，将软件生命周期分为三个时期、

八个阶段。

本任务侧重于软件开发规划中常见软件开发方法和任务分解策略的讲授。常见的软件开发方法包括结构化法及面向对象法，本任务仅介绍软件开发规划中的分析和设计两方面。其中任务分解一般最早在可行性分析阶段就应进行，分析属于需求分析阶段的工作，设计属于概要设计和详细设计阶段的工作。

本任务的学习目标为：掌握软件开发两种方法的分析方法及系统设计方法，掌握软件开发任务分解策略，培养软件开发规划的规范意识。

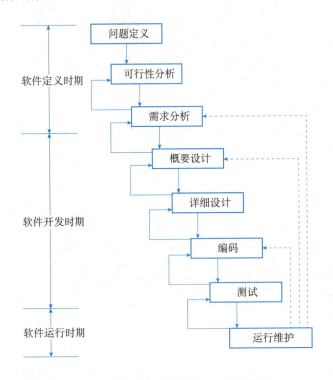

图 1-1　软件生命周期模型——瀑布模型

（二）问题引导

● 着手软件开发应如何制订开发计划？
● 软件开发中主要的分析方法有哪些？
● 软件开发中主要的设计方法有哪些？
● 对于多人协作的软件开发项目其任务应如何分解？

（三）知识准备

1. 软件开发需求分析方法

软件需求是指用户对系统的功能、可靠性、行为、性能、设计约束等方面的期望。软件需求分析（Requirements Analysis）是开发人员或者需求分析人员经过深入细致地与用户沟通和调研分析后，准确理解用户对项目的功能、行为、性能、可靠性等具体要求，将用户非形式的需求表述转化为完整的需求定义并与用户进行确认，从而确定系统必须做什么的过程。需求分析是软件开发早期的一个重要阶段，它在问题定义和可行性分析阶段之后进行，它是整个软件开发的基础，这是关系到软件开发过程中明确项目范围、进度、成本等内容的关键步骤，影响项目的成败。

需求分析的任务是明确用户对系统的确切要求，需求分析阶段的依据是可行性分析阶段形成的文档。可行性分析阶段已经确定了系统必须完成的基本功能，在需求分析阶段，分析员应将这些功能进一步具体化。在可行性分析阶段获得的需求往往是不明确的、重复的、矛盾的，需求分析的目标是，提炼、分析、审查获得的需求，通过与用户多次沟通确保其明白需求报告的含义并找出遗漏、错误或者不足的部分，从而不断向达到用户实际要求和期望的目标推进。在这个阶段结束时应提交的文档包括实体-关系图、详细的数据流图、状态转换图和数据字典等。在需求分析阶段结束时必须对软件需求进行严格的审查后才能进入下一阶段，以确保软件产品的质量。

需求分析是发现、逐步求精、建立模型、规格说明和复审的过程。高质量的需求应该具有无二义性、完整性、一致性、可测试性、确定性、可跟踪性、正确性、必要性等特性。

对于软件开发方法，结构化法中对应的分析方法为结构化分析法（Structured Analysis，SA），面向对象法中对应的分析方法为面向对象分析法（Object-Oriented Analysis，OOA）。

2. 结构化分析法

1）结构化分析法概述

开发出真正达到用户需求和期望的软件产品是软件开发的最终目标，对软件需求的深入理解是软件开发工作获得成功的前提和关键。所以要达到软件开发最终目标首先必须能够准确理解用户需求。因为无论我们把界面设计和编码工作做得如何出色，如不能真正满足用户需求，那么该软件也只能是一个失败的产品。

传统的软件工程方法学采用结构化分析技术完成需求分析工作，结构化分析实质上是一种创建模型的活动，适用于分析典型数据处理系统，是以结构化的方式进行系统定义的分析方法。结构化分析法根据软件内部的数据传递、变换关系，自顶向下逐层分解，描绘出满足功能要求的软件模型。结构化分析法的模型结构如图 1-2 所示，其核心是数据字典，它描述软件使用或产生的所有数据对象。围绕数据字典有三个层次的模型：数据模型、功能模型和行为模型（也称状态模型）。在实际工作中，数据模型一般使用实体-关系图（E-R 图）表示，功能模型使用数据流图（Data Flow Diagram，DFD）表示，行为模型使用状态转换图（State Transform Diagram, STD）表示。

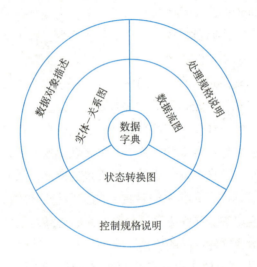

图 1-2　结构化分析法的模型结构

2）实体-关系图

实体-关系图提供了表示实体类型、属性和联系的方法，是用来描述现实世界的概念模型。实体-关系图是表示概念关系模型的一种方式，用"矩形框"表示实体，矩形框内注明实体名称；用"椭圆图框"或圆角矩形表示实体的属性，并用"实心线段"将其与相应关系的实体连接起来；用"菱形框"表示实体之间的联系，在菱形框内注明联系名，并用"实心线段"分别与有关实体连接起来，同时在实心线段旁标注联系的类型（1:1，1:n 或 m:n）。

3）数据流图

数据库流图是描述系统中数据流程的一种图形工具，它标志了一个系统的逻辑输入和逻辑输出，以及把逻辑输入转换为逻辑输出所需的加工处理。数据流图从数据传递和加工的角度，以图形方式来表达系统的逻辑功能、数据在系统内部的逻辑流向和逻辑变换过程，是结构化系统分析法的主要表达工具及用于表示软件模型的一种图示方法。

4）状态转换图

状态转换图通过描述系统的状态和引起系统状态转换的事件，来表示系统的行为，指出作为特定事件的结果将执行哪些动作。

5）结构化分析法实施的一般步骤

①进行调查研究。

②分析和描述系统的逻辑模型。

③修正软件开发计划。

④编写初步的用户手册。

⑤需求分析的复审。

此时的用户手册只能描述用户的输入和系统的输出结果，开发人员可在以后的系统设计过程中再对该用户手册加以补充和修改。

6）结构化分析法的指导原则

结构化分析法一般采用以下指导性原则：

①在开始建立分析模型之前先理解问题。

②开发模型，使用户能够了解将如何进行人机交互。

③记录每个需求的起源和原因，这样能有效地保证需求的可追踪性和可回溯性。

④使用多个需求分析视图，建立数据模型、功能模型和行为模型。

⑤给需求赋予优先级，优先开发重要的功能，提高开发生产效率。

⑥努力删除含糊性。

3. 面向对象分析法

1）面向对象分析法概述

面向对象技术的概念和方法被视为一种全新的软件开发方法，其基本思想是对问题域进行自然分割，以接近人类通常思维的方式来建立对象模型，以便对现实世界的客观实体进行结构模拟和行为模拟，从而使设计出的软件尽可能直接地表现出问题求解过程。

面向对象分析就是运用面向对象的方法以对象概念为基础进行需求分析，其主要任务是分析和理解问题域，得到对问题域清晰、精确的定义，找出描述问题域和系统责任所需的类及对象，分析它们的内部构成和外部关系，确定问题的解决方案，建立独立实现的目标系统分析模型。面向对象分析强调的是在系统调查资料的基础上，针对面向对象方法所需要的素材进行的归类分析和整理，而不是对管理业务现状和方法的分析。

面向对象的分析模型从功能、关键抽象和动态行为等方面对软件系统所要解决的问题进行抽象和描述，它主要由 3 个独立的模型构成，即由用例和场景表示的功能模型、由类和对象表示的分析对象模型、由状态图和顺序图表示的动态模型。通常，在需求分析阶段得到的用例模型就是功能模型，但在分析建模时还需要补充完善，同时可以根据功能模型导出分析对象模型和动态模型。

面向对象建模得到的模型包含系统的 3 个要素，即静态结构（对象模型）、交互次序（动态模型）和数据变换（功能模型）。对任何大系统来说，上述 3 种模型都是必不可少的。用面向对象法开发软件，在任何情况下，对象模型始终都是最重要、最基本、最核心的。复杂问题（大型系统）的对象模型通常由下述 5 个层次组成：主题层（也称为范畴层）、类与对象层、结构层、属性层和服务层，如图 1-3 所示。

图 1-3　面向对象模型的 5 个层次

2）用例模型

建立用例模型的关键是通过对项目干系人需求的详细分析，识别出待开发软件的执行者和用例，画出用例图，并针对每个用例写出详细的用例描述。用例模型主要由用例、用例描述和用例图组成，用来描述系统的外部特征。它表示了从系统的外部用户（即执行者或角色）的观点看系统应该具备什么功能，因此只需说明系统实现什么功能，而不必说明如何实现。图 1-4 所示为一个用例图的实例。

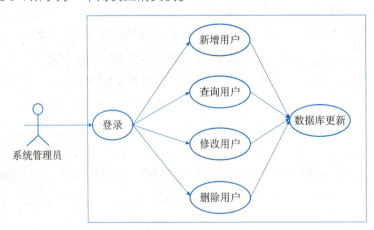

图 1-4　用例图的实例

（1）用例之间的关系

用例之间主要有关联、包含和扩展 3 种关系。

● 关联关系。关联（Association）：用单向箭头表示角色启动用例，每个用例都有角色启动，但包含和扩展用例除外。无论用例和角色是否存在双向数据交流，关联总是由角色指向用例。

● 包含关系。对于用例之间的包含关系，如果若干个用例的某些行为是相同的，则可以把这些相同的行为提取出来单独形成一个用例，这个用例称为抽象用例。这样，当某个用例使用该抽象用例时，就好像这个用例包含了抽象用例的所有行为，这两个用例间就构成了包含关系。可使用带有 include 说明的依赖关系表示包含关系，箭头方向由基本用例指向被包含用例。执行基本用例时，每次都必须调用被包含用例，被包含用例也可单独执行。

● 扩展关系。当某个基本用例由于需要附加一个用例来扩展或延伸其原有功能时，附加的扩展用例与原有的基本用例之间的关系就体现为扩展关系。可使用带有 extend 说明的依赖关系表示扩展关系。

（2）用例建模的步骤

● 从几方面识别系统的执行者，包括需要从系统中得到服务的人、设备和其他软件系统等。

● 分析系统的业务边界或执行者对于系统的基本业务需求，并将其作为系统的基本用例。

● 分析基本用例，将基本用例中具有一定独立性的功能，特别是具有公共行为特征的功能分解出来，将其作为包含用例供基本用例使用。

● 分析基本用例功能以外的其他功能，将其作为扩展用例供基本用例进行功能扩展。

● 分析并建立执行者与用例之间的通信关系。

3）面向对象分析法实施的一般步骤

（1）获取用户需求

获取用户需求需要开发者与用户充分地交流，开发者常常使用用例来收集用户的需求。首先找出使用该系统的不同执行者，这些执行者代表使用系统的不同角色。每个执行者可以叙述他如何使用系统，或者说明他需要系统提供什么功能。执行者提出的每个功能都是系统的一个用例。一个用例描述了系统的一种用法或一个功能，所有执行者提出的所有用例就构成了系统的功能需求。开发者根据用户提出的这些需求，建立用例模型，作为双方对系统认识和开发系统的基础。

（2）表示对象和类

在确定了系统的所有用例后，即可以开始识别问题域中的对象和类。标识系统中的对象可以从问题域或用例描述着手。标识类和标识对象是一致的。把具有相同属性和操作的对象定义成一个类，为了对类有进一步的认识，需要识别属性和操作。从本质上讲，属性定义了对象，它们表明了对象的基本特征，即为了完成用户规定的目标必须保存的信息。操作定义了对象的行为，并以某种方式修改对象的属性值。对操作的识别可通过对系统的过程描述的分析提取出来，通常把过程描述中的动词作为候选操作。

（3）定义类的层次结构

在确定了系统的类之后，就可以识别类的层次结构。类之间的关系包括泛化、聚合与关联3种。

泛化关系反映了类之间的一般与特殊的关系。例如，交通工具可以分成汽车、飞机、轮船等。交通工具类就是一个一般类，汽车、飞机、轮船则是特殊类。一般与特殊之间是一种"is a"的关系，如飞机是一种交通工具。汽车类还可以继续划分成轿车、货车等类，这样可形成类的层次结构。聚合关系反映了类之间的整体与部分的关系。例如，学校是由教师、学生、教学设备、后勤服务等部分组成。整体与部分关系是一种"has a"的关系，如学校有教师。同样，整体与部分结构也具有层次结构。

（4）建立对象（概念）模型

在明确了对象、类、属性、操作及类的层次结构之后，进一步识别出对象、类之间的关联关系，就可以建立系统的对象（概念）模型。对象模型描述了系统的静态组成和结构，同时也是认识系统动态特性的基础。

4. 软件开发的系统设计方法

分析是提取和整理用户需求，并建立问题域精确模型的过程。设计则是把分析阶段得到的需求转变成符合成本和质量要求的、抽象的系统实现方案的过程。对软件需求有了完整、准确、具体地理解并进行确认之后，接下来的工作就是用软件正确地实现这些需求。为此，必须首先进行软件设计。软件设计的目标，是设计出所要开发的软件模型。设计软件模型的过程综合了诸多因素，如从开发类似软件的经验中获得的直觉和判断力、指导模型演化的一组原理和启发规则、判断质量优劣的一组标准，以及导出最终设计表示的迭代过程。

软件设计在软件开发过程中处于技术核心地位。在完成了软件需求分析并写出软件规格说明之后，软件设计就开始了，它是构造和验证软件所需要完成的三项技术活动（设计、代码生成和测试）中的第一项。结构化法中对应的软件开发设计方法为结构化设计（Structured Design，SD），面向对象法中对应的软件开发设计方法为面向对象设计（Object-Oriented Design，OOD）。

5. 结构化设计

1）结构化设计概述

传统的软件工程方法学采用结构化设计技术，完成软件设计工作。通常把软件设计工作划分为概要设计和详细设计两个阶段。概要设计的主要任务是，通过仔细分析软件规格说明，适当地对软件进行功能分解，从而把软件划分为模块，并且设计出完成预定功能的模块结构；详细设计阶段详细地设计每个模块，确定完成每个模块功能所需要的算法和数据结构。

耦合表示模块之间联系的程度，低耦合表示模块之间的联系比较弱，相互之间的影响程度低；内聚表示模块内各成分之间的联系程度，高内聚的模块应实现单一目标功能。

（1）耦合

非直接耦合：两个模块之间没有直接关系，而是通过主模块的控制和调用来实现的联系。非直接耦合的模块独立性最强。

数据耦合：一个模块访问另一个模块时，彼此之间是通过简单数据参数（不是控制参数、公共数据结构或外部变量）来交换输入、输出信息的。

特征耦合：一组模块通过参数表传递记录信息，就是特征耦合。这个记录是某一数据结构的子结构，而不是简单变量。

控制耦合：如果一个模块通过传送开关、标志、名字等控制信息，明显地控制另一模块的功能，就是控制耦合。

公共耦合：若一组模块都访问同一个公共数据环境，则它们之间的耦合就称为公共耦合。公共数据环境可以是全局数据结构、共享的通信区、内存的公共覆盖区等。

内容耦合：一个模块直接访问另一个模块的内部数据，一个模块不通过正常入口转到另一模块内部；两个模块有一部分程序代码重叠（只可能出现在汇编语言中）。一个模块有多个入口。

按上述顺序从"非直接耦合"到"内容耦合"，耦合性由低至高，模块独立性由高至低。

（2）内聚

偶然内聚：当模块内各部分之间没有联系，或者即使有联系，这种联系也很松散，则称这种模块为偶然内聚模块，内聚程度最低。其缺点是内容不易理解，很难描述其功能；把完整的程序分割到多个模块中，在程序运行时会频繁地互相调用。

逻辑内聚：把几种相关的功能组合在一起，每次被调用时，由传送给模块的判定参数来确定该模块应执行哪个功能。其缺点是不易修改；需传递控制参数——控制耦合；未用部分调入内存，影响效率。

时间内聚：时间内聚模块大多为多功能模块，但模块的各个功能的执行与时间有关，通常要求所有功能必须在同一时间段内执行。时间内聚模块比逻辑内聚模块的内聚程度又稍高一些。在一般情形下，各部分可以以任意的顺序执行，所以它的内部逻辑更简单。

过程内聚：如果一个模块内的处理是相关的，而且必须以特定次序执行，则是过程内聚。使用流程图作为工具设计程序时，把流程图中的某一部分划出组成模块，就得到过程内聚模块。

顺序内聚：一个模块中的处理元素和同一功能密切相关，而且这些处理必须顺序执行，则称为顺序内聚。根据数据流图划分模块时，通常得到顺序内聚模块。

功能内聚：一个模块中各个部分都是完成某一具体功能必不可少的组成部分，或者说该模块中所有部分都是为了完成一项具体功能而协同工作、紧密联系、不可分割的，则称该模块为功能内聚模块。

按上述顺序从"偶然内聚"到"功能内聚"，内聚性由低至高，模块独立性由低至高。

2）结构化设计的基本原则

（1）分而治之

分而治之是指将大型复杂的问题分解成许多容易的小问题。软件的体系设计、模块化设计都是分而治之的具体策略。但应注意尽管分而治之的思想能够简化要解决的问题，但模块分解并不是越小越好。当模块数量增加时，开发单个模块的成本确实减少了，但模块之间的关系复杂程度也增加了。所以，应根据实际情况确定模块划分的大小程度。

（2）模块独立性

模块独立性是指软件系统中每个模块只设计软件要求的具体子功能，与软件系统中其他模块的接口是简单的。模块间的耦合和模块的内聚是判别模块独立性的两个准则。在结构化设计中，需要遵循高内聚、低耦合的基本原则。

对于耦合来说，应尽量使用数据耦合，少用控制耦合，限制使用公共耦合，完全不用内容耦合。实际上，两个模块之间的耦合不只是一种类型，而是多种类型的混合。这就要求设计人员进行分析、比较，逐步加以改进，以提高模块的独立性。

对于内聚来说，应力争做到高内聚，识别出低内聚的模块并采取措施提高内聚程度、降低模块间的耦合程度，从而获得尽量高的模块独立性。

（3）提高抽象层次

抽象是指忽视一个主题中与当前目标无关的方面，以便更注意与当前目标有关的方面。在软件设计时，尽量提高软件的抽象层次。按抽象级别从高到低进行软件设计，对于软件的体系结构按自顶向下方式，对各个层次的过程细节和数据细节逐层细化，直到用程序设计的语句能够实现为止。

（4）复用性设计

复用性设计是指在构造新的软件时，不必从零做起，可以直接使用（或进行适当的修改后使用）已有的软构件即可组装成新的系统。这里软构件是指软件重用的部分。

（5）灵活性设计

保证灵活性设计的关键是抽象，理想的情况下一个系统的任何代码、逻辑、概念在这个系统中都是唯一的，也就是不存在重复的代码。引入灵活性的方法有，降低耦合并提高内聚（易于提高替换功能）、建立抽象（创建有多态操作的接口和父类）、不要将代码写死（消除代码中的常数）、抛出异常（由操作的调用者处理异常）、使用并创建可复用的代码。

6. 面向对象设计

1）面向对象设计概述

微课 1-1

面向对象设计法是面向对象法中一个中间过渡环节，其主要作用是对 OOA 分析的结果做进一步的规范化整理，目标是管理程序内部各部分的相互依赖。为了达到这个目标，OOD 要求将程序分成块，每个块的规模应该小到可以管理的程度，然后分别将各个块隐藏在接口（interface）的后面，让它们只通过接口相互交流。OOD 是一种解决软件问题的设计范式，一种抽象的范式。使用 OOD 设计范式，可以用对象（object）来表现问题领域的实体，每个对象都有相应的状态和行为。

2）面向对象设计常用原则

（1）模块化

面向对象软件开发模式，很自然地支持了把系统分解成模块的设计原理，即对象就是模块。它是把数据结构和操作这些数据的方法紧密地结合在一起所构成的模块。

（2）抽象

面向对象法不仅支持过程抽象，而且支持数据抽象。类实际上是一种抽象数据类型，它对外开放的公共接口构成了类的规格说明（即协议），这种接口规定了外界可以使用的合法操作符，利用这些操作符可以对类实例中包含的数据进行操作。使用者无须知道这些操作符的实现算法和类中数据元素的具体表示方法，就可以通过这些操作符使用类中定义的数据。通常把这类抽象称为规格说明抽象。

此外，某些面向对象的程序设计语言还支持参数化抽象。所谓参数化抽象，是指当描述类的规格说明时并不具体指定所要操作的数据类型，而是把数据类型作为参数。这使得类的抽象程度更高，应用范围更广，可重用性更好。例如，C++ 语言提供的"模板"机制就是一种参数化抽象机制。

（3）信息隐藏

在面向对象法中，信息隐藏通过对象的封装性实现，即类结构分离了接口与实现，从而支持了信息隐藏。对于类的用户来说，属性的表示方法和操作的实现算法都应该是隐藏的。

（4）弱耦合

耦合是指一个软件结构内不同模块之间互连的紧密程度。在面向对象法中，对象是最基本的模块，因此，耦合主要指不同对象之间相互关联的紧密程度。弱耦合是优秀设计的一个重要标准，因为这有助于系统中某一部分的变化对其他部分的影响降到最低程度。在理想情况下，对某一部分的理解、测试或修改，无须涉及系统的其他部分。

如果一类对象过多地依赖其他类对象来完成自己的工作，则不仅给理解、测试或修改这个类带来很大困难，而且还将大大降低该类的可重用性和可移植性。显然，类之间的这种相互依赖关系是紧耦合的。

（5）强内聚

内聚是衡量一个模块内各个元素彼此结合的紧密程度的。也可以把内聚定义为：设计中使用的一个构件内的各个元素，对完成一个定义明确的目的所做出的贡献程度。在设计时应该力求做到高内聚。在面向对象设计中存在下述 3 种内聚。

● 服务内聚。一个服务应该完成一个且仅完成一个功能。

● 类内聚。设计类的原则是，一个类应该只有一个用途，它的属性和服务应该是高内聚的。类的属性和服务应该都是完成该类对象的任务所必需的，其中不包含无用的属性或服务。如果某个类有多个用途，通常应该把它分解成多个专用的类。

● 一般 / 特殊内聚。设计出的一般 / 特殊结构，应该符合多数人已经形成的概念，更准确地说，这种结构应该是对相应的领域知识的正确抽取。例如，虽然表面看来飞机与汽车有相似之处（都用发动机驱动、都有轮子等），但是，如果把飞机和汽车都作为"机动车"类的子类，则明显违背了人们的常识，这样的一般 / 特殊结构是低内聚的。正确的做法是，设置一个抽象类"交通工具"，把飞机和机动车作为交通工具类的子类，而汽车又是机动车类的子类。

一般来说，紧密的继承耦合与高度的一般 / 特殊内聚是一致的。

（6）可重用

软件重用是提高软件开发生产率和目标系统质量的重要途径，重用基本上从设计阶段开始。重用有两方面的含义：一是尽量使用已有的类（包括开发环境提供的类库及以往开发类似系统时创建的类），二是如果确实需要创建新类，则在设计这些新类的协议时，应该考虑将来的可重复使用性。

7. 工作分解结构

一般，软件项目是由多名项目团队成员共同协作完成的，所以软件开发任务的分解是软件开发任务中的一项重要工作。在实际的软件项目开发中，一般把项目可交付成果和项目工作分解成较小的、易于管理的组件。

工作分解结构（Work Breakdown Structure，WBS）方法是一种将复杂的问题分解为简单的问题，然后再根据分解的结果制订计划的方法。跟因数分解类似，把一个项目按一定的原则分解，项目分解成任务，任务再分解成工作项，再将工作项分配到个人。工作分解结构以可交付成果为导向，对项目要素进行分组，它归纳和定义了项目的整个工作范围，每下降一层代表对项目工作的更详细定义。WBS 总是处于计划过程的中心，也是制定进度计划、资源需求、成本预算、风险管理计划和采购计划等的重要基础。

微课 1-2

8. 软件开发任务分解策略

1）分解的原则

WBS 最低层次的项目可交付成果称为工作包（Work Package），活动是由 WBS 中确定的工作包分解而来的，是实现工作包所需的具体工作。工作包是 WBS 底层的可交付成果，是 WBS 的一部分，活动不是 WBS 的一部分。在较小的项目中可能会将活动仅落实到项目组成员，但对于一个大中型项目一般仅把工作包落实到项目组成员。

工作包的定义应考虑 80 小时法则或两周法则，即任何工作包的完成时间应当不超过80 小时，即不超过两周。这样，每两周对所有工作包进行一次检查，只报告该工作包是否完成。通过这种定期检查的方法，可以控制项目的变化。将项目分解到工作包的过程中应尽量做到以下几点。

①某项具体的任务应该在一个工作包且只能在一个工作包中出现。

② WBS 中某项任务的内容是其下所有 WBS 项的总和。

③一个工作包只能由一个人负责，虽然可以有多个人参与，但责任人只能是一个，这样责任清楚，不会相互推诿。

④任务的分解，尽量与实际执行方式保持一致。

⑤ WBS 不仅要合理，以维护项目工作内容的稳定性，而且要具有一定的适应性，以能够应付无法避免的需求变更。

⑥鼓励项目团队成员积极参与创建 WBS，提高 WBS 的合理性和有效性。

⑦所有成果需要文档化。

2）分解的步骤

制订 WBS 计划主要有以下 3 个步骤。

①分解工作任务。根据项目的特点，选择一种合适的方式，将项目总体工作范围逐步分解为合适的粒度。分解过程也是需求分析和定义的过程，项目计划往往和需求分析、定义同步进行。

②定义各项活动/任务之间的依赖关系。活动之间的依赖关系决定了活动的优先级（执行顺序），也确定了每项活动所需的输入、输出关系，是将来完成项目关键路径的必要条件。

③安排进度和资源。根据所分解的工作任务及它们之间的依赖关系，就比较容易确定和安排各项任务所需的时间和资源。一项工作任务是否能够完成，时间和资源是两个关键的因素。它们是相互制约的，资源多时会缩短工作时间；相反，资源不足时所需时间会延长。

3）WBS 分解

创建 WBS 可以用自上而下、自下而上、类比、归纳等方法，而最常用的是自上而下的方法。它是从项目的目标开始，逐级分解项目工作，直到参与者满意地认为项目工作已经充分地得到定义，即可以将项目工作定义在足够的或适当的细节水平，从而可以准确地估算项目的工期、成本和资源需求。

WBS 分解常见分类为按项目生命周期阶段分解和按可交付成果分解。

（1）按项目生命周期阶段分解

按项目生命周期阶段分解的 WBS 层次结构图如图 1-5 所示。例如，当需要开发一个新项目时，可以按照项目生命周期阶段列出如下需要完成的主要任务：需求分析和定义、分析设计、程序设计、软件测试、运行维护。然后再对每个任务，从上到下进一步细分。

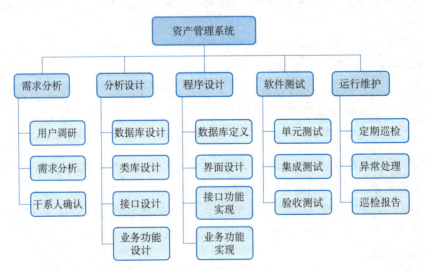

图 1-5　按项目生命周期阶段分解的 WBS 层次结构图

（2）按可交付成果分解

按可交付成果分解的 WBS 层次结构图如图 1-6 所示。在一些大中型项目中，可以将系统划分为若干子系统，每个子系统由一个子项目组完成。那么在分解时，首先按子项目进行分解，然后再对每个子项目进一步细分。

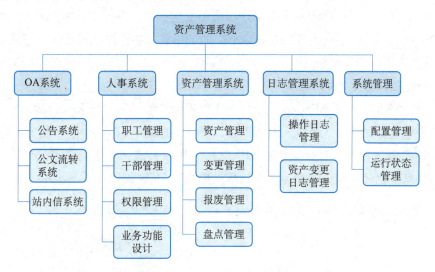

图 1-6　按可交付成果分解的 WBS 层次结构图

（四）任务实施

1. 软件开发项目结构化分析实施

进行结构化分析应建立在充分的需求分析的基础上。需求分析的相关内容、原则和方法在前文中已经介绍，在此不再赘述。此处以图书管理系统为例进行结构化分析。

1）软件项目需求描述

该图书管理系统为某高校对图书馆图书进行信息化管理的系统，为便于实施此处对该系统的功能进行了简化，主要包括新书入库、创建读者、借书、还书 4 个功能。

（1）新书入库

购入新书时，将分类目录号、图书流水号（书本唯一标识）、书名、作者、出版社等信息录入系统。

（2）创建读者

创建具备借书权限的读者，如新生入学或新教职工入职后创建借书账号。创建读者时记录读者流水号（读者唯一标识）、工号、姓名、院系、最大借书数量等信息。

（3）借书

读者借书时，根据工号查询读者是否允许借书及借书是否达到最大借书数量，如果符合借书条件则记录所借书籍的信息。

（4）还书

读者还书时，根据图书流水号查询是否为图书馆书籍，再根据读者流水号核对是否为该读者借出的书籍。前述两个条件都符合时，收回书籍并将借书记录标记为已还状态。

2）软件项目结构化分析

（1）建立顶层数据流图

根据项目需求描述可分析输入流包括图书管理要求和读者管理要求，输出流包括图书信息、读者信息，如图 1-7 所示。具体来说，图书管理要求包括新书入库、借书要求、还书要求；读者管理要求为创建读者；图书信息包括图书信息查询、图书是否为本馆图书等；读者信息包括读者个人信息、借书数量、是否允许借书等。

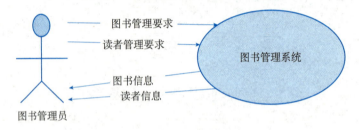

图 1-7　顶层数据流图

（2）自顶向下逐层分解

采用自定向下、逐层分解的策略可继续向下分解，本案例中可分解为新书入库、借书、还书、创建读者 4 个模块。分解的层次可根据项目实际情况决定。此处以"处理还书事务"为例形成 0 层数据流图，如图 1-8 所示。还书时需查询用户信息及借书记录确定所还图书是否为本馆图书及是否为还书人本人借阅。如符合条件，则记录还书记录，更新用户借阅状态等并返回还书事务处理反馈信息。

（3）建立系统数据字典

①数据流条目。

查询要求 =［读者信息 | 图书信息］；

读者信息 = 读者流水号 + 工号 + 姓名 + 院系 + 最大借书数量；

图书信息 = 图书流水号 + 分类目录号 + 书名 + 作者 + 出版社；

图书管理要求 =［新书入库 | 借书 | 还书］；

新书入库 = 图书流水号 + 分类目录号 + 书名 + 作者 + 出版社；

借书 = 读者流水号 + 图书流水号 + 借书日期 + 借书状态码；

还书 = 读者流水号 + 图书流水号 + 还书日期 + 还书状态码；

读者管理要求 =[创建读者]；

创建读者 = 读者流水号 + 工号 + 姓名 + 院系 + 最大借书数量。

②数据存储条目。

借 / 还书库 ={ 借书 / 还书 }；

读者库 ={ 读者信息 }；

图书库 ={ 图书信息 }。

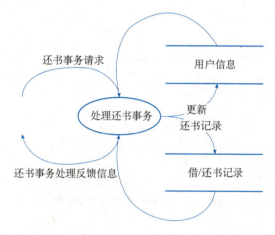

图 1-8　"处理还书事务"0 层数据流图

2.软件开发系统设计实施

在分析阶段已经明确了系统必须"做什么"，下一步是设计如何实现系统的功能。在软件开发的系统设计阶段主要包括概要设计和详细设计两个阶段。

在概要设计阶段，主要步骤包括软件结构设计、数据文件设计、系统接口设计、测试方案设计和复审。

在详细设计阶段，主要任务是确定每个模块具体的执行过程，因而也称为过程设计。该阶段还要进行系统的界面设计、数据代码设计、数据的输入/输出设计和数据安全设计。

这里仍以图书管理系统的概要设计阶段为例介绍主要设计步骤的内容。

（1）软件结构设计

此步骤中要确定系统由哪些模块组成，并确定模块之间的相互关系。设计过程：首先把复杂的功能进一步分解为一系列比较简单的功能，一个模块完成一个适当的子功能，此时数据流图也可进一步细化。设计过程还应把模块组织成有层次的结构，顶层模块能调用它的下一层模块，下一层模块再调用其下层模块，如此依次地向下调用，最下层模块完成某项具体的功能。进行软件系统结构设计时需描绘系统模块的层次结构，通常可采用层次图和结构图。

这里我们采用常用的带编号的 HIPO（Hierarchy plus Input-Process-Output）图来描绘图书管理系统的层次结构。

该图书管理系统划分为新书入库、借书、还书、创建读者 4 个模块，假设创建读者模块包括"手动创建读者"和"批量导入创建读者"两个子模块，则该图书管理系统的 HIPO 图如图 1-9 所示。

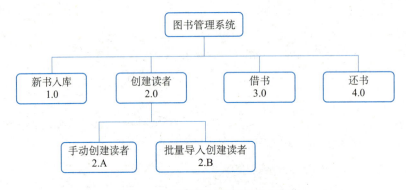

图 1-9　图书管理系统的 HIPO 图

（2）数据结构及数据库设计

对于软件或管理信息系统，通常都用数据库来存放系统所涉及的数据，供系统中各模块共享或与系统外部进行通信。在概要设计阶段数据库设计主要是用 E-R 图表示的数据模型，作为数据结构和数据库设计的主要依据。数据库设计还需考虑数据库的完整性、安全性、一致性、优化等问题。数据库设计是一项专门的技术，感兴趣的读者可以参阅数据库的相关书籍。

这里仍以"借书 / 还书"模块为例绘制 E-R 图，如图 1-10 所示。实体包括"读者"和"图书"，实体的联系为"借书 / 还书"。

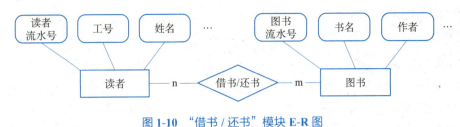

图 1-10　"借书 / 还书"模块 E-R 图

（3）系统接口设计

系统接口包括用户接口、外部接口和内部接口。系统接口设计的任务是描述系统内部各模块之间如何通信、系统与其他系统之间如何通信，以及系统与用户之间如何通信。

用户接口设计主要是关注用户交互设计相关的接口设计。外部接口设计一般是本系统同外界的所有接口的设计，包括软件与硬件之间的接口设计、本系统与各支持系统之间的接口设计。内部接口设计为本系统之内的各个系统元素之间的接口设计。对于图书管理系统侧重于内部接口设计，这里以"手动创建读者"模块为例编写内部接口说明。

①接口名称：手动创建读者。接口说明见表1-1。

表 1-1　接口说明

接口	adduser
描述	管理员通过手动填写表单创建读者
验证	Session
方法	POST

②Request（请求），说明见表1-2。

表 1-2　请求说明

参数名	类型	是否必须	描述
employeeNumber	Int	Y	读者工号
uname	String	Y	读者姓名
departmentId	Int	Y	部门 ID 号
maxbooks	Int	Y	可借图书数量

③Response（响应），说明见表1-3。

表 1-3　响应说明

参数名	类型	是否必须	描述
status	Int	Y	返回状态码
uid	Int	N	创建成功返回读者流水号

（4）测试方案设计

为保证软件的可测试性，在软件的设计阶段就应考虑软件的测试方案。在概要设计阶段，测试方案主要根据系统功能来设计，这称为黑盒法测试。在详细设计阶段，主要根据程序的结构来设计测试方案，这称为白盒法测试。需要进一步了解测试技术的读者，可参阅有关书籍。

任务 2　软件开发项目统筹

教学课件 1-2-1　教学课件 1-2-2

（一）任务描述

项目管理是指在一定资源如时间、资金、人力、设备、材料、能源、动力等约束条件下，为了高效率地实现项目的既定目标（到项目竣工时计划达到的质量、投资、进度），按照项目开发的内在规律和程序，对项目的全过程进行有效地计划、组织、协调、领导和控制的系统管理活动。项目开发过程中各项资源或者活动都是相互影响、相互制约的，做好各方的管理工作和协调工作对项目按既定计划交付至关重要。本任务主要学习软件项目管理中成本管理、风险管理、进度管理的相关知识，培养软件开发统筹的规范意识。

（二）问题引导

- 软件项目中的成本有哪些？
- 软件项目开发中影响项目的风险点有哪些？
- 在多人协作的软件开发项目中有哪些制约项目进度的因素？

（三）知识准备

1. 软件项目成本估算概述

软件项目成本估算大约开始于 20 世纪 50 年代的第一个大型程序设计项目。20 世纪 60 年代，费用估算并未被重视且开发者往往过于乐观，结果费用大大超支。20 世纪 70 年代以后，项目成本估算才得到了人们的普遍重视。在软件项目中，成本是指完成项目活动及其组成部分所需全部资源的货币价值。具体的成本一般包括人力资源成本、资产类成本、管理费、项目特别费用等。从软件项目的生命周期来看，其成本通常包括软件开发成本和软件维护成本。从项目管理角度看，成本又可分为可变成本、固定成本、直接成本、间接成本、机会成本、沉默成本等。

成本估算是指对完成项目活动所需资金进行近似估算的过程。为了完成项目的预算和成本控制，首先就需要进行成本估算，也就是对项目可能发生的费用进行充分地估算。成本估算的充分程度和准确程度是项目控制的生命线，也是衡量项目是否获得成功的重要依据之一。如项目开发的实际成本远远超出预先估算的成本预算，将很容易造成项目成本失控，最终导致项目的失败。

一般来说，编制项目成本估算要经过以下三个步骤：识别并分析成本的构成科目；根据已识别的项目成本构成科目，估算每一科目的成本大小；分析成本估算结果，找出各种可相互替代的成本，协调各种成本之间的比例关系。

2. 软件项目成本类型

软件项目成本的分类方式较多，按成本性质，可分为可变成本及固定成本；按成本可追踪性，可分为直接成本和间接成本。

（1）可变成本

随着生产量、工作量或时间而变化的成本称为可变成本，又称变动成本。

（2）固定成本

不随生产量、工作量或时间变化而变化的非重复成本称为固定成本。

（3）直接成本

直接可以归属于项目工作的成本为直接成本。如该项目团队工资、差旅费，该项目使用的物料，为该项目购买或租赁的软件及设备费用等。

（4）间接成本

来自一般管理费用科目或几个项目共同负担的项目成本所分摊给本项目的费用。如办公楼租金、水电费、税金、额外福利和保卫费等。

3. 常见的成本估算方法

成本估算的方法有多种，可以根据实际项目情况选择一种或多种方法。

（1）专家判断法

专家基于历史信息对现有项目提供有价值的信息。针对正在开展的活动，还可以使用专家判断法基于某应用领域、学科、行业等的专业知识做出判断，用于成本估算。利用专家判断法还可以对是否需要选择和使用多种估算方法及估算方法之间如何协调进行判断。

（2）类比估算法

类比估算是指以过去类似项目为基础，来估算现有项目同类的参数或者指标。该方法是一种粗略的估算方法，对比其他的估算方法成本低、耗费时间少，但准确性也较低。

（3）自下而上估算法

自下而上估算法是先对单个工作包或者活动的成本进行最具体、细致地估算，然后把这类细节性成本"滚动"汇总到更高层次。该方法是对工作组成部分进行估算的一种方法，其准确性及其本身所需的成本通常取决于单个工作包或者活动的规模和复杂程度。

微课 1-3

（4）三点估算法

三点估算法是基于最可能成本、最乐观成本、最悲观成本三点的假定分布计算出期望成本，考虑估算中的不确定性和风险性，从而提高活动成本估算的准确性。

● 最可能成本（C_M），对成本进行比较现实的估算，所得到的活动成本。
● 最乐观成本（C_O），基于活动的最好情况估算，所得到的活动成本。
● 最悲观成本（C_P），基于活动的最差情况估算，所得到的活动成本。

在计算中常使用基于三角分布和贝塔分布的公式来计算。

三角分布公式：$C_E=(C_O+C_M+C_P)/3$。

贝塔分布公式：$C_E=(C_O+4C_M+C_P)/6$。

除了上述的估算方法外，还有一些软件项目成本估算特有的方法，如代码行（Line of Code，LOC）法、功能点估算法、经验成本估算模型等。

4. 软件项目风险概述

风险是无处不在的，风险存在具有客观性和普遍性。大到国家的发展历程，小到个人的投资活动等都可能存在风险。同样地，任何软件项目的开发都伴随着风险，在项目的全生命周期内，风险是无处不在、无时不在的。项目风险是一种不确定的事件或条件，一旦发生会对项目目标产生某种正面或者负面的影响。项目风险既包含对项目目标的威胁也包含对项目目标的机会。而软件开发项目的风险应对或者说风险管理就是期望将风险对项目目标的威胁尽量降低至最小，确保项目如期完成并实现项目总体目标。

5. 软件项目风险分类

（1）纯粹风险与投机风险

纯粹风险是不能带来机会、无获得利益可能的风险。纯粹风险的后果只有造成损失和不造成损失两种。如发生生产安全事故，其损失涉及生产项目甚至是社会的诸多领域，没有人会从中获得利益。

投机风险是既可能带来机会、获得利益，又隐含威胁、造成损失的风险。投机风险可能造成损失、不造成损失或者获得利益。例如，有些海外软件项目在使用外汇结算时，由于汇率的影响可能造成损失、不造成损失或者获得利益。

纯粹风险和投机风险在一定条件可以相互转化，所以项目管理人员应避免投机风险转化为纯粹风险。

（2）自然风险与人为风险

按来源划分，风险可分为自然风险和人为风险。

自然风险是由于自然力的作用造成损失的风险。自然风险往往不可人为控制，项目管理人员应该在可预测的范围内做好风险的回避或者转移。

人为风险是指由于人的活动而带来的风险。该类风险较自然风险可预测性更高，应对策略也更多，可采取风险的减轻、转移、回避、分享、开拓等策略。

（3）可管理风险与不可管理风险

按是否可管理划分，风险可分为可管理风险、不可管理风险。

可管理风险指的是可以预测，且可以采取相应措施加以控制的风险，反之则为不可管理风险。风险可管理与否，取决于风险不确定性是否可以消除及活动主体的管理水平。故可管理风险与不可管理风险在一定条件下是可以转化的。项目管理人员应提高自身管理水平，尽量将不可管理风险转化为可管理风险。

（4）局部风险与全局风险

按影响范围划分，风险可分为局部风险和全局风险。

局部风险的影响范围小，全局风险的影响范围大。项目管理人员在发现局部风险时，应及时干预、消除影响，避免局部风险向全局扩散。

（5）已知风险、可预测风险和不可预测风险

按可预测性划分，风险可分为已知风险、可预测风险、不可预测风险。

已知风险就是在严格分析项目后能够识别的经常发生的，且后果能够预见的风险。已知风险发生概率高，但后果的影响程度一般较低。如项目目标不明确、材料价格波动等。

可预测风险就是根据经验可以预见其发生，但不可预见其后果的风险。这类风险的后果有时会相当严重。如分包商不能及时交付、设备发生故障等。

不可预测风险就是可能发生，但最有经验的人也不能预见的风险。这种风险一般是新的、极少发生的、以前未观察到或很晚才显现出来的风险。例如地震、百年不遇暴雨、疫情等。

6. 软件项目进度管理

软件项目进度管理是确保项目按时完成的重要管理工作，其目标是保证项目能在满足时间约束条件下实现项目总体目标。它贯穿在软件项目实施的过程中，按照计划对各阶段的推进程度和项目最终完成的期限进行管理，如果出现

微课 1-4

偏差要及时找出原因并采取必要的补救措施保证项目按时完成。

项目进度管理一般包括为保障项目按时完成的 7 个步骤：进度管理规划、定义活动、排列活动排序、估算活动资源、估算活动持续时间、制订进度计划、控制进度。在一些小型项目中可能会将其中的一个或多个步骤合并在一个过程中完成。

（1）进度管理规划

进度管理规划是为进度管理而制定政策、程序和文档的过程。该活动主要是为在项目进度管理、执行和控制提供指南和方向。一般，进度管理规划根据项目范围说明书、WBS、WBS 字典、进度计划、项目审批要求等进行编制。

（2）定义活动

定义活动就是识别和记录完成项目可交付成果而需要采取的必要活动的过程。在本项目任务 1 中已介绍识别 WBS 中最底层的可交付成果，即工作包。工作包通常还应进一步分解为更小的单元，即"活动"。活动是为了完成工作包所进行的工作，是项目实施过程中工作分解的最基本单元。

（3）排列活动顺序

排列活动顺序是识别和记录项目活动间关系的过程。

（4）估算活动资源

估算活动资源是估算执行各项活动所需材料、人员、设备或用品的种类和数量的过程。

（5）估算活动持续时间

估算活动持续时间是根据活动资源估算的结果，估算完成单项活动所需工期的过程。

（6）制订进度计划

制订进度计划是分析活动顺序、持续时间、资源需求和进度制约因素，创建项目进度模型的过程。

（7）控制进度

控制进度是监督项目活动状态、更新项目进展、管理进度基准变更，以实现计划的过程。

7. 软件项目进度安排的特点

软件项目具有结构与技术复杂等特点，无论是进度安排编制，还是进度控制，均有它的特殊性，主要表现在以下几个方面。

①进度安排管理是一个动态过程。开发建设一个大的软件项目往往需要一年，甚至是几年的时间。一方面，在这样长的时间里，开发环境在不断变化；另一方面，实施进

度和计划进度会发生偏差。因此，在项目实施过程中要根据进度目标和实际进度，不断调整进度计划，并采取一些必要的控制措施，排除影响进度的障碍，确保进度目标的实现。

②项目进度计划和控制是一个复杂的系统工程。项目进度计划按工程单位可分为整个项目的总进度计划、单位工程进度计划、分部分项工程进度计划等；按生产要素可分为投资计划、设备供应计划等。因此，项目进度计划十分复杂。而进度控制更加复杂，它要管理整个计划系统，而绝不仅限于控制项目实施过程中的实施计划。

③进度安排管理有明显的阶段性。由于各阶段的工作内容不同，因而有不同的控制标准和协调内容。每一阶段完成后都要对照计划做出评价，并根据评价结果做出下一阶段工作的进度安排。

④进度安排管理风险性大。由于进度安排管理是一个不可逆转的工作，因而风险较大。在管理中既要沿用前人的管理理论知识，又要借鉴同类工程进度管理的经验和成果，还要根据本工程的特点对进度进行创造性的科学管理。

8. 软件项目进度安排策略

进度安排管理是通过识别项目活动清单中各项活动的相互关联与依赖关系，并据此对项目各项活动的先后顺序进行合理安排与确定的项目时间管理工作。进度安排管理的依据包括活动清单和活动属性、项目范围说明书、里程碑清单和组织过程资产等。在这里，既要考虑团队内部希望的特殊顺序和优先逻辑关系，也要考虑内部与外部、外部与外部的各种依赖关系，以及为完成项目所要做的一些相关工作。例如，在最终的硬件环境中进行软件测试等工作。

在确定活动之间的依赖关系时需要必要的业务知识，因为有些强制性的依赖关系（或称硬逻辑关系）来源于业务领域的基本规律。一般说来，活动之间的关系有以下几种。

①强制性依赖关系。强制性依赖关系是工作任务中固有的依赖关系，是一种不可违背的逻辑关系。它是因为客观规律和物质条件的限制造成的，有时也称为内在的相关性。例如，需求分析要在系统设计之前完成，单元测试是在编码完成之后进行的。

②软逻辑关系。软逻辑关系是由项目管理人员确定的项目活动之间的关系，是人为的、主观的，是一种根据主观意志去调整和确定的项目活动的关系，也可称为指定性相关或偏好相关。例如，安排计划时，哪个模块先开发，哪些任务同时做会好一些，都可以由项目管理者根据资源、进度来确定。

③外部依赖关系。外部依赖关系是项目活动与非项目活动之间的依赖关系，如环境测试依赖于外部提供的环境设备等。

（四）任务实施

1. 软件项目成本估算

某学校选课系统，其 LOC 约为 15000。假设某公司平均生产率是 500LOC/pm，且平均劳动力价格是每人每月 2000 美元，使用基于 LOC 的估算法来估算开发该软件所需的成本。

采用 LOC 估算法可得该系统的成本约为：

15000LOC ÷ 500LOC/pm × 2000 美元 /pm = 60000 美元

2. 软件项目风险的识别及应对

1）软件项目常见风险点

（1）合同风险

签订的合同不科学、不严谨，项目边界和各方面责任界定不清楚等是影响项目成败的重大因素之一。

（2）需求变更风险

需求变更是软件项目经常发生的事情。一个看似很有"钱途"的软件项目，往往由于无限度的需求变更而让项目承建方苦不堪言，甚至最终亏损（实际上项目建设方也面临巨大的风险）。

（3）沟通不良风险

项目组与项目各干系人沟通不良是影响项目顺利进展的一个非常重要的因素。

（4）缺乏领导支持风险

上层领导的支持是项目获得资源（包括人力资源、财力资源和物料资源等）的有效保障，也是项目遇到困难时项目组最强有力的"后台支撑"。

（5）进度风险

有些项目对进度要求非常苛刻（进度要求不高的项目，我们同样要考虑该风险），项目进度的延迟意味着违约或市场机会的错失。

（6）质量风险

有些项目，用户对软件质量有很高的要求，如果项目组成员在同类型项目方面的开发经验不足，则需要密切关注项目的质量风险。

（7）系统性能风险

有些软件项目属于多用户并发的应用系统，系统对性能要求很高，这时项目组就需要关注项目的性能风险。

（8）工具风险

在软件项目开发和实施过程中，所必须用到的管理工具、开发工具、测试工具等能否及时到位、到位的工具版本是否符合项目要求等，是项目组需要考虑的风险因素。

（9）技术风险

在软件项目开发和建设的过程中，技术因素是一个非常重要的因素。项目组一定要依据项目的实际要求，选用合适、成熟的技术，千万不要无视项目的实际情况而选用一些存在陷阱但并非项目所必须且自己又不熟悉的技术。如果对项目所要求的技术项目成员不熟悉或者掌握不够，则需要重点关注该风险因数。

（10）团队成员能力和素质风险

团队成员的能力（包括业务能力和技术能力）和素质，对项目的进展、项目的质量具有很大的影响，项目管理人员在项目的建设过程需要时时关注该因素。

（11）团队成员协作风险

团队成员是否能够齐心协力为项目的共同目标相互协作，是影响项目进度和质量的关键因素。

（12）人员流动风险

项目成员特别是核心成员的流动给项目造成的影响是非常可怕的。人员的流动轻则影响项目进度，重则导致项目无法继续甚至被迫夭折。

（13）工作环境风险

工作环境（包括办公环境和人文环境）的好坏直接影响项目成员的工作情绪和工作效率。

（14）系统运行环境风险

目前，大部分项目系统集成和软件开发是分开进行的（甚至由不同公司承接）。因此，软件系统赖以运行的硬件环境和网络环境的建设进度对软件系统是否能够顺利实施具有相当大的影响。

（15）分包商风险

有些项目开发和建设过程中会将系统的部分功能分包（外包）出去，这时项目组就需要关注项目的分包商风险。

2）软件项目常见风险的应对策略

（1）合同风险

应对这种风险的办法是，在项目建设之初项目管理人员需要全面准确地了解合同各条款的内容，尽早和合同各方就模糊或不明确的条款签订补充协议。比如达到某某视觉效果多少百分比等，如果写到合同上就会产生隐性风险。

（2）需求变更风险

应对这种风险的办法是，项目建设之初就和用户书面约定好需求变更控制流程、记录并归档用户的需求变更申请。虽然各种项目都存在需求变更的可能，但在项目合同签订的时候需要明确变更的最大期限，并确保客户在变更具体条款时因条款变更所带来的时间、成本及资金上的增加。

（3）沟通不良风险

应对这种风险的办法是，项目建设之初就和项目各干系方约定好沟通的渠道和方式，项目建设过程中多和项目各干系方交流和沟通，注意培养和锻炼自身的沟通技巧。

（4）缺乏领导支持风险

应对这种风险的办法是，主动争取领导对项目的重视、确保和领导的沟通渠道畅通、经常向领导汇报工作进展。

（5）进度风险

应对这种风险的办法是分阶段交付产品、增加项目监控的频度和力度、多运用可行的办法保证工作质量避免返工。

（6）质量风险

应对这种风险的办法一般是，经常和用户交流工作成果、采用符合要求的开发流程、认真组织对产出物的检查和评审、计划和组织严格的独立测试等。

（7）系统性能风险

应对这种风险的办法一般是，在进行项目开发之前设计和搭建出系统的基础架构并进行性能测试，确保架构符合性能指标后再进行后续工作。

（8）工具风险

应对这种风险的办法一般是，在项目的启动阶段就落实好各项工具的来源或可能的替代工具，在需要使用这些工具之前（一般需要提前一个月左右）跟踪并落实工具的到位事宜。

（9）技术风险

应对这种风险的办法是，选用项目所必需的技术、在技术应用之前，针对相关人员开展好技术培训工作。

（10）团队成员能力和素质风险

应对这种风险的办法是，在用人之前先选对人、开展有针对性的培训、将合适的人安排到合适的岗位上。

（11）团队成员协作风险

应对这种风险的办法是，项目在建设之初项目管理人员就需要将项目目标、工作任务等和项目成员沟通清楚，采用公平、公正、公开的绩效考评制度，倡导团结互助的工作风尚等。

（12）人员流动风险

应对这种风险的办法是，尽可能将项目的核心工作分派给多人（而不要集中在个别人身上）、加强同类型人才的培养和储备。

（13）工作环境风险

应对这种风险的办法是，在项目建设之前就选择和建设好适合项目特点和满足项目成员期望的办公环境、在项目的建设过程中不断培育和营造和谐的人文环境。

（14）系统运行环境风险

应对这种风险的办法是，和用户签订相关的协议、跟进系统集成部分的实施进度、及时提醒用户等。

（15）分包商风险

应对这种风险的办法一般是，指定分包管理人员全程监控分包商活动、让分包商采用经认可的开发流程、督促分包商及时提交和汇报工作成果、及时审计分包商工作成果等。

3）案例分析

最近某公司承担了某单位地理信息系统 Web 平台的开发工作，公司新招聘 5 个人组成开发团队进行开发，某员工担任该团队的项目经理。该地理信息系统平台是为行业定制的，整个架构采用目前流行的 B/S 结构，主要由界面层、图形层和数据层组成。这是一个专业性很强的项目，可能要用到专门的开发技术。用户对他们的业务需求描述很模糊，认为这是一个行业软件，能满足日常工作需要即可，其他特定的功能可以在开发过程中进行补充。

该项目经理感到非常苦恼，因为他无法了解项目组的技术能力是否满足项目开发的需要，他向公司申请在项目组新增两名更有经验的软件开发工程师。公司答应了该项目经理的请求，但这两名工程师现在仍在外地实施别的项目，还没确定何时能到本项目组。另外，用于数据采集和系统测试的设备和配套软件，也需要在公司的另一个项目结束后才能使用。

下面对该案例进行风险分析并阐述风险的应对策略。

根据上面的项目背景描述，该项目至少包括沟通风险、需求变更风险、技术风险、资源风险和质量风险几种风险。

①沟通风险。因这是一个专业性很强的行业软件项目，可能要用到专门的开发技术。那么作为行业软件，可能存在行业的专业术语、专业业务需求等具有行业特点的需求。所以如未做好沟通，则将对软件本身产生负面影响。

②需求变更风险。因用户对他们的业务需求描述很模糊，认为对于一些特定的功能，

可以在开发过程中进行补充。如未对该风险进行干预，则用户在开发过程中随意变更需求，将对项目的进度、质量、成本等造成负面影响。

③技术风险。因公司新招聘了 5 个人组成开发团队进行开发，可能要用到专门的开发技术。所以，在开发过程中存在较大的技术风险，如不进行干预，可能会导致项目的失败。

④资源风险。因工程师现在仍在外地尚未确定何时能到本项目组，数据采集和系统测试的设备和配套软件其他项目组也在使用中，所以在核心资源未到位的情况下很难开展项目开发工作，并影响项目进度。

⑤质量风险。上述的几个风险都直接或者间接影响着项目的质量。

如要要保障项目的成功实施，应妥善处理好各类风险，保障项目的质量。对于该项目存在的风险点，可参考如下风险应对策略。

①应对该项目的沟通风险，首先应确认客户方的干系人，针对业务流程及须使用的技术尽早确定，并在开发过程中及时与其进行沟通和确认。

②应对该项目的需求变更风险，应与客户进行沟通，明确随意更改需求对项目的影响。可以建议客户梳理优先度较高的需求在软件定义阶段提交，或者在下一版本开发中再添加需求。如果在开发过程中添加需求，须严格遵守需求变更流程，且明确影响项目的进度及成本。

③应对该项目的技术风险，可先了解新招聘的员工是否掌握该项目开发所需的技术，如不掌握技术，可向公司说明项目进度拖延风险并申请能够到位的具有经验的工程师。工程师到位后，还应对新招聘员工进行培训。

④应对该项目存在的资源风险，如公司没有多余的资源，且资源问题严重影响项目进度和质量，那么可继续向公司提出申请购买相应的资源或者购买分包商服务。

⑤应对该项目存在的质量风险，应妥善处理项目面临的风险，定期和用户沟通工作成果、采用符合要求的开发流程、认真组织对产出物的检查和评审、计划和组织严格的独立测试等。

3. 软件项目进度管理

根据需求分析师对某项目的分析及估算，得到如表 1-4 所示的活动工期安排表，并根据该表来制作活动前导网络图，找出该活动安排的关键路径并预估项目的工期。

根据表格所述的活动持续周期及前导活动需求，可绘制如图 1-11 所示的活动前导网络图。该网络图中的关键路径为"开始→A→B→D→E→G→结束"。该路径耗时 10+10+15+15+3=53 天，则该项目的预估工期为 53 天。在进度管理中应特别关注活动 A、B、D、E、G，避免这几个活动的延期而影响项目工期。

表 1-4　活动工期安排表

活动名称	持续周期	前导活动
A：需求分析	10 天	—
B：概要设计及详细设计	10 天	A
C：测试案例编写	12 天	A
D：编程实现	15 天	B
E：软件测试	15 天	C，D
F：文档编写	5 天	A
G：软件部署调试	3 天	E

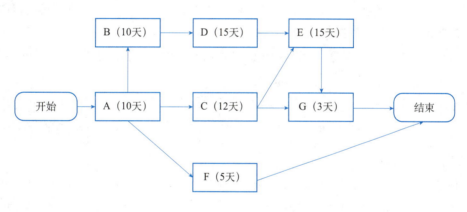

图 1-11　活动前导网络图

任务 3　软件系统维护

（一）任务描述

教学课件 1-3-1　　教学课件 1-3-2

　　软件维护是软件生命周期的最后一个阶段，也是花费时间和精力最多的阶段。软件维护的工作量占软件开发全部工作量的一半以上。本任务将介绍软件维护的相关概念、软件维护的类型、软件维护计划的编制及软件可维护性设计原理，帮助准软件开发管理人员更好地掌握软件维护及软件设计过程中提高软件可维护性的方法和策略，并培养其软件系统维护的规划意识。

（二）问题引导

● 什么是软件维护？
● 软件维护有哪些类型？
● 在软件开发过程中我们应如何提高软件的可维护性？

（三）知识准备

1. 软件维护概述

软件产品投入使用就进入了软件维护阶段。在软件运行过程中，由于种种原因，计算机程序经常需要改变。除了要纠正程序中的错误外，还要增加功能及进行优化。而在修改程序、解决问题的时候，程序的变动又会不断产生新的问题，还需要对软件进行修改。软件设计时要考虑到尽量能使软件容易维护，在软件维护时可以节省很多的时间和精力。软件维护不仅工作量大、任务重，而且如果维护不恰当的话，还会产生副作用，引入新的软件缺陷。因此，进行维护工作要相当谨慎。

概括地说，软件维护就是指在软件产品交付给用户之后，为了改正软件测试阶段未发现的缺陷、改进软件产品的性能、补充软件产品的新功能等，所进行的修改软件的过程。

2. 软件维护过程

软件维护过程可看成是一个简化或修改软件的过程。为了提高软件维护工作的效率和质量，降低维护成本，同时使软件维护过程工程化、标准化、科学化，在软件维护的过程中需要采用软件工程的原理、方法和技术。

典型的软件维护过程可以概括为建立维护机构、用户提出维护申请并提交维护申请报告、维护人员确认维护类型并实施相应的维护工作、整理维护记录并对维护工作进行评审、对维护工作进行评价。

（1）建立维护机构

对于大型的软件开发公司，建立独立的维护机构是非常必要的。维护机构中要有维护管理员、系统监督员、配置管理员和具体的维护人员。对于一般的软件开发公司，虽然不需要专门建立维护机构，但是设立产品维护小组是必需的。

（2）用户提出维护申请并提交维护申请报告

当用户发现问题并需要解决时，首先应该向维护机构提交一份维护申请报告。申请报告中需要详细记录软件产品在使用过程中出现的问题，比如数据输入、系统反应、错误描述等。维护申请报告是维护人员研究问题和解决问题的基础，因此它的正确性、完整性是后续维护工作的关键。

（3）维护人员确认维护类型并实施相应的维护工作

软件维护有多种类型，对不同类型的维护工作所采取的具体措施也有所不同。维护人员根据用户提交的申请报告，对维护工作进行类型划分，并确定每项维护工作的优先级，从而确定多项维护工作的顺序。

在实施维护的过程中，需要完成多项技术性的工作，例如：

- 对软件开发过程中相关文档进行更新；
- 对源代码进行检查和修改；
- 单元测试；
- 集成测试；
- 软件配置评审等。

微课 1-5

（4）整理维护记录并对维护工作进行评审

为了方便后续的维护评价工作，以及对软件产品运行状况进行评估，需要对维护工作进行简单的记录。与维护工作相关的数据量非常庞大，需要记录的数据一般有：

- 程序标识；
- 使用的程序设计语言及源程序中语句的数目；
- 机器指令的条数；
- 程序交付的日期和程序安装的日期；
- 程序安装后的运行次数；
- 程序安装后运行时发生故障导致运行失败的次数；
- 进行程序修改的次数、修改内容及日期；
- 修改程序而增加的源代码数目；
- 修改程序而删除的源代码数目；
- 每次进行修改所消耗的人力和时间；
- 程序修改的日期；
- 软件维护人员的姓名；
- 维护申请表的标识；
- 维护类型；
- 维护的开始和结束日期；
- 维护工作累计花费的人力和时间；
- 与维护工作相关的纯收益。

（5）对维护工作进行评价

当维护工作完成时，需要对维护工作完成的效果进行评价。维护记录中的各种数据是维护评价的重要参考。如果维护记录完成得全面、具体、准确，会在很大程度上方便维护的评价工作。

对维护工作进行评价时，可以参考的评价标准有：

● 程序运行时的平均出错次数；

● 各类维护申请的比例；

● 处理不同类型的维护，分别消耗的人力、物力、财力、时间等资源；

● 维护申请报告的平均处理时间；

● 维护不同语言的源程序所花费的人力和时间；

● 维护过程中，增加、删除或修改一条源语句所花费的平均时间和人力。

3. 软件维护活动类型

根据维护工作的特征及维护目的不同，软件维护活动类型主要包括纠错性维护、适应性维护、完善性维护和预防性维护。各类维护活动在维护工作中的占比如图 1-12 所示。

（1）纠错性维护

纠错性维护是为了识别并纠正软件产品中所潜藏的错误，改正软件性能上的缺陷所进行的维护。在软件的开发和测试阶段，必定有一些缺陷是没有被发现的。这些潜藏的缺陷会在软件系统投入使用之后逐渐地暴露出来。用户在使用软件产品的过程中，如果发现了这类错误，可以报告给维护人员，要求对软件产品进行维护。根据资料统计，在软件产品投入使用的前期，纠错性维护的工作量比较大，随着潜藏的错误不断地被发现并处理，纠错性维护的工作量会日趋减少。

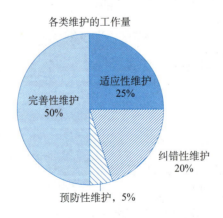

图 1-12　各类维护活动在维护工作中的占比

（2）适应性维护

适应性维护是为了使软件产品适应软硬件环境的变更而进行的维护。随着计算机技术的飞速发展，软件的运行环境也在不断地升级或更新。比如，软硬件配置的改变、输入数据格式的变化、数据存储介质的变化、软件产品与其他系统接口的变化等。如果原有的软件产品不能够适应新的运行环境，维护人员就需要对软件产品做出修改。适应性维护是不可避免的。

（3）完善性维护

完善性维护是软件维护工作的主要内容，它是针对用户对软件产品所提出的新需求所进行的维护。随着市场的变化，用户可能要求软件产品能够增加一些新的功能，或者对某方面的功能进行改进，这时维护人员就应该对原有的软件产品进行功能上的修改和扩充。完善性维护的过程一般会比较复杂，可以看成是对原有软件产品的"再开发"。在所有类型的维护工作中，完善性维护所占的比重最大。此外，进行完善性维护工作，一般都需要更改软件开发过程中形成的相应文档。

（4）预防性维护

预防性维护主要是采用先进的软件工程方法对已经过时的、很可能需要维护的软件系统的某一部分进行重新设计、编码、测试，以达到结构上的更新，它为以后进一步维护软件打下了良好的基础。实际上，预防性维护是为了提高软件的可维护性和可靠性。形象地讲，预防性维护就是"把今天的方法用于昨天的系统以满足明天的需要"。在所有类型的维护工作中，预防性维护的工作量最小。

4.软件维护计划编制

《软件维护计划》是软件维护的指导性文件。《软件维护计划》中主要包括项目概述、项目组织结构、项目估算、项目维护计划、容量规划、项目预算、项目控制等。

项目概述部分主要为维护项目总体描述，说明维护项目的目的与目标、维护项目存在的问题及风险、维护项目的提交产出物等；项目组织结构部分说明项目设计的主要人员，包括公司内部人员、客户方相关人员的组织结构；项目估算部分是对完成项目工作所需要的资源、工作量、费用进行估计和计划；项目维护计划应明确维护期内的工作内容、计划完成时间、巡检计划等；容量规划应确定人员配备要求、项目测试的硬件环境及软件环境要求、项目采用的工具；项目预算部分对本维护项目的费用进行估计；项目控制部分主要针对项目需求变更管理、服务报告内容及提交周期、问题处理流程等进行明确。

下面是一个典型的项目维护计划目录。

1.项目概述
（1）项目的目的、目标

（2）假设与约束

（3）项目存在的问题和风险

（4）项目的提交产出物

2. 项目组织架构

3. 项目估算

4. 项目维护计划

（1）维护工作安排

（2）巡检计划

5. 容量规划

（1）人员配备要求

（2）项目测试环境

①硬件要求

②软件要求

（3）项目采用工具

6. 项目预算

7. 项目控制

（1）需求变更管理

（2）服务报告

（3）问题处理流程

8. 用户要求

（1）信息安全要求

（2）软件维护要求

9. 附录

（1）文档管理控制

（2）问题跟踪表

5. 软件可维护性设计原理

随着软件日趋大型化、复杂化，软件维护所耗费的资源越来越多，软件可维护性设计日益得到重视。随着时间的推移，软件维护为开发商带来的成本压力也越来越大。许多软件开发商要把 70% 的工作量用在维护已有的软件上。大型软件的维护成本平均是开发成本的 4 倍左右。因此，在开发软件时，就应该考虑到可维护性问题，进行软件的可维护性设计。在软件开发过程中可以采取以下手段提高软件的可维护性。

（1）使用先进的软件开发技术和工具

为了改善软件的可维护性，应该及时学习并尽量使用能提高软件质量的技术和开发工具。例如，模块化、结构化程序设计、面向对象等一些先进的软件开发技术。

（2）明确软件的质量目标和优先级

如果要使程序满足可维护性特性的全部要求，那是不现实的。因为，有些特性是相互促进的，而有些特性则是相互矛盾的。

每种质量特性的相对重要性不但因维护类型而不同，而且因程序的用途和计算机环境而不同。因此，在提出软件质量目标的同时还必须规定它们的优先级，这样有助于提高软件的质量，减少软件生存周期的费用。

（3）质量保证检查

要提高软件的可维护性，必须要进行质量保证检查。质量保证检查可分为四种类型：在检查点进行检查、验收检查、周期性维护检查、对软件包检查。

（4）选择可维护的程序设计语言

编程所使用的程序设计语言对软件的可维护性影响很大。低级语言很难理解，因此也很难维护。高级语言比低级语言容易理解，有更好的可维护性。

某些高级语言可能比另一些更容易理解，尤其是第四代语言更容易理解，更容易编程，因此更容易维护。

（5）改进程序的文档

程序文档对提高程序的可理解性有着重要的作用。规范、完整、一致的文档是建立可维护性的基本条件。

在软件生命周期的每个阶段的技术复审和管理复审中，都应对文档进行检查，对可维护性进行评审。

（四）任务实施

微课 1-6

1. 软件维护计划编制

某公司为某单位开发的软件系统即将交付，现对该维护项目编写配套的软件维护计划，具体内容如下。

项目概述

（1）项目的目的、目标

近年来各单位信息化水平不断提高，信息系统的工作覆盖面不断扩展。为保障已建成

的 ×××系统的网络信息安全及平稳运行特编制该维护项目实施计划。

（2）假设与约束

客户自有机房，并提供相关设备的管理接口、管理账号及密码；客户机房提供双机热备并配备 UPS。

参与该项目的运维工程师需熟悉 ×××类信息系统运维的工作内容和流程，职级达到 ××××以上。

（3）项目存在的问题和风险

该系统为网络安全等级保护二级系统，对网络信息安全审计较严格，维护人员须严格遵守相关规定。（编写主要问题和风险，还可在计划末单独附问题和风险列表）

（4）项目的提交产出物

项目的提交产出物明细表见表 1-5。

表 1-5　产出物明细表

提交产出物	接收对象	预定交付日期	需要何种评审	备注
《月度巡检报告》	客户	2021.10.31 起	评审	每月底提交
《年度巡检报告》	客户	2021.12.15	评审	每年 12 月中旬

2. 项目组织架构

项目组织架构见表 1-6。

表 1-6　项目组织架构

单位	角色	姓名	职责	联系电话
我司	项目经理	A	运维项目负责人	131××××××××
	运维工程师	B	浪潮设备运维负责人	132××××××××
	…	…	…	…
客户	信息科科长	C	统筹管理信息化工作	133××××××××
	信息科科员	D	机房运维管理	134××××××××
	…	…	…	…

3. 项目估算

该运维项目费用估算预计每年××××元，具体明细见表1-7。

表1-7　项目估算明细

运维项目	费用估算	项目周期	…
浪潮服务器运维	××××元	每月	
网络设备运维	××××元	每月	…
信息系统运维	××××元	每月	…
…	…	…	…

4. 项目维护计划

（1）维护工作安排

维护工作安排见表1-8。

表1-8　维护工作安排

工作内容	计划完成时间	需要用户配合事宜	备注
光纤交换机运维	××××.××.××	管理接口、管理账号及密码	…
磁盘阵列运维	××××.××.××	管理接口、管理账号及密码	…
双活网关运维	××××.××.××	管理接口、管理账号及密码	…
…	…	…	…

（2）巡检计划

根据合同规定，我司专业运维工程师每月进行现场巡检，并出具《月度运维报告》。在自然年末中旬出具《年度运维报告》。

5. 容量规划

（1）人员配备要求

人员配备要求详见表1-9。

表1-9　人员配备要求

人员类型	人数	职级	备注
项目经理	1	××	—
弱电运维工程师	1	××	—

人员类型	人数	职级	备注
强电运维工程师	1	××	—
服务器运维工程师	2	××	—
…	…	…	…

（2）项目测试环境

①硬件要求。浪潮×××服务器、H3C光纤交换机、×××双活网关、浪潮×××磁盘阵列……（还可编制表格进行要求细化）

②软件要求。VMware×.×、Windows Server 2012、Oracle××.×、Tomcat×.×……（还可编制表格进行细化要求）

（3）项目采用工具

便携计算机、网络测试工具、移动硬盘、备用交换机……（还可编制表格进行要求细化）

6. 项目预算

项目预算详见表1-10。

表1-10　项目预算

工作内容	工作量	工作量折算金额/元	计划出差人天	出差折算金额/元	其他费用/元	合计	成本阈值

此处根据实际预算填写，如果合计金额超过成本阈值则应变更计划并报告上级部门进行审批。

7. 项目控制

（1）需求变更管理

如新增需求，客户应提交书面的新增需求报告。经我司内部流程处理后进行计划变更并重新核准项目预算后交客户确认。

（2）问题处理流程

在运维期内，系统若出现问题，客户可致电专职运维客服进行处理。如运维客服无法解决的，一般问题我司提供24小时内上门、严重问题6小时内上门、重大问题2小时内上门服务。

 项目实训 **资产管理信息系统软件项目开发规划及统筹**

（一）实训目的

- 掌握软件项目开发过程。
- 掌握软件项目开发需求分析方法。
- 掌握软件开发任务分解方法。
- 掌握软件项目开发成本估算方法。
- 掌握软件项目开发风险管理。
- 掌握软件项目开发进度管理。
- 掌握软件维护计划编制。

（二）实训内容

通过资产管理信息系统软件项目的开发规划及开发统筹，对软件项目开发管理中的需求分析、项目进度安排、风险管理、成本估算、运行维护计划编制等进行实践，强化对各知识点的理解，训练并掌握常用文件和表格的编制方法、常见图的绘制方法。

（三）实训步骤

1. 项目背景介绍

信息系统（information system）是输入数据，通过加工处理，产生信息的系统。信息系统是面向现实社会生产、活动的具体应用，是为了提高社会活动质量、效率而产生的。信息系统是由计算机硬件、网络和通信设备、计算机软件、信息资源、信息用户和规章制度等组成的以处理信息流为目的的人机一体化系统。信息系统的生命周期通常划分为系统规划阶段、系统分析阶段、系统设计阶段、系统实施阶段、系统运行维护阶段。软件属于信息系统中较复杂的部件，软件的生命周期通常划分为问题定义、可行性分析、需求分析、概要设计、详细设计、编码、测试、维护等阶段。

资产管理信息系统是针对某单位资产管理的信息化管理需求而开发的，旨在打通资产的财务管理、配发、盘点、报废的全生命周期管理，为单位资产管理提供信息化支撑。本系统的主要功能模块包括职工及管理员配置管理模块、财务管理及资产管理模块、资产管理及配发模块、资产盘点模块、资产报废模块。

该系统具体的业务包括资产自从在财务系统入账后，为资产编排统一的资产编码并与资产出厂的设备码（如有）进行绑定，形成资产的唯一标识；在资产配发的过程中，记录每次变更的使用人、变更时间等记录；对资产进行盘点时可通过扫描资产编码的二维码（财务入账绑定资产编码时打印并粘贴在资产上的二维码），自动生成盘点记录文件，以便于导入资产管理系统；在资产报废过程中，可根据配置设置各类设备报废年限，自动形成报废提醒图表，报废后可将资产标记为报废状态。

2. 需求分析

为了开发出真正满足用户需求的软件产品，首先必须知道用户的需求。对软件需求的深入分析和理解是软件开发工作获得成功的前提和关键。本项目采用结构化分析技术完成需求分析工作。

1）系统需求描述

根据项目背景介绍中的描述可知，本系统的主要功能模块包括职工及管理员配置管理模块、财务管理及资产管理模块、资产管理及配发模块、资产盘点模块、资产报废模块。

经与客户相关干系人进一步沟通，明确了资产管理的生命流程如下：

①财务科相关管理人员在资产入账后可从上级部门财务管理系统中导出资产表格文件。在导出表格文件的基础上可标注各资产划归何部门管理。修改表格文件后即可导入本项目系统中，并自动记录资产变更记录（初始记录）。资产导入系统后可生成标签打印模版，通过标签打印机打印。

②综合科和信息科相关管理人员对本科室管理的资产可进行配发，系统自动记录资产变更情况。

③综合科和信息科相关管理人员对本科室管理的资产可进行变更，系统自动记录资产变更记录；资产使用人可自行提交资产变更申请，经综合科人事管理人员确认后（如岗位变动、离职等），综合科、信息科资产管理员分别确认资产变更后完成变更流程，并记录资产变更情况。

④综合科和信息科相关管理人员对本科室管理的资产可进行盘点，系统可协助进行盘点情况统计。

⑤综合科和信息科相关管理人员对本科室管理的待报废资产可进行报废申请。

⑥财务科相关管理人员对综合科或信息科提交报废的资产，在其确实报废后对相关的

资产进行报废确认，系统自动记录资产变更情况。

以上①～⑥的资产全生命流程形成自动化的变更记录，可生成可视化的资产生命流程变更链条。资产管理系统的功能及业务流程图如图1-13所示。

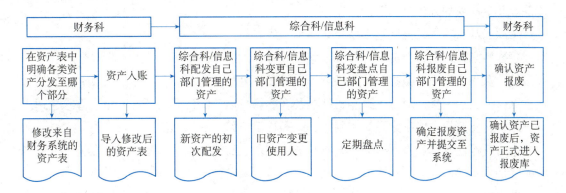

图1-13　资产管理系统的功能及业务流程图

2）需求分析步骤

由于信息系统本身的复杂性，在需求分析中经常会出现需求范围未界定、需求未细化、需求描述不清楚、需求遗漏和需求互相矛盾等问题。需求分析阶段不但要分析软件项目本身的功能和性能，还要对可能的干系人进行分析和调查，并根据分析结果生成模型。

软件项目需求分析活动一般可以分为需求获取、需求分析、文档编写、需求确认、需求跟踪与复用5个阶段，如图1-14所示。

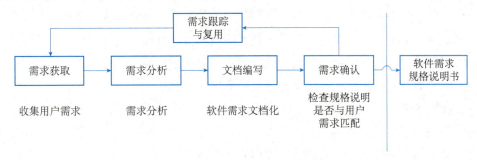

图1-14　需求分析流程

（1）需求获取阶段

本项目中需求获取主要是通过相关文档与软件项目干系人就业务流程、组织架构、软硬件环境和现有系统等相关内容进行沟通实现的。如通过文档确认软件项目的功能需求，与客户业务管理人员梳理业务流程、机房及设备现状等。这种交流包括系统开发方与用户方领导之间的交流，也包括具体开发人员与领导、业务管理人员与用户之间的交流。

如在本软件项目需求获取过程中，因涉及的部门较多，故邀请各部门负责人参与需求交流会议。通过会议明确该单位在用系统现状、单位业务流程惯例、各部门在流程中的职责等。其中模块划分记录如下。

①职工及管理员配置管理模块（综合科人事专员）。

管理科室，如创建新的科室、修改科室名称、设置科室的负责人。

管理系统内的职工数据，如为新入职的职工创建职工记录；职工退休、离职，对职工状态进行相应的调整；对职工数据进行维护，如修改职工的姓名、所在科室、登录密码。

对管理员授权，如指定系统中财务、人事、资产管理的人员。

②财务管理及资产管理模块（财务科管理人员、综合科资产管理人员、信息科资产管理人员）

在该模块中可以进行资产查看、资产分类统计、资产临近报废提醒、资产导入和导出。

对于财务科的管理人员，在资产入账后可以进行资产的导入，还可进行资产类别设置、资产查看、资产查询、资产分类统计、资产导出。资产入账导入系统后可自动产生资产入账记录，形成资产生命流程初始化。

对于综合科及信息科管理人员，可进行资产查看、资产查询、分类统计、资产导出、资产临近报废提醒。临近报废资产可通过单击提醒图文信息打开详细列表，并进行报废申请（只有在库房的资产可报废，未出库的资产不可报废）。

③资产管理及配发变更模块（信息科资产管理人员、综合科资产管理人员）

在该模块中可以对本科室管理的资产进行配发或者变更。配发或变更的操作将自动激活资产变更日志记录，将资产配发或者变更的记录加入资产生命流程记录中。

④资产盘点模块（信息科资产管理人员、综合科资产管理人员）

相关科室可对自己科室管理的资产进行盘点。可通过扫描或者手动设置的方式进行盘点，盘点的人员、时间、地点等信息将记录在系统数据库中。

⑤资产报废模块（信息科资产管理人员、综合科资产管理人员、财务科管理人员）

综合科及信息科可根据实际情况批量选择需要报废的资产，提交至财务科申请报废，财务科可根据情况审核通过或者退回申报科室进行修改。

财务科进行资产报废确认操作后，系统自动记录资产报废情况。

（2）需求分析阶段

需求分析与需求获取是密切相关的，需求获取是需求分析的基础，需求分析是需求获取的直接表现，两者相互促进、相互制约。需求分析与需求获取的不同，主要在于需求分析是在已经了解用户方实际的、较全面和客观的业务需求及相关信息的基础上，结合软硬件实现方案，制作初步的系统原型并为用户方进行演示。

如通过与客户管理人员沟通获取该单位的资产管理人员由其综合科人事专员指派，而非由财务部门指派，所以相关资产管理人员指派权限应交给人事专员。该单位的服务器为自有服务器，且其工作网络环境为局域网，所以系统架构方案不能选择其他单位使用过的云服务器解决方案。该单位其他在用的系统使用的数据库为 Oracle，所以在技术工具选择时应考虑与其他系统的数据兼容性问题。因该单位定期会进行岗位调整，所以应设计一个灵活易用的职工及管理员配置管理模块。

（3）文档编写阶段

需求开发的最终成果是在对所要开发的产品达成共识后编写具体的文档。需求文档是在需求获取和需求分析两个阶段任务结束时生成的，所以文档要包含所有需求。

在此阶段先要从软件工程和文档管理的角度出发，依据相关的标准审核需求文档内容，确定需求文档内容是否完整，并对需求文档中存在的问题进行修改。一般，《软件需求规格说明书》是需求分析阶段最后的文档，本软件项目的《软件需求规格说明书》详见下文。

（4）需求确认阶段

需求确认主要是针对《软件需求规格说明书》进行评审，保证需求符合要求，具有优秀需求的特征，并且符合好的需求规格说明的特征。《软件需求规格说明书》用于与其他软件开发人员（设计人员、测试人员、维护人员）交流和探讨最终产品的功能。

（5）需求跟踪与复用阶段

需求跟踪是指通过比较需求文档与后续工作成果之间的对应关系，确保产品依据需求文档进行开发，建立与维护需求、设计、编程、测试之间的一致性，确保所有工作成果符合用户需求。需求跟踪是一项需要进行大量手工劳动的任务，在系统开发和维护的过程中，一定要随时对跟踪联系链信息进行更新。需求跟踪能力的强弱会直接影响产品质量，较强的需求跟踪能力可以降低维护成本，容易实现复用。同时，需求跟踪还需要用户方的大力支持。

3）结构化分析

通过需求分析而建立的模型必须实现下述的三个基本目标。

● 描述用户的需求。

● 为软件设计工作奠定基础。

● 作为需求验收标准。

结构化分析实质上是一种创建模型的活动。围绕数字字典有三个层次的模型：数据模型、功能模型和行为模型（也称状态模型）。在实际工作中，数据模型一般使用实体-关系图表示，功能模型使用数据流图表示，行为模型使用状态转换图表示。

（1）实体-关系图

这里挑选系统中最主要的实体，即职工和资产进行分析并绘制实体-关系图，如图1-15所示。部门与职工为一对多关系，即一个职工属于一个部门，一个部门包含多个职工；资产类别与资产为一对多关系，即一个资产属于一个资产类别，一个资产类别包含多个资产；职工与资产为一对多关系，及一个资产属于一个职工，一个职工可以有多个资产。

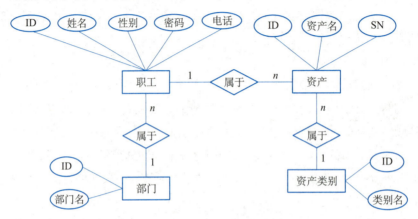

图1-15　职工、资产实体 – 关系图

（2）数据流图

这里对资产管理系统绘制数据流图。人事专员可创建、修改和查看职工账户、资产变更审核，资产管理员可通过资产管理系统对资产进行管理和操作，职工可通过资产管理系统进行资产信息查看和资产变更申请。如图1-16所示为资产管理系统顶层数据流图，如需展示资产管理系统内部处理的数据流图可自顶向下逐层分解，如图1-17所示为该系统0层数据流图。

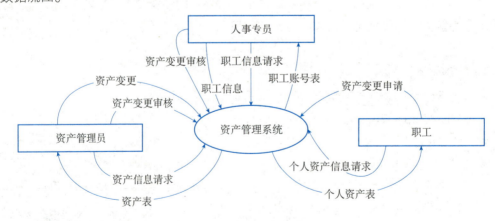

图1-16　资产管理系统顶层数据流图

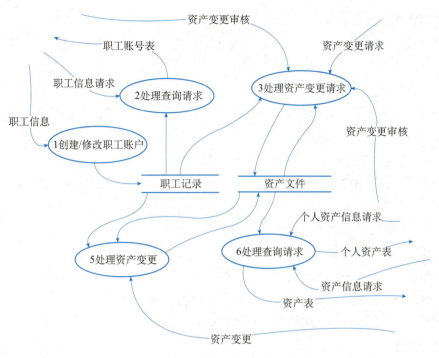

图 1-17 资产管理系统 0 层数据流图

（3）状态转换图

状态转换图通过描绘系统的状态及引起系统状态转换的事件来表示系统的行为。这里以资产管理系统为例绘制资产管理状态转换图，如图 1-18 所示。

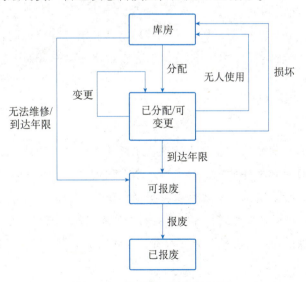

图 1-18 资产管理状态转换图

（4）数据字典

数据字典采用一种系统化的方式来表示每个数据对象和控制信息的特性。这里以资产管理系统为例进行简要分析。

①数据项定义。

资产管理系统需要建立的数据表有职工库、部门库、资产库、职工资产、变更记录。

职工号 = 入职年份 + 顺序号。

部门号 =[01= 信息科 |02= 财务科 |03= 综合科]。

资产编号 =[XX|BG|HC]+ 购买年份 + 顺序号（XX 为信息化类资产，BG 为办公类资产，HC 为耗材类资产）。

职工库 ={ 职工号 + 姓名 + 密码 + 部门 }。

部门库 ={ 部门号 + 名称 }。

资产库 ={ 资产号 + 类别 + 型号 + 出厂时间 }。

职工资产 ={ 配置日期 + 部门名 + 职工号 + 姓名 + 资产号 }。

变更记录 ={ 变更日期 + 原部门名 + 原职工号 + 新部门名 + 新职工号 }。

②处理算法。

对同一个职工，同一类资产最多只能配置 2 个项。（业务需求实例）

③操作说明。

资产管理员进行资产配置，当资产从未配置时，可配发给职工。

资产管理员进行资产变更，当资产已配置给职工时，可将其变更给另一名职工。

4）软件需求规格说明书

通过需求分析创建分析模型之后，还应该写出软件需求规格说明，它是需求分析阶段的最终成果。针对本软件项目，编写的《软件需求规格说明书》如下。

1　引言

1.1　编写目的

为明确软件需求、规划项目、确认进度、组织软件开发并测试，使客户、软件开发者及分析和测试等人员对该软件的初始规定有一个共同的理解而撰写本文档。它说明了本软件的各项功能需求、性能需求和数据需求，明确标识各项功能的具体含义，阐述使用背景及范围，提供客户解决问题或达到目标所需要的条件或权能，提供一个度量和遵循的基准。

本文档面向软件设计人员、软件开发人员、软件测试人员、项目经理及其他管理人员。

1.2　背景

本项目为"××单位资管理系统"，委托单位为××××中心，开发单位为

××××公司，项目主管领导为×××。

1.3　参考资料

[1] 经核准的《××单位资管理系统开发计划任务书》。

[2]《××单位资管理系统开发合同》。

[3]《计算机软件需求规格说明书》（GB/T 9385—2008）等。

[4]《×××信息系统开发实例》。

2　项目概述

2.1　目标

本资产管理系统（下称系统）项目旨在打通资产的财务管理、配发、盘点、报废的全生命周期管理流程，为单位资产管理提供信息化的支撑。

本系统的主要功能模块包括职工及管理员配置管理模块、财务管理及资产管理模块、资产管理及配发模块、资产盘点模块、资产报废模块。

该系统具体的业务包括资产自从在财务系统入账后，为资产编排统一的资产编码并与资产出厂的设备码（如有）进行绑定，形成资产的唯一标识；在资产进行配发过程中，记录每次变更的使用人、变更时间等记录；对资产进行盘点时可通过扫描资产编码的二维码（财务入账绑定资产编码时打印并粘贴在资产上的二维码），自动生成盘点记录文件，以便于导入资产管理系统；在资产报废过程中，可根据配置设置各类设备报废年限，自动形成报废提醒图表，报废后可将资产标记为报废状态。

2.2　用户的特点

本软件项目最终用户为机关事业单位的职工，职工需具有一定的计算机操作能力。在开发过程中应调研该单位现有信息系统的使用习惯及界面，尽可能降低本软件项目使用过程中的学习成本。

2.3　假定和约束

经费限制：严格按照客户预算及合同执行，调整预算难度大。

开发期限：2个月。

硬件限制：客户端PC只能运行Windows 7及以上版本；后台管理系统通过浏览器以网站的形式访问；服务端运行Windows Server 2012操作系统。

3　需求规定

3.1　系统功能及数据描述

3.1.1　系统功能描述

（1）职工及管理员配置管理模块

管理科室，如创建新的科室、修改科室名称、设置科室的负责人。

......

（2）财务管理及资产管理模块

在该模块中可以进行资产的查看、资产分类统计、资产临近报废提醒、资产的导入和导出。

......

（3）资产管理及配发变更模块

在该模块中可以对本科室管理的资产进行配发或者变更。配发或变更的操作将自动激活资产变更日志记录，将资产配发或者变更的记录加入资产生命流程记录中。

（4）资产盘点模块

相关科室可对自己科室管理的资产进行盘点。可通过扫描或者手动设置的方式进行盘点，盘点的人员、时间、地点等信息将记录在系统数据库中。

（5）资产报废模块

综合科及信息科可根据实际情况批量选择需要报废的资产，提交至财务科申请报废。财务科可根据情况审核通过或者退回申报科室进行修改。

财务科进行资产报废确认操作后，系统自动记录资产报废情况。

3.1.2　系统数据描述

1）系统数据流图

（1）资产管理系统顶层数据流图和 0 层数据流图

分别见图 1-16 和图 1-17。

2）实体-关系图

见图 1-15。

3）数据字典

（1）数据项条目

查询要求 =［读者信息｜图书信息］

读者信息 = 读者流水号 + 工号 + 姓名 + 院系 + 最大借书数量

图书信息 = 图书流水号 + 分类目录号 + 书名 + 作者 + 出版社

图书管理要求 =［新书入库｜借书｜还书］

新输入库 = 图书流水号 + 分类目录号 + 书名 + 作者 + 出版社

借书 = 读者流水号 + 图书流水号 + 借书日期 + 借书状态码

还书 = 读者流水号 + 图书流水号 + 还书日期 + 还书状态码

读者管理要求 =［创建读者］

创建读者 = 读者流水号 + 工号 + 姓名 + 院系 + 最大借书数量

（2）数据存储条目

借/还书库={借书/还书}

读者库={读者信息}

图书库={图书信息}

3.2 对性能的规定

3.2.1 精度

本软件涉及需要手工输入数据的字段及说明（因涉及内容较多，这里仅选取职工账户的相关字段进行说明，见表 1-11）如下。

表 1-11　职工账户字段

字段	精度	备注
ID	工号长度为 9 位数字	前 4 位为入职年份
密码	8～20 个字符	包含大小写英文字母、数字
姓名	64 个字符以内	不含特殊字符
性别	男或女	二选一
电话	13 个字符以内	字符只包含 0～9 及符号

......

3.2.2 时间特性要求

● 响应时间≤1000ms。

● 更新处理时间≤500ms。

● 数据传送时间≤5000ms。

● 数据计算时间≤2000ms。

3.2.3 灵活性

操作方式：当相关职工的角色发生变化，可以方便地修改其在系统中的角色；资产变更时，可以根据资产单独选择也可以根据职工来选择职工名下的资产。

运行环境：目前该系统运行在 Windows Server 操作系统环境下，要提前准备好切换至 Linux 操作系统平台的预置条件以应对信息安全的相关要求。

有效时限：当时间限制超标时，如响应时间超时、更新时间延迟，界面会出现"重新刷新"等选项，从而重新发出请求，等待响应，能够很好地给予用户反馈提示。

3.3 输入、输出的要求

注意：由于内容较多，这里就输入和输出分别定义了一个功能的信息，在实训报告中还可进行完善。

（1）输入项目

……

职工及管理员配置管理模块创建职工账户，需要输入的信息包括 ID、姓名、性别、电话。系统自动生成默认密码，无须输入。

……

（2）输出项目

……

对于资产管理及配发变更模块的打印标签功能，输出的信息包括资产编号、SN、资产名称、资产类别、配置日期。

……

3.4 数据管理能力的要求

本系统主要管理×××单位的职工和资产变更信息。该单位职工约 1000 人，部门 10 个，每年采购的资产约 5000 条，日均变更记录约 1000 条，还有其他的日志如运行系统状态日志、操作日志等。

3.5 故障处理要求

总体要求：若系统出现故障客户可致电专职运维客服进行处理。如运维客服无法解决的，一般问题我司提供 24 小时内上门、严重问题 6 小时内上门、重大问题 2 小时内上门服务。

3.6 其他专门要求

客户工作环境为内部局域网，且其核心系统为网络安全二级等保系统。对于参与项目人员应告知网络信息安全风险并签订保密协议。

4 运行环境规定

4.1 设备

网络边界硬件防火墙、浪潮×××服务器、H3C 光纤交换机、×××双活网关、浪潮×××磁盘阵列等。

4.2 支持软件

VMware ×.×、Windows Server 2012、Oracle ××.×、Tomcat ×.× 等。

4.3 接口

暂无与其他系统的接口，可根据经验预留部分常见类型的拓展接口。

5 其他事项

开发期间，客户要求至少保证 2 名工程师现场办公，便于沟通与调试。

3. 项目进度安排

1）项目进度安排总体描述

项目进度安排主要依据项目目标、项目范围、项目如何执行、项目完成计划等内容，尽量邀请项目组全体成员参与制定。制定的过程主要包括项目分解与活动界定、项目工作描述与分配、工作排序、工作量与工作时间的估算、编制工作分解结构表、绘制网络图、进度安排等。在各阶段应充分听取项目组干系人的意见和建议，确保项目进度安排的合理性和可行性。

2）项目分解与活动界定

为了便于制定项目计划、各子项目计划，需要将项目及其主要可交付物划分为一些较小的、更易于管理的独立单元。项目分解一般采用 WBS 技术，输出项目的工作分解结构和 WBS 字典。如图 1-19 是资产管理系统工作分解结构层次结构图，每个叶子节点为一个工作包。

3）项目工作描述和工作责任分配

在项目分解的同时还要明确描述项目所包含的各项工作的内容和要求，并形成项目工作列表。为了明确各部门或个人在项目工作中的责任，应根据项目工作分解结构、项目组织结构图落实责任。此处选择 111、112、113 三个工作包，其工作列表如表 1-12 所示。

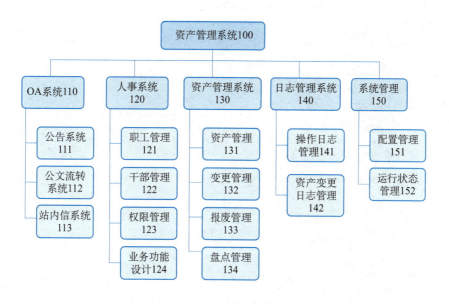

图 1-19 资产管理系统工作分解结构层次结构图

表1-12 项目工作列表

序号	类别	子项目／工作包	工作内容	项目经理	系统架构师	开发人员	…
1	开发	公告系统开发 111	公告系统功能实现	项目经理 A	系统架构师 B	开发人员 C	…
2		公文流转系统开发 112	公文流转系统功能实现			开发人员 E	…
3		站内信息系统开发 113	站内信息系统功能实现			开发人员 G	…
…	…	…	…	…	…	…	…

4）工作排序

根据工作或活动的先决条件、所需要的资源及工作在时间或者逻辑上的次序对工作进行排序，定义工作之间的逻辑顺序，在既定的所有项目制约因素下获得最高的效率。

5）计算工作量、工作持续时间

根据项目分解情况，明确个工作或活动开展的前提条件，计算各工作或活动所需的资源及工作量，并估算完成该工作或活动所需的时间和等待时间之和。

6）编制工作分解结构表

工作分解结构将分解为 WBS 中最小的单元——工作包，表 1-13 就是根据本软件项目编写的工作分解结构表。此表参考前述工作的成果编写。

表1-13 资产管理系统工作分解结构表

WBS 编码	子项目／工作包	历时估计	紧前工作	紧后工作	责任人
100	开始开发	—	—	111、112、113、121、122	项目经理 A
110	OA 系统	28d	—	—	项目经理 A
111	公告系统	7d	100	141	开发人员 C
112	公文流转系统	14d	100	124	开发人员 E
113	站内信系统	7d	100	123	开发人员 G
120	人事系统	47d	—	—	项目经理 A
121	职工管理	14d	100	131	开发人员 I
122	干部管理	5d	100	132	开发人员 J
123	权限管理	14d	113	134	开发人员 G
124	业务功能设计	14d	112	133	开发人员 E

续表

WBS 编码	子项目／工作包	历时估计	紧前工作	紧后工作	责任人
130	资产管理系统	52d	—	—	项目经理 A
131	资产管理	14d	121	160	开发人员 I
132	变更管理	14d	122	160	开发人员 J
133	报废管理	14d	124	142	开发人员 E
134	盘点管理	10d	123	160	开发人员 G
140	日志管理系统	14d	—	—	项目经理 A
141	操作日志管理	7d	111	151	开发人员 C
142	资产变更日志管理	7d	133	152	开发人员 E
150	系统管理	14d	—	—	项目经理 A
151	配置管理	7d	141	160	开发人员 C
152	运行状态管理	7d	142	160	开发人员 E
160	完成开发	—	131、132、134、151、152	—	项目经理 A

WBS 词典是 WBS 工作输出的一部分，是工作分解结构的支持性文件，用来对工作分解结构中的控制账户和工作包做详细解释。WBS 词典解释的详细程度可以根据具体需要加以确定。此处以"权限管理 123"工作包为例，编写 WBS 词典，如表 1-14 所示。

表 1-14　WBS 词典

项目名称	资产管理系统	日期	2021-8-21
WBS 编号	123	WBS 名称	权限管理
父级 WBS 编号	120	父级 WBS 名称	人事系统
紧前 WBS 编号	113	紧前 WBS 名称	站内信系统
责任人	开发人员 G		
工作描述	可以设置或者取消信息科、综合科、财务科资产管理员，各科室的资产管理员只能从本科室内选择，该权限针对人事专员角色		
制定人	项目经理 A	职务	项目经理

7）绘制网络图

网络图的绘制主要是依据工作分解结构表，通过网络图能够直观地将项目的各项工作关系表达出来。在图中能够直观、快速地识别项目中工作的先后逻辑，有助于进度的安排。图 1-20 为根据表 1-13 绘制的单代号网络图。分析可得该软件项目的关键路径为 1003 → 112 → 124 → 133 → 142 → 152 → 160，历时 56 天。

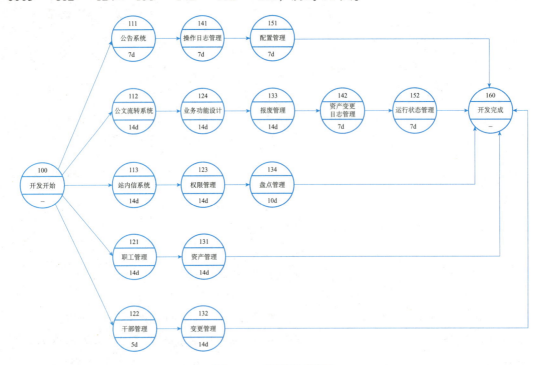

图 1-20　单代号网络图

8）进度安排

在完成项目分解、确定各项工作及活动的排序、估算好各项工作持续时间的基础上，可安排项目的时间进度。在安排前还可通过关键路径法确定各项工作的弹性时间，以及关键活动，以便更好地对进度进行安排。由图 1-20 可知该软件项目的关键路径。在进度管理过程中，应重点关注关键路径上的工作，如果该路径上的工作延后必然对整个项目的进度造成影响。在关键路径上工作进度延后时，可调度非关键路径上的资源或根据情况向公司请求更多资源的支持，尽可能保证关键路径在预定工期内完成。

4. 风险管理

在任何项目中风险管理工作都尤为重要，是保证项目实现总体目标的保障之一。进行风险管理需要识别风险，而且识别风险应全员参与并贯穿项目的始终。识别风险是指确定哪些风险会对项目产生影响，并将相关信息形成文档。一般风险识别的成果记录在风险登记册中。根据风险管理计划规定的风险登记册格式，可能还要记录关于每项已识别风险的其他数据，包括简短的风险名称、风险类别、当前风险状态、一项或多项原因、一项或多项对目标的影响、风险触发条件（显示风险即将发生的事件或条件）、受影响的 WBS 组件，以及时间信息（风险何时识别、可能何时发生、何时可能不再相关、采取行动的最后期限）。

风险识别一般依据风险管理计划、成本管理计划、进度管理计划、人力资源管理计划、范围基准、干系人登记册等，使用文档审查、头脑风暴法、访谈、图解技术、专家判断等方法完成。

下面以本项目为例，采用文档审查法、图解技术、专家判断等方法识别风险并编制项目已识别风险清单，见表 1-15。

表 1-15　项目已识别风险清单

序号	风险项	风险描述	风险级别	影响项	应对措施
…	…	…	…	…	…
6	需求分析干系人风险	该项目系统的应用涉及部门较多，如不能明确各子系统干系人，容易造成需求确认偏差，从而造成项目变更频繁	高	范围、成本、进度	项目需求分析初期采用多次访谈方式确定干系人
7	需求变更风险	该项目需求点存在需求变更风险	中	范围、成本、进度	严格执行项目变更管理。在变更前须经过需求变更流程，经审批后安排变更计划。严禁实施未经论证和确认的需求变更
8	团队成员协作风险	程序员 G 为其他项目组新加入本项目的成员，存在团队成员协作风险	低	成本、进度、质量	安排架构师 B 带领程序 G 并使其了解项目组情况。组织团队建设活动
9	系统运行环境风险	系统最终将运行在客户服务器上，可能出现系统不兼容问题	中	成本、进度、质量	开发初期调研客户服务器系统环境，将开发环境部署与客户环境一致。在客户环境下阶段性地验证可交付成果
…	…	…	…	…	…

5. 成本管理

1）成本估算

成本估算是对完成项目活动所需资金进行近似计算的过程。

以本项目为例，采用 LOC 法、类比估算法及专家判断法对开发成本进行估算。首先根据人员配备情况、工作分解结构、项目进度计划等编制成本估算表，见表 1-16。在编制成本估算表时可采用 LOC 法结合类别估算法根据过去类似项目的类似工作或活动的成本估算作为参考。在遇到一些新的功能或技术难度较大的工作或活动时，可采用专家判断法，邀请内部组织或外部的技术专家进行专家判断，从而确定成本。此处的工作量和成本为功能的分析、设计、编码、测试、界面交互设计的综合预估。

表 1-16 项目成本估算表

序号	功能	LOC	行 / 人月	元 / 行	工作量 / 人月	成本 / 元
…	…	…	…	…	…	…
5	职工管理	3600	1500	14	2.4	50400
6	权限管理	2400	1300	20	1.8	48000
7	资产管理	3800	1800	16	2.1	60800
8	资产变更日志管理	1900	1600	15	1.2	28500
…	…	…	…	…	…	…
/	总计	31280	/	/	17.4	437920

在上述成本估算的基础上，还应预算应对可预测风险的应急储备预算及应对不可预测风险的管理储备预算。

2）成本管理的执行

成本管理不是孤立的，也不是一成不变的，在项目进行过程中要使用多种手段控制成本，使其在合理范围内。

在该软件项目中，首先应根据进度安排在开发过程中监控各工作的进度，着重避免关键路径上的关键工作延期，从而避免项目延期。如关键路径上确实发生延期，那么应及时调整资源，加大关键路径上延期工作的投入，避免延期对项目进度和成本的影响。

其次，在风险管理上，应积极处置已识别风险，尽可能减少已知风险对项目的影响。如对"该项目系统的应用涉及部门较多，如不能明确各子系统干系人，容易造成需求确认偏差，从而造成项目变更频繁"风险来说，一定要组织客户干系人参与项目分析，并与开发团队进行全面沟通，尽最大可能减小需求偏差对项目进度和成本的影响。对于可预测风险，应根据公司积累的项目经验及专家判断做好应急预案。对于不可预测风险，当发生时应充分调动已有资源，积极应对，将损失降到最低。

可见，项目的多个方面都有可能对成本造成影响，所以说成本管理不是孤立的，它与项目的进度、风险、沟通、范围都有不可割裂的关系。所以在进行项目成本管理时，要充分结合其他方面的管理，实现项目在达到客户需求和工期要求的基础上在合理成本基线内的成本管理。

（四）实训报告要求

对资产管理信息系统进行开发规划及开发统筹，并记录开发规划的分析过程，形成文字报告。根据实训步骤完成需求分析阶段的《软件需求规格说明书》、完善项目进度安排阶段的《项目工作列表》，完善风险管理阶段的《已识别风险清单》，完善成本估算阶段的《项目成本估算表》，完善《软件维护计划》。最后对本项目实施过程中遇到的问题及解决问题的步骤进行记录和总结。

（五）项目总结

本项通过介绍软件系统的开发规划及开发统筹，梳理了项目开发规划中的需求分析、进度安排、风险管理、成本估算等项目管理的重要组成部分。通过本实训项目的实施，加深了学习者对软件开发需求分析方法、系统设计方法、任务分解策略、进度安排策略、风险点和应对策略、成本估算方法的理解，对软件开发管理综合应用的实践有较大帮助。

（一）选择题

1. WBS 方法是一种将复杂的问题分解为简单的问题，然后再根据分解的结果进行计划的方法。WBS 代表的是_____。

    A. 工作创建站点　　　　　　　　B. 工作分解结构

    C. 工作分解模式　　　　　　　　D. 工作建立结构

2. 不随生产量、工作量或时间变化而变化的非重复成本为_____。

    A. 固定成本　　　　　　　　　　B. 可变成本

    C. 沉没成本　　　　　　　　　　D. 间接成本

3. _____是不能带来机会、无获得利益可能的风险。

A. 人为风险   B. 可预测风险

C. 不可管理风险   D. 纯粹风险

4. _____是为了识别并纠正软件产品中所潜藏的错误、改正软件性能上的缺陷所进行的维护。

A. 纠错性维护   B. 适应性维护

C. 完善性维护   D. 预防性维护

（二）填空题

1. 常用的软件开发需求分析方法有_____和_____。

2. 软件项目成本的分类方式较多，按成本性质分类，可分为_____及_____。

3. _____是既可能带来机会、获得利益，又隐含威胁、造成损失的风险。

4. _____是识别和记录项目活动间关系的过程。

5. 根据维护工作的特征及维护目的的不同，软件维护活动的类型主要包括_____、_____、_____和_____。

（三）简答题

1. 软件项目的范围管理是什么？

2. 软件项目沟通管理的主要内容是什么？

3. 软件项目干系人管理的主要内容是什么？

4. 软件项目质量管理的主要内容是什么？

5. 软件项目成本管理的主要内容是什么？

6. 软件项目人力资源管理的主要内容是什么？

7. 软件项目变更管理的主要内容是什么？

项目 **2**

非关系型数据库管理

学习目标

（一）知识目标

- 了解 NoSQL 的概念。
- 了解 NoSQL 的分类。
- 了解各类 NoSQL 的区别。

（二）技能目标

- 掌握 Memcached 的常用操作。
- 掌握 Redis 的常用操作。
- 掌握 MongoDB 的安装及管理操作。
- 掌握 Memcached 集群的搭建、配置和管理。
- 掌握 MongoDB 集群的搭建、配置和管理。

（三）素质目标

- 培养学习意识和学习能力。
- 培养技术革新意识。

项目描述

（一）项目背景及需求

　　某电商网站准备打造一个"秒杀"活动专题，由于前期准备不足，仍沿用之前的网站架构，即使用 MySQL 作为网站数据库进行支持。在前期宣传力度足够的情况下，预计在当日 12 点开始的秒杀活动在 11 点左右网站流量已开始大幅度增加。维护人员小李坐在机房内确保各服务器运行正常，当日 11 点 50 分，小李已多次看到系统的警报信息。在排查日志后小李发现，由于秒杀活动将近，用户的查询请求成倍增加，而在没有进行过多优化的情况下，程序频繁地访问数据库，造成了数据库的资源一直处于危险状态，已有不少用户反馈说页面刷新不正常。

如何解决用户频繁访问数据库资源请求的问题？我们很容易想到缓存，而非关系型数据库恰好就有完美的解决方案。

（二）项目任务

为了完成本次全站业务改造，本项目可分解为以下任务：

任务 1　认识非关系型数据库。

任务 2　常用键值数据库的管理与使用。

任务 3　常用文档数据库的使用与管理。

项目实训　通过 XMemcached 插件管理 Memcached 集群。

任务 1　认识非关系型数据库

教学课件 2-1　　微课 2-1

（一）任务描述

如今，IT 行业仍处于飞速发展期，新技术出现的频率虽然放缓，但数据量依旧保持着爆炸增长的趋势。以 Oracle 和 MySQL 为代表的传统关系型数据库在面对如此庞大的数据量、快速的数据增长、高并发等需求时，已有些力不从心。

以大数据分析为例，在进行数据采集相关步骤时，非结构化数据（文本、音视频、图片等）已成为数据来源中的不可或缺的一部分。传统关系型数据库在存储、处理非结构化数据时已略显乏力。此时，以 HBASE、MongoDB、Memcached、Redis 为代表的非关系型数据库开始展露头角，它们凭借着不同的存储特性，使各类数据操作不再是难题。

本任务将对非关系型数据库的概念、分类、差异和使用场景进行介绍，并详细介绍 Memcached、Redis 和 MongoDB 相关知识及简要的安装方法。

（二）问题引导

在本次电商网站的"秒杀"活动专题中，用户在 11 点 50 左右开始疯狂刷新网站网面。虽然已经告知用户将于 12 点整准时开启秒杀，但用户们会在这个时间点前几分钟就不断进行页面刷新，以确保在"抢购"变红之后可以首先点进去。

在"秒杀"活动开始前的几分钟，服务器负载开始变大，而由于最开始的系统架构并没有预料到如此的情况，导致用户访问开始卡顿、丢失。如何解决这个问题？我们可以引入非关系型数据库，以提高用户体验。

对于非关系型数据库，常见的问题有：

- 非关系型数据库是什么？
- 非关系型数据库和关系型数据库有什么区别？
- 非关系型数据库比关系型数据库效率高吗？
- 常用的非关系型数据库有哪些？

（三）知识准备

1. 各类非关系型数据库介绍

NoSQL，指的是非关系型数据库（Not Only SQL），是对不同于传统关系型数据库的数据库管理系统的统称。20 世纪末，在数据存储成本急剧下降的同时数据的类型也更加多元化，结构化、半结构化和多态性的数据使得预先定义架构几乎变得不可能。NoSQL 数据库允许开发者存储大量非结构化数据，从而提供了很高的灵活性。

近年来随着云计算和大数据的兴起，NoSQL 的使用已愈加频繁，它在规模、性能和易用性方面相比传统关系型数据库有独特的优势，可以轻松处理大量数据和高用户负载。NoSQL 的分类如下。

（1）键值数据库

与关系型数据库由行和列组成的表及预定义数据类型组成的数据结构相反，键值数据库将数据存储为单个集合，而没有任何的结构或关系。键值数据库（也称为键值存储）通过存储和管理关联数组进行工作。其核心关联数组也称为字典或哈希表，由键值对的集合组成。其中键用作唯一标识符以检索关联值；值可以是任何对象，从简单的对象（如整数或字符串）到复杂的对象均可。如可以定义一个键（例如 key_a）并提供一个关联的值（例如 val_1），然后可以通过该键检索其关联值。

键值数据库的数据按照键值对的形式进行组织、索引和存储。键值存储在处理关系简单的数据时，拥有比 SQL 数据库存储更好的读写性能。常见的使用场景是缓存、消息队列和会话管理。目前，较为流行的开源键值数据库有 Redis、DynanoDB 等。

（2）列式数据库

列式数据库（有时称为面向列的数据库）是以列为单位存放数据的数据库系统。看起来似乎与传统的关系型数据库类似，但却不是将各列分组为表格，而是将每列的数据存放在系统存储设备中的单独文件或区域中。

列式数据库中存储的数据按记录的顺序显示，这意味着一个列中的第一个条目与其他列中的第一个条目相关。这种设计允许在查询时仅读取所需的列而不必读取表中的每一行，并在数据存储到内存后将不需要的数据丢弃。

列式数据库自1960年就已经存在。由于列式数据模型非常适合快速查询处理，因此自2000年以来列式数据库越来越广泛地用于数据分析。在应用程序需要频繁执行汇总功能（例如查找列中数据的平均值或总计）的场景，列式数据库被认为是最佳的数据库支撑之一，一些列式数据库管理系统甚至能够使用SQL查询。目前，比较流行的开源列式数据库有Cassandra、HBase等。

（3）面向文档的数据库

面向文档的数据库（或文档存储、文档数据库）是以文档的形式存储数据的NoSQL数据库。文档存储是键值存储的一种，每个文档都有一个唯一的标识符（键），而文档本身就是值。这两个存储之间的区别在于，在键值数据库中数据被视为不透明，数据库不知道或不在乎其中的数据；但是在文档存储中每个文档都包含一些元数据，这些元数据提供了存储数据的结构。文档存储通常带有API或查询语言，允许用户根据其包含的元数据来检索文档，同时还可以存储复杂的数据结构，因此可以将文档嵌套在其他文档中。

在关系存储数据库中给定对象的信息可以分布在多个表或数据库中，而面向文档的数据库则可以将给定对象的所有数据存储在单个文档中。文档存储通常将数据存储为JSON，BSON，XML或YAML文档，有些则存储为二进制格式（如PDF）文档。通常情况下可使用SQL的变体、全文搜索或原生查询语言来进行数据检索，其中某些功能有不止一种的查询方法。

近年来，面向文档的数据库越来越受欢迎，凭借其灵活的架构，它们在电子商务、博客和分析平台及内容管理系统中被频繁地使用。文档存储被认为是高度可伸缩的，它们对于保留大量结构上不相关的复杂信息也非常适用。目前，比较流行的开源面向文档的数据库有MongoDB、Couchbase。

（4）图形数据库

图形数据库是文档存储模型的子类别，因为它也是将数据存储在文档中，而不是要求数据遵循预定义的架构。同面向文档的数据库的区别在于，图形数据库通过突出显示各个文档之间的关系为文档模型增加了额外的一层。

应用所需的某些操作在使用图形数据库进行链接和分组相关信息的情况下执行更加高效。图形数据库常用于欺诈检测、推荐引擎及身份识别和授权访问管理程序。目前，比较流行的开源图形数据库有Neo4j、JanusGraph等。

（5）各类NoSQL的对比

在日常的开发和运维中，各NoSQL根据自身表现出来的特性被应用在不同的场景中。

各类 NoSQL 的对比如表 2-1 所示。

表 2-1　各类 NoSQL 的对比

分类	举例	典型应用场景	数据模型	优点	缺点
键值数据库	Redis,Memcached	主要用于处理大量数据的高访问负载，也用于一些日志系统等	Key 指向 Value 的键值对，通常用 hash table 来实现	查找速度快	数据无结构化，通常只被当作字符串或者二进制数据
列存储数据库	HBase	分布式的文件系统	以列簇式存储，将同一列数据存储在一起	查找速度快，可扩展性强，更容易进行分布式扩展	功能相对局限
文档型数据库	MongoDb	Web 应用（与 Key-Value 类似，Value 是结构化的，不同的是数据库能够了解 Value 的内容）	Key-Value 对应的键值对，Value 为结构化数据	数据结构要求不严格，表结构可变，不需要像关系型数据库一样需要预先定义表结构	查询性能不高，而且缺乏统一的查询语法
图形数据库	Neo4J	社交网络、推荐系统等，专注于构建关系图谱	图结构	利用图结构相关算法，比如最短路径寻址、N 度关系查找等	很多时候需要对整个图做计算才能得出需要的信息，而且这种结构不太好制定分布式的集群方案

2. 键值数据库 Memcached 介绍

如果用一句话来定义 Memcached，应该是免费开放源码高性能分布式内存对象缓存系统。Memcached 本质上是通用、免费和开源的高性能、分布式内存对象缓存系统，旨在通过减轻数据库负载来加速动态 Web 应用程序。Memcached 简单而强大，其简单的设计促进了快速部署、易于开发，并解决了大数据缓存面临的许多问题。同时，Memcached 的 API 可用于大多数流行语言。

1）Memcached 的设计理念

（1）简单 Key-Value 存储

在使用 Memcached 时，服务器并不关心数据的类型。在 Memcached 中存储的每个项目都是由密钥、到期时间、可选标志和原始数据组成。也正是因为服务器不需要去解析数据结构，所以必须上传预先序列化的数据。某些命令 (incr/decr) 可以对底层数据进行操作，但方式很简单。

（2）业务分摊

Memcached 的实现部分在客户端中，部分在服务器中，也就是逻辑处理一半在客户端，一半在服务器。客户端需要关心的有两点，一是如何选择读取或写入数据的服务器，二是在无法和服务器通信时该怎么办。服务器一方面关心如何存储和获取项目，另一方面是对内存空间的管理。

（3）节点之间相互独立

Memcached 服务器间相互独立，没有串扰、没有同步、没有广播、没有复制，想增加可用内存只需要添加服务器。此外，缓存失效也得到了优化，客户端不是将更改广播到所有可用主机，而是直接寻址保存到要失效数据的服务器。

（4）高效率运作

在 Memcached 中，所有命令都被尽可能快速地执行，这为所有用例提供了接近确定性的查询速度（即 0（1））。在普通机器上的查询应该在 1ms 内运行，高端服务器每秒可以处理数百万个密钥的吞吐量。

2）Memcached 的结构

Memcached 由以下几个部分组成。

- 客户端软件：提供可用内存缓存服务器的列表。
- 基于客户端的散列算法：它根据"密钥"选择服务器。
- 服务器软件：将值及其键存储在内部哈希表中。
- LRU（Least Recently Used）：它决定何时丢弃旧数据（如果内存不足）或重用内存。

3）Memcached 的特点

大部分软件的特点多是由它的结构和设计理念决定的，Memcached 也不例外，它的特点有：

- 简单的 Key-Value 存储。
- 完全基于内存缓存。
- 节点之间相互独立。
- C/S 模式架构，由 C 语言编写的程序简短。
- 使用 libevent 作为事件通知机制。
- 数据全部存放于内存中，无持久性存储设计，即重启服务器后内存里的数据会丢失。

3. 键值数据库 Redis 介绍

Redis 是开放源代码（BSD 许可）的内存数据结构存储，用作数据库、缓存和消息代理。Redis 提供例如字符串、哈希、列表、集合、带范围查询的排序集合、位图、超日志、地理空间索引和流等数据结构。Redis 具有内置的复制、Lua 脚本、LRU 逐出、事务和不同级别的磁盘持久性。Redis Sentinel 和 Redis Cluster 自动分区为其提供高可用性。

为了获得最佳性能，Redis 使用内存中的数据集。根据不同的使用情况，可以通过定期将数据集转存到磁盘或通过将每个命令附加到基于磁盘的日志来持久化数据。如果只需要功能丰富的网络内存缓存，则还可以禁用持久性。

Redis 的主要缺点是数据库容量受到物理内存的限制，不能用作海量数据的高性能读写。因此，Redis 适合的场景主要局限在较小数据量的高性能操作和运算上。

1）Redis 的特点

Redis 的优点有：

● 读写性能优异，数据以类似于 HashMap 的形式存储在内存中。HashMap 的优势就是查找和操作的时间复杂度都是 0（1）。

● 支持丰富的数据类型，支持 String、List、Set、Sorted set、Hash 等数据类型。

● 支持事务，Redis 的操作都是原子性的。

● 丰富的特性：可用于缓存、消息，按 Key 设置过期时间，过期后将会自动删除。

● Redis 支持数据的持久化，支持 AOF 和 RDB 两种持久化方式，可以将内存中的数据保存在磁盘中，重启的时候可以再次加载进行使用。

● 支持主从复制，主机会自动将数据同步到从机，可以进行读写分离。

2）Redis 的数据类型

Redis 不是一个普通的键值存储，它实际上是一个数据结构服务器并能支持不同类型的值。这意味着，和在传统的键值存储中将字符串键与字符串值相关联有所不同，在 Redis 中值不仅限于简单的字符串，还可以包含更复杂的数据结构。以下将对 Redis 常用的数据类型进行介绍。

（1）字符串（String）

Redis 字符串是与 Redis 键关联最简单的值类型。它是 Memcached 中唯一的数据类型，所以在 Redis 中使用它也是很自然的。由于 Redis 键是字符串，通常会将一个字符串映射到另一个字符串。字符串数据类型可用于许多用例，例如缓存 HTML 片段或页面。

（2）列表（List）

Redis 列表是通过链表实现的，因为对于数据库系统来说，能够以非常快的方式将元素添加到很长的列表中是至关重要的；同时这也意味着即使列表中有数百万个元素，在列表的头部或尾部添加新元素的操作也是在常数时间内执行的。

（3）哈希（Hash）

Redis 哈希和其他语言相似，具有字段值对，如"user:1000 username antirez birthyear 1977 verified 1"有三个字段值对。

（4）集合（Set）

Redis 集合是无序的字符串集合。可以对集合执行许多操作，例如测试给定元素是否已经存在，执行多个集合之间的交集、并集或差集等。

（5）有序集合（Sorted sets）

有序集合是一种类似于集合和哈希混合的数据类型。与集合一样，有序集合由唯一的、不重复的字符串元素组成，因此在某种意义上有序集合也是一个集合。然而，虽然集合内的元素没有排序，有序集合中的每个元素都与一个浮点值相关联，称为分数，这就是为什么类型也类似于哈希，因为每个元素都映射一个值。

3）Redis 和 Memcached 的区别

Redis 和 Memcached 都是内存数据库，它们的访问速度非常快。但在开发过程中，如何选择这两个内存数据库？又为何现阶段的各公司更加青睐于 Redis？接下来将从以下几个方面展开介绍。

（1）数据结构

Memcached 支持的数据类型仅有 string，并且对 Value 的大小、过期时间都有限制。而 Redis 支持的数据类型非常丰富，除了上述提到的几类常用的数据之外，还支持 Geo、hyperLogLog 等数据类型。使用 Memcached 时，我们采用数据序列化的方式只能"整存整取"。而对于 Redis，不同的数据类型可以有不同的操作方法，非常灵活。

（2）淘汰策略

Memcached 必须设置整个实例的内存上限，在达到上限后触发 LRU 淘汰机制并优先淘汰不常用的数据。但它的数据淘汰机制存在一些问题，即刚写入的数据可能会被优先淘汰掉。Redis 没有限制必须设置内存上限，如果内存足够使用，Redis 可以使用足够大的内存。同时 Redis 也提供了多种淘汰策略。

（3）事务

Redis 拥有自己的事务模型，事务提供了一种将多个命令请求打包，然后一次性、按顺序地执行多个命令的机制。并且在事务执行期间，服务器不会中断事务而改去执行其他客户端的命令请求，它会将事务中的所有命令都执行完毕再去处理其他客户端的命令请求。

（4）持久化

Memcached 虽然可以配合插件提供持久化功能，但其自身并不支持数据的持久化。如果 Memcached 服务宕机，那么这个节点的数据将全部丢失。Redis 支持将数据持久地保存在磁盘上，提供全量持久化和增量持久化两种方式。

（5）高可用

除了构建集群使得 Memcached 和 Redis 能够获得高可用的特性外，只有 Redis 支持主从复制。Memcached 虽然可以配合插件提供主从复制功能，但其本身并不支持此功能。

整体来说，Redis 在性能基本上与 Memcached 没太大区别，但 Redis 提供更丰富的功能和更舒适的使用体验，这也是各大公司选择 Redis 的原因。

4. 文档数据库 MongoDB 介绍

MongoDB 是专为可扩展性、高性能和高可用性而设计的数据库。它可以从单服务器部署扩展到大型、复杂的多数据中心架构。利用内存计算的优势，MongoDB 能够提供高性能的数据读写操作。MongoDB 的本地复制和自动故障转移功能使应用程序具有企业级的可靠性和操作灵活性。

MongoDB 是一个文档数据库，旨在简化开发和扩展。同时，MongoDB 是时下流行的 NoSqL 数据库，它的存储方式是文档式存储，并不是 Key-Value 形式。

MongoDB 的主要特点是高性能、丰富的查询语言、高可用性、水平可伸缩性、支持多种存储引擎。

（1）高性能

MongoDB 提供高性能的数据持久性，特别是对嵌入式数据模型的支持减少了数据库系统上的 I/O 活动。同时，MongoDB 的索引支持更快地查询，并且可以包含来自嵌入式文档和数组的键。

（2）丰富的查询语言

MongoDB 支持丰富的查询语言，以支持读写操作（CRUD）及资料汇总、文本搜索和地理空间查询。

（3）高可用性

MongoDB 的复制工具（副本集）拥有自动故障转移、数据冗余的特性，并以此提供冗余和提高数据可用性的 MongoDB 服务器。

（4）水平可伸缩性

MongoDB 将水平可伸缩性作为其核心功能的一部分，分片将数据分布在一个集群的机器上。在平衡群集中，MongoDB 仅将区域覆盖的读写定向到区域内的分片。

（5）支持多种存储引擎

MongoDB 支持多个存储引擎，包括 WiredTiger 存储引擎（包括对静态加密的支持）、内存存储引擎。另外，MongoDB 提供可插拔的存储引擎 API，允许第三方为 MongoDB 开发存储引擎。

5. 非关系型数据库和关系型数据库对比

关于非关系型数据库和关系型数据库对比，这里先从关系型数据库的缺点、NoSQL 的特点展开，然后介绍非关系型数据库的使用场景。

1）关系型数据库的缺点

（1）高并发下 I/O 压力大

关系型数据库的数据按行存储，即使只针对其中某一列进行运算，也会将整行数据从存储设备中读入内存，导致 I/O 压力较大。

（2）为维护索引付出的代价大

为了提供丰富的查询功能，通常热点表都会有多个二级索引，一旦有了二级索引，数据的增加必然伴随着所有二级索引的增加，数据的更新也必然伴随着所有二级索引的更新，这不可避免地降低了关系型数据库的读写能力，且索引越多读写能力越差。

（3）为维护数据一致性付出的代价大

数据一致性是关系型数据库的核心，但是同样为了维护数据一致性的代价也是非常大的。SQL 标准为事务定义了不同的隔离级别，从低到高依次是读未提交、读已提交、可重复度、串行化。事务隔离级别越低，可能出现的并发异常越多，但是通常而言其能提供的并发能力越强。为了保证事务的一致性，数据库就需要提供并发控制与故障恢复两种技术，前者用于减少并发异常，后者可以在系统异常的时候保证事务与数据库状态不会被破坏。对于并发控制，其核心思想就是加锁，无论是乐观锁还是悲观锁，只要提供的隔离级别越高，那么读写性能必然越差。

（4）水平扩展后带来的种种问题难处理

随着企业规模扩大，一种方式是对数据库做分库，做了分库之后，数据迁移、跨库 join、分布式事务处理都是需要考虑的问题。尤其是分布式事务处理，当前业界还没有特别好的解决方案。

（5）表结构扩展不方便

由于数据库存储的是结构化数据，因此表结构是固定的，扩展不方便，如果修改表结构，需要执行 DDL 语句，修改期间会导致锁表、部分服务不可用。

（6）全文搜索功能弱

例如查询中最灵活的模糊查询，实现查询所使用的手段仍是模式匹配，在给定的模式下，检索能力受限。因为其不具备分词能力，若想实现和搜索引擎类似的全文搜索功能就很难实现。同时，进行模糊查询时会遇到无法找到索引的情况，将会导致查询效率大大降低。

2）NoSQL 的优势

- 不存在复杂的连表查询。
- 容易扩展（一些 NoSQL 数据库支持自动分片）。
- 与 OOP 数据模型一致，易于使用。
- 不必预先定义数据模式，支持存取快速变化的结构化、半结构化和非结构化数据。
- 读写性能（IOPS）高，适合数据密集型工作。

3）NoSQL 应用场景

由此，可以推断出适合 NoSQL 的应用场景：

- 快速变化数据，如单击流（clickstream）数据或日志数据。
- 排行榜或评分数据。
- 临时数据，如购物车数据。
- 频繁访问的热点数据、元数据（metadata）及查找表（lookuptables）。

（四）任务实施

微课 2-2

1. 安装 Memcached

Memcached 支持许多平台，如 Linux、FreeBSD、Solaris、MacOS，少数版本也可以安装在 Windows 上。2016 年 Memcached 发布的官方声明中说明不再提供 windows 系统的官方支持，所以这里主要介绍基于 Linux 的主流平台 Centos 的 Memcached 安装。

本次操作环境为 Centos 7.9 2009，在 Centos 下输入 cat /etc/redhat-release，可查看该 Centos 的系统版本，如图 2-1 所示。

```
[root@memcached ~]# cat /etc/redhat-release
CentOS Linux release 7.9.2009 (Core)
```

图 2-1　Cnetos 系统版本

通常，可以从 Centos 操作系统提供的软件包中安装 Memcached。Centos 将自动解决 Memcached 安装时所产生的依赖关系，并负责安全更新。下面介绍自动安装与源码安装两种方式。

（1）自动安装

自动安装的方式非常简单，输入安装命令即可，其安装结果如图 2-2 所示。

```
#yum install memcached
```

```
Installed:
  memcached.x86_64 0:1.4.15-10.el7_3.1

Dependency Installed:
  libevent.x86_64 0:2.0.21-4.el7

Complete!
```

图 2-2　Centos 下自动安装结果

（2）源码安装

安装 Memcached 取决于 libevent，首先使用命令来安装 libevent，其安装命令如下：

```
#yum install libevent-devel
```

libevent 安装成功的状态如图 2-3 所示。

```
Installed:
  libevent-devel.x86_64 0:2.0.21-4.el7

Dependency Installed:
  libevent.x86_64 0:2.0.21-4.el7

Complete!
```

图 2-3　libevent 安装成功的状态

完成之后，就可以从源代码构建 Memcahed，首先是下载源代码包，命令如下：

```
#wget https://memcached.org/latest
```

命令执行结果如图 2-4 所示。

```
[root@memcached ~]# wget https://memcached.org/latest
--2021-08-28 12:10:10--  https://memcached.org/latest
Resolving memcached.org (memcached.org)... 107.170.231.145
Connecting to memcached.org (memcached.org)|107.170.231.145|:443... connected.
HTTP request sent, awaiting response... 302 Moved Temporarily
Location: https://www.memcached.org/files/memcached-1.6.9.tar.gz [following]
--2021-08-28 12:10:11--  https://www.memcached.org/files/memcached-1.6.9.tar.gz
Resolving www.memcached.org (www.memcached.org)... 107.170.231.145
Connecting to www.memcached.org (www.memcached.org)|107.170.231.145|:443... connected.
HTTP request sent, awaiting response... 200 OK
Length: 556137 (543K) [application/octet-stream]
Saving to: 'latest'

100%[===================================================================================>]

2021-08-28 12:10:13 (705 KB/s) - 'latest' saved [556137/556137]
```

图 2-4   下载 Memcached 源代码

下载完成后，可看到当前目录下有名为"latest"的文件，将其解压，命令如下：

```
#tar -zxvf latest
```

在解压成功后可看到目录下有 Memcached 的相关目录。通过 cd 命令进入该文件夹后，即可开始编译安装。

```
#cd memcached-1.6.9
#./configure --prefix=/usr/local/memcached && make && make install
```

编译安装结果如图 2-5 所示。

```
make[3]: Leaving directory '/root/memcached-1.6.9'
make[2]: Leaving directory '/root/memcached-1.6.9'
make[1]: Leaving directory '/root/memcached-1.6.9'
```

图 2-5   Memcached 编译安装结果

安装完成后，执行"/usr/local/memcached/bin/memcached -d -m 10 -u root"命令，运行 Memcached 服务，使用"ps -ef|grep mem"查看 Memcachede 服务，如图 2-6 所示。

```
[root@memcached memcached-1.6.9]# /usr/local/memcached/bin/memcached -d -m 10 -u root
[root@memcached memcached-1.6.9]# ps -ef|grep mem
root       841     1  0 12:31 ?        00:00:00 /sbin/dhclient -q -lf /var/lib/dhclient/dhclient--e
h0.pid -H memcached eth0
root     23192     1  0 13:34 ?        00:00:00 /usr/local/memcached/bin/memcached -d -m 10 -u root
root     28341 21242  0 13:43 pts/1    00:00:00 grep --color=auto mem
```

图 2-6   查看 Memcached 服务

Memcached 已经启动成功，其启动选项介绍如下：

● -d 表示启动一个守护进程。

● -m 表示分配给 Memcache 使用的内存数量，单位是 MB。

- -u 表示运行 Memcache 的用户。
- -l 表示监听的服务器 IP 地址，可以有多个地址。
- -p 表示设置 Memcache 监听的端口，最好是 1024 以上的高位端口。
- -c 表示最大运行的并发连接数，默认是 1024。
- -P 表示设置保存 Memcache 的 pid 文件。

微课 2-3

2. 安装 Redis

Redis 和 Memcached 面临相同的情况，即官方的最新版本并未明确支持 Windows 操作系统，与 Memcached 不同的是 Redis 拥有在 Windows 平台下的多种使用方案，本次将以 Linux 和 Windows 平台为例，安装并运行 Redis。

（1）Linux 源码安装

本次 Linux 源码安装使用 Centos 7.9 2009 系统，并以 Redis 6.2.5 版本为例进行下载并安装，下载结果如图 2-7 所示，相应下载命令如下：

```
#wget https://download.redis.io/releases/redis-6.2.5.tar.gz
```

```
[root@redis ~]# wget https://download.redis.io/releases/redis-6.2.5.tar.gz
--2021-08-28 14:14:56--  https://download.redis.io/releases/redis-6.2.5.tar.gz
Resolving download.redis.io (download.redis.io)... 45.60.125.1
Connecting to download.redis.io (download.redis.io)|45.60.125.1|:443... connecte
HTTP request sent, awaiting response... 200 OK
Length: 2465302 (2.4M) [application/octet-stream]
Saving to: 'redis-6.2.5.tar.gz'

100%[====================================================================>]

2021-08-28 14:14:58 (2.96 MB/s) - 'redis-6.2.5.tar.gz' saved [2465302/2465302]
```

图 2-7　Redis 下载结果

输入以下命令并运行，进行解压。

```
#tar xzf redis-6.2.5.tar.gz
```

在解压成功后可看到目录下有 redis-6.2.5 的目录。通过如下 cd 命令进入该文件夹后，即可开始编译安装。

```
#cd redis-6.2.5
#make
```

在命令执行完成后，即可测试运行 Redis（测试命令如下），其成功页面如图 2-8 所示。

```
#src/redis-server
```

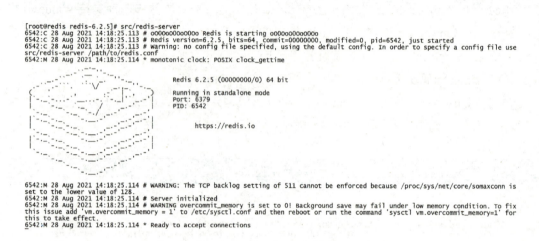

图 2-8　成功运行 Redis 页面

（2）Windows 安装

适合 Windows 的 Redis 的下载渠道很多，本次以 tporadowski 所提供的版本为例，网址为 https://github.com/tporadowski/redis/releases，打开后页面如图 2-9 所示。

图 2-9　Redis for Windows 下载页面

如图 2-9 所示，单击下载 .msi 文件，下载完成后即可开始安装，安装向导如图 2-10
所示。

图 2-10　Redis 安装向导

安装过程中应依据当前主机环境对安装位置、端口号等信息进行配置，安装成功界面
如图 2-11 所示。

图 2-11　Redis 安装成功界面

安装完成后，进入 Redis 的文件夹，可以看到不少文件，接下来将对其中的一些文件
进行介绍，文件目录结构如图 2-12 所示。

00-RELEASENOTES	2020/11/4 9:38	文件	124 KB
EventLog.dll	2020/11/8 15:59	应用程序扩展	2 KB
redis.windows.conf	2019/9/22 8:08	CONF 文件	48 KB
redis.windows-service.conf	2021/8/28 15:17	CONF 文件	48 KB
redis-benchmark.exe	2020/11/8 16:00	应用程序	456 KB
redis-benchmark.pdb	2020/11/8 16:00	PDB 文件	6,892 KB
redis-check-aof.exe	2020/11/8 16:00	应用程序	1,814 KB
redis-check-aof.pdb	2020/11/8 16:00	PDB 文件	12,340 KB
redis-check-rdb.exe	2020/11/8 16:00	应用程序	1,814 KB
redis-check-rdb.pdb	2020/11/8 16:00	PDB 文件	12,340 KB
redis-cli.exe	2020/11/8 16:00	应用程序	623 KB
redis-cli.pdb	2020/11/8 16:00	PDB 文件	7,260 KB
redis-server.exe	2020/11/8 16:00	应用程序	1,814 KB
redis-server.pdb	2020/11/8 16:00	PDB 文件	12,340 KB
RELEASENOTES.txt	2020/11/8 15:58	文本文档	4 KB
server_log.txt	2021/8/28 15:17	文本文档	0 KB

图 2-12　Redis 文件目录结构

Redis 文件目录中，相关文件介绍如下：

● redis.windows-service.conf 是 Windows 操作系统的配置文件。

● redis-benchmark.exe 是 Windows 操作系统的测试文件。

● redis-server.exe 是 Windows 操作系统下 Redis 的服务端程序。

● redis-cli.exe 是 Windows 操作系统下 Redis 的客户端程序。

打开 Redis 的服务端程序，方式有两种，第一种为静默打开，直接双击 redis-server.exe 打开，该方式的缺点是无法看到服务器页面，优点是不需要担心由于 cmd 窗口被关闭而造成 Redis 服务器关闭；第二种方式是在 cmd 命令窗口中执行 redis-server.exe 命令，结果如图 2-13 所示，其缺点为关闭该命令窗口则 Redis 服务器关闭。

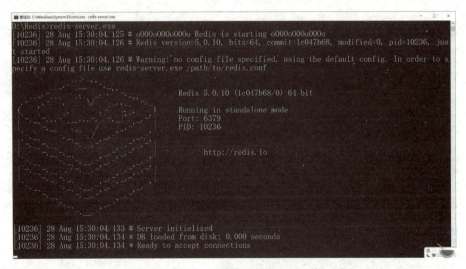

图 2-13　使用 cmd 命令行打开 Redis 服务端程序

打开 Redis 的客户端程序的方式也有两种，一种是直接打开 redis-cli.exe，一种是使用 cmd 命令行打开 redis-cli.exe。

（3）Redis 连接

无论在哪种环境下，在启动 Redis 服务进程后，就可以使用客户端程序 redis-cli 和 Redis 服务交互了。例如：

```
redis>set name wangwu
OK
redis>get name
"wangwu"
```

其结果如图 2-14 所示。

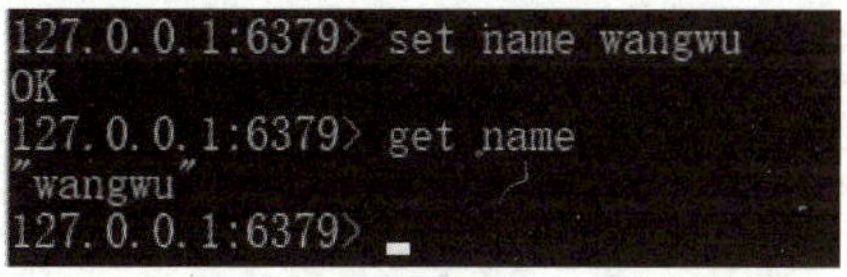

图 2-14　Redis 交互结果

至此，Redis 已安装完成。

3. 安装 MongoDB

和 Redis、Memcached 不一样的是，MongoDB 几乎支持所有的操作系统。

MongoDB 有两个服务器版本：社区版和企业版。其中，MongoDB 社区版是免费使用的版本。除此之外，MongoDB 还提供了云服务版本，MongoDB Atlas 是 MongoDB 公司开发的 MongoDB 云服务版本。

这里以 mongodb5.0 为例，简述其在 Linux 和 Windows 操作系统下的安装。

1）Linux 源码安装

这里 Linux 源码安装使用 Centos 7.9 2009 系统，值得一提的是 MongoDB 只支持大部分 Linux 操作系统的 64 位版本，安装步骤如下。

（1）配置 MongoDB 的 yum 源

创建 yum 源文件：

```
#cd /etc/yum.repos.d
#vim /etc/yum.repos.d/mongodb-org-5.0.repo
```

添加以下内容：

```
[mongodb-org-5.0]
name=MongoDB Repository
baseurl=https://repo.mongodb.org/yum/redhat/$releasever/mongodb-org/5.0/x86_64/
gpgcheck=1
enabled=1
gpgkey=https://www.mongodb.org/static/pgp/server-5.0.asc
```

编辑完成即可查看该文件信息，如图 2-15 所示。

```
[root@mongodb ~]# cd /etc/yum.repos.d
[root@mongodb yum.repos.d]# vim /etc/yum.repos.d/mongodb-org-5.0.repo
[root@mongodb yum.repos.d]# cat /etc/yum.repos.d/mongodb-org-5.0.repo
[mongodb-org-5.0]
name=MongoDB Repository
baseurl=https://repo.mongodb.org/yum/redhat/$releasever/mongodb-org/5.0/x86_64/
gpgcheck=1
enabled=1
gpgkey=https://www.mongodb.org/static/pgp/server-5.0.asc
```

图 2-15　配置 yum 源

（2）安装 MongoDB

安装命令为：# yum -y install mongodb-org

安装完成后，需要配置 SELinux。这里将直接关闭 SELinux，即将其值设置为 disabled。SELinux 配置结果如图 2-16 所示。

```
# vi /etc/selinux/config
```

```
# This file controls the state of SELinux on the system.
# SELINUX= can take one of these three values:
#     enforcing - SELinux security policy is enforced.
#     permissive - SELinux prints warnings instead of enforcing.
#     disabled - No SELinux policy is loaded.
SELINUX=disabled
```

图 2-16　SELinux 配置结果

（3）启动 MongoDB

配置完成后可启动 MongoDB，其命令为：

```
#systemctl start mongod
```

该命令无输出。同时，可如同其他服务一样进行状态查询:

```
#systemctl status mongod.service
```

如图 2-17 所示，MongoDB 启动成功。

```
[root@mongodb yum.repos.d]# systemctl status mongod.service
● mongod.service - MongoDB Database Server
   Loaded: loaded (/usr/lib/systemd/system/mongod.service; enabled; vendor preset: disabled)
   Active: active (running) since Sat 2021-08-28 16:27:12 CST; 4min 57s ago
     Docs: https://docs.mongodb.org/manual
  Process: 6713 ExecStart=/usr/bin/mongod $OPTIONS (code=exited, status=0/SUCCESS)
  Process: 6711 ExecStartPre=/usr/bin/chmod 0755 /var/run/mongodb (code=exited, status=0/SUCCI
  Process: 6707 ExecStartPre=/usr/bin/chown mongod:mongod /var/run/mongodb (code=exited, stati
  Process: 6706 ExecStartPre=/usr/bin/mkdir -p /var/run/mongodb (code=exited, status=0/SUCCESS
 Main PID: 6716 (mongod)
   CGroup: /system.slice/mongod.service
           └─6716 /usr/bin/mongod -f /etc/mongod.conf

Aug 28 16:27:11 mongodb systemd[1]: Starting MongoDB Database Server...
Aug 28 16:27:11 mongodb mongod[6713]: about to fork child process, waiting until server is rea
Aug 28 16:27:11 mongodb mongod[6713]: forked process: 6716
Aug 28 16:27:12 mongodb systemd[1]: Started MongoDB Database Server.
```

图 2-17 MongoDB 状态验证

（4）启动 Mongo shell

在命令行例输入 mongosh 即可启动，如图 2-18 所示。

```
[root@mongodb yum.repos.d]# mongosh
Current Mongosh Log ID: 6129f507954399b6d11a59d4
Connecting to:          mongodb://127.0.0.1:27017/?directConnection=true&serverSelectionTimeoutMS=2000
Using MongoDB:          5.0.2
Using Mongosh:          1.0.5

For mongosh info see: https://docs.mongodb.com/mongodb-shell/

To help improve our products, anonymous usage data is collected and sent to MongoDB periodically (https://www.mongod
b.com/legal/privacy-policy).
You can opt-out by running the disableTelemetry() command.

------
   The server generated these startup warnings when booting:
   2021-08-28T16:27:12.000+08:00: Using the XFS filesystem is strongly recommended with the WiredTiger storage engin
e. See http://dochub.mongodb.org/core/prodnotes-filesystem
   2021-08-28T16:27:12.569+08:00: Access control is not enabled for the database. Read and write access to data and
configuration is unrestricted
   2021-08-28T16:27:12.569+08:00: /sys/kernel/mm/transparent_hugepage/enabled is 'always'. We suggest setting it to
'never'
   2021-08-28T16:27:12.569+08:00: /sys/kernel/mm/transparent_hugepage/defrag is 'always'. We suggest setting it to '
never'
------

test> █
```

图 2-18 启动 Mongo shell

至此，Centos7 环境下安装 MongoDB 已完成。

2）Windows 操作系统下安装

这里采用 64 位的 Windows 10 来安装 MongoDB。

（1）下载安装程序

打开官方的 Windows 版本下载页面，地址为：https://www.mongodb.com/try/download/community?tck=docs_server

在下载页面找到下载处，下载设置如图 2-19 所示，在版本下拉列表中选择要下载的 MongoDB 版本；在平台下拉菜单中选择"Windows"；在包下拉列表中选择"msi"，最后单击下载（Download）按钮。

图 2-19　MongoDB 下载设置

（2）运行 MongoDB 安装程序

将目录转到下载 MongoDB 安装程序的目录（.msi 文件），默认情况下，是 Downloads 目录，双击 .msi 文件。MongoDB 安装向导如图 2-20 所示。

图 2-20　MongoDB 安装向导

（3）MongoDB 社区版安装向导

该向导将引导用户完成 MongoDB 和 MongoDB Compass 的安装。

首先是选择安装类型，可以选择"完整"（Complete，建议大多数用户使用）或"自定义"（Custom）安装类型。选择"完整"安装类型系统会将 MongoDB 和 MongoDB 工具安装到默认位置。选择"自定义"安装类型，用户可以指定要安装的可执行文件及安装位置，其界面如图 2-21 所示。

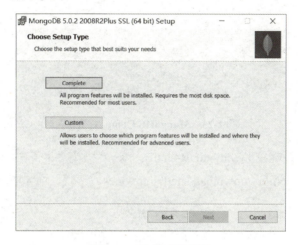

图 2-21　选择安装类型

　　接着进行服务配置，从 MongoDB 4.0 开始，可以在安装过程中将 MongoDB 设置为 Windows 服务，也可以只安装二进制文件。这里选择将 MongoDB 配置为 Windows 服务，具体配置如图 2-22 所示。

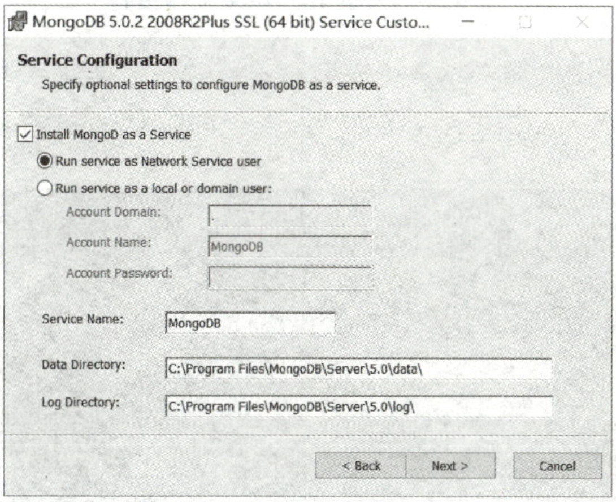

图 2-22　配置 MongoDB 为 Windows 服务

　　配置完成后单击"下一步"（Next）按钮，在如图 2-23 的界面中，勾选"Install MongoDB Compass"复选框，单击"下一步"按钮后进行安装。

图 2-23　MongoDB Compass 安装

在安装完成后，还需安装 MongoDB-shell，打开官方下载网站进行下载，网站地址为：https://www.mongodb.com/try/download/shell?jmp=docs，下载页面如图 2-24 所示。

图 2-24　MongoDB-shell 下载页面

下载完成后根据安装向导提示进行安装，安装时可根据使用环境对安装位置进行设置，安装完成后即可在 cmd 窗口输入 mongosh 命令打开 MongoDB-shell，如图 2-25 所示。

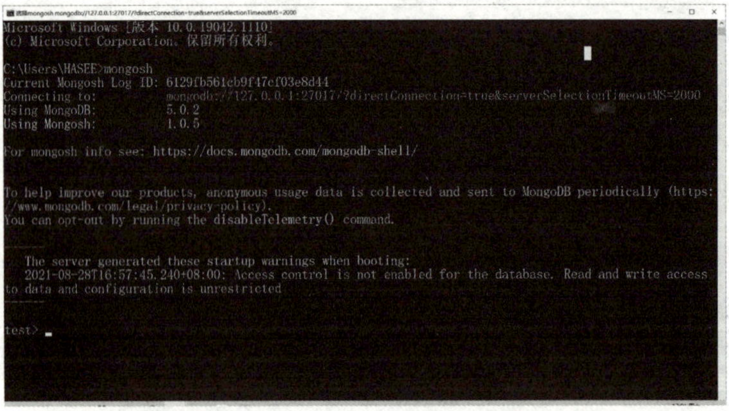

图 2-25　打开 MongoDB-shell

至此，MongoDB 已安装完成。

任务 2　常用键值数据库的管理与使用

教学课件 2-2

（一）任务描述

本任务对相关知识点进行介绍，以期读者通过学习了解常用键值数据库的管理和常用命令。

- 了解 Memcached 的管理。
- 了解 Memcached 的常用命令。
- 了解 Redis 的管理。
- 了解 Redis 的常用命令。

（二）问题引导

对于键值数据库的管理与使用，常见的问题是：

- Memcached 可以监测哪些参数与状态？
- Mecached 的常用命令有哪些？
- Redis 可以监测哪些参数与状态？
- Redis 的常用命令有哪些？

（三）知识准备

微课 2-4

1. Memcached 的常用操作

下面对 Memcached 原生的服务命令进行举例，以便读者能尽快掌握 Memcached 的使用方法与常用操作。

在进行 Memcached 操作之前，需要连上 Memcached 服务器，此处采取 telnet 的连接方式。首先安装 telnet：

```
#yum install telnet -y
```

在安装完成后，连接 11211 端口：

```
#telnet 127.0.0.1 11211
```

若出现"Escape character is '^]'."即表式连接成功。

1）存储命令

Memcached 的存储命令有 set、add、replace、append、prepend、CAS，接下来将逐一讲解。

（1）Memcached set 命令

Memcachedset 命令用于将 value（数据值）存储在指定的 key（键）中。

如果 set 的 key 已经存在，该命令可以更新该 key 所对应的原来的数据，也就是实现更新，同时该操作会将此项更新到 LRU 的顶部。

set 命令的基本语法格式如下：

```
set key flags exptime bytes[noreply]
value
```

参数说明如下：

key　键值对 key-value 结构中的 key，用于查找缓存值。

flags　可以包括键值对的整型参数，客户机使用它存储关于键值对的额外信息。

exptime　在缓存中保存键值对的时间长度（以秒为单位，0 表示永远）。

bytes　在缓存中存储的字节数，一般指 value 的长度。

noreply（可选）　该参数告知服务器不需要返回数据。

value　存储的值，可直接理解为 key-value 结构中的 value。

下面通过例子介绍 Memcached set 命令的使用。将 key 设定为 name、flags 设定为 0、exptime 设定为 900、bytes 设定为 8、value 设定为 zhangsan，如图 2-26 所示。

```
set name 0 900 8
zhangsan
```

```
set name 0 900 8
zhangsan
STORED
```

图 2-26　Memcached set 命令的使用

如果数据设置成功，则输出 STORED，若设置失败则会提示 ERROR。

（2）Memcached add 命令

Memcached add 命令用于将 value 存储在指定的 key 中。如果 add 的 key 已经存在，则不会更新数据（过期的 key 会更新），之前的值将仍然保持相同，并且将获得响应 NOT_STORED。

add 命令的基本语法格式如下：

```
add key flags exptime bytes[noreply]
value
```

参数同 Memcached set 命令，具体解释见上文。

下面通过例子介绍 Memcached set 命令的使用。将 key 设定为 name、flags 设定为 0、exptime 设定为 800、bytes 设定为 4、value 设定为 lisi，如图 2-27 所示。

```
add name 0 800 4
lisi
add name1 0 800 4
lisi
```

```
add name 0 800 4
lisi
NOT_STORED
add name1 0 800 4
lisi
STORED
```

图 2-27　Memcached add 命令的使用

如图 2-27 所示，由于 name 已在之前有过设置，所以提示 NOT_STORED，而新的 key 设定为 name1，设置成功，输出 STORED。

（3）Memcached replace 命令

Memcached replace 命令用于替换已存在的 key 的 value。

如果 key 不存在，则替换失败，并且将获得响应 NOT_STORED。

replace 命令的基本语法格式如下：

```
replace key flags exptime bytes[noreply]
value
```

参数同 Memcached set 命令，具体解释见上文。

下面通过例子介绍 Memcached replace 命令的使用。将对 key 为 name 的项目进行值的替换、flags 设定为 0、exptime 设定为 800、bytes 设定为 6、value 设定为 wangwu，如图 2-28 所示。

```
replace name 0 800 6
wangwu
replace name2 0 800 4
lisi
```

```
replace name 0 800 6
wangwu
STORED
replace name2 0 800 4
lisi
NOT_STORED
```

图 2-28　Memcached replace 命令的使用

如图 2-28 所示，由于 name 已在之前有过设置，所以替换成功，提示 STORED；而新的 key 设定为 name2，替换失败，输出 NOT_STORED。

（4）Memcached append 命令

Memcached append 命令用于向已存在 key 的 value 后面追加数据。

append 命令的基本语法格式如下：

```
append key flags exptime bytes[noreply]
value
```

参数同 Memcached set 命令，具体解释见上文。

下面通过例子介绍 Memcached append 命令的使用。首先在 Memcached 中存储一个键 name0，其值为 mem；然后，使用 get 命令检索该值；接着使用 append 命令在键为 name0 的值后面追加 "cached"；最后，使用 get 命令检索该值，如图 2-29 所示。

```
set name0 0 900 3
mem
get name0
append name0 0 900 6
```

```
cached
get name0
```

```
set name0 0 900 3
mem
STORED
get name0
VALUE name0 0 3
mem
END
append name0 0 900 6
cached
STORED
get name0
VALUE name0 0 9
memcached
END
```

图 2-29　Memcached append 命令的使用

如图 2-29 所示，在成功执行 append 命令后，返回 STORED 并将 name0 值变为 set 操作和 append 操作拼接的值。除了返回 STORED 外，还可能返回 CLIENT_ERROR（执行出错）和 NOT_STORE。

（5）Memcached prepend 命令

Memcached prepend 命令用于向已存在 key 的 value 前面追加数据。

prepend 命令的基本语法格式如下：

```
prepend key flags exptime bytes[noreply]
value
```

参数同 Memcached set 命令，具体解释见上文。

下面通过例子介绍 Memcached prepend 命令的使用。首先在 Memcached 中存储一个键 name1，其值为 cached；然后，使用 get 命令检索该值；接着使用 prepend 命令在键为 name1 的值前面追加"mem"；最后，使用 get 命令检索该值，如图 2-30 所示。

```
set name1 0 900 6
cached
get name1
prepend name1 0 900 3
mem
get name1
```

```
set name1 0 900 6
cached
STORED
get name1
VALUE name1 0 6
cached
END
prepend name1 0 900 3
mem
STORED
get name1
VALUE name1 0 9
memcached
END
```

图 2-30　Memcached prepend 命令的使用

如图 2-30 所示，在成功执行 prepend 命令后，返回 STORED 并将 name1 值变为 prepend 操作和 set 操作拼接的值。除了返回 STORED 外，还可能返回 CLIENT_ERROR（执行出错）和 NOT_STORE 的情况。

（6）Memcached CAS 命令

Memcached CAS（Check-And-Set 或 Compare-And-Swap）命令用于执行一个 " 检查并设置 " 的操作，它仅在当前客户端最后一次取值后，该 key 对应的值没有被其他客户端修改的情况下才能够将值写入。该命令通常用于解决更新缓存数据的竞争条件。

CAS 命令的基本语法格式如下：

```
cas key flags exptime bytes unique_cas_token[noreply]
value
```

参数同 Memcached set 命令，具体解释见上文。其中 unique_cas_token 是通过 gets 命令获取的一个唯一的 64 位值。要在 Memcached 上使用 CAS 命令，需要从 Memcached 服务商通过 gets 命令获取令牌（token）。

如果没有设置唯一令牌，则 CAS 命令执行错误；如果键 key 不存在，则执行失败。

下面通过例子介绍 Memcached CAS 命令的使用。首先添加键值对；然后通过 gets 命令获取唯一令牌；接着使用 cas 命令更新数据；最后使用 get 命令查看数据是否更新，如图 2-31 所示。

```
cas name3 0 900 9 2
memcached
cas name3 0 900 9
set name3 0 900 9
memcached
```

```
gets name3
cas name3 0 900 1 13
a
get name3
```

```
cas name3 0 900 9 2
memcached
NOT_FOUND
cas name3 0 900 9
ERROR
set name3 0 900 9
memcached
STORED
gets name3
VALUE name3 0 9 13
memcached
END
cas name3 0 900 1 13
a
STORED
get name3
VALUE name3 0 1
a
END
```

图 2-31 Memcached CAS 命令的使用

如图 2-31 所示，在成功执行 gets 命令后，需要记录最后的一组数据为 CAS 命令所需的 token，在使用 token 进行设置时，即可看到修改成功。除了返回 STORED 外，返回值还有 ERROR（保存出错或语法错误）、EXISTS（在最后一次取值后另外一个用户也在更新该数据）、NOT_FOUND（Memcached 服务上不存在该键值）。

2）查找命令

（1）Memcached get 命令

Memcachedget 命令的功能是获取存储在 key 中的 value；如果 key 不存在，则返回空。
get 命令的基本语法格式如下：

```
get key
```

多个 key 使用空格隔开，如下：

```
get key1 key2 key3
```

参数说明如下：

key   键值对 key-value 结构中的 key，用于查找缓存值。

下面通过例子介绍 Memcached get 命令的使用。首先创建 key1 和 key2，并将 key1 过期时间设置为 900s，key2 过期时间设置为 20s；接下来进行 get 操作，最后在 20s 后再执行一次 get 操作，如图 2-32 所示。

```
set key1 0 900 1
a
set key2 0 20 1
b
get key1 key2
```

```
set key1 0 900 1
a
STORED
set key2 0 20 1
b
STORED
get key1 key2
VALUE key1 0 1
a
VALUE key2 0 1
b
END
get key1 key2
VALUE key1 0 1
a
END
```

图 2-32　Memcached get 命令的使用

如图 2-32 所示，在第一次执行 get 命令时，由于值都未过期，所以可以查询出 key1 和 key2；在第二次查询时由于 key2 过期所以未查询到值

（2）Memcached gets 命令

Memcached gets 命令的功能是获取带有 CAS 令牌存的 value，如果 key 不存在，则返回空。

gets 命令的基本语法格式如下：

```
gets key
```

多个 key 使用空格隔开，如下：

```
gets key1 key2 key3
```

参数同 Memcached get 命令，具体解释见上文。

下面通过例子介绍 Memcached gets 命令的使用。创建 key3 并进行 gets 操作，操作过程如图 2-33 所示。

```
set key3 0 900 1
c
gets kye3
```

```
set key3 0 900 1
c
STORED
gets key3
VALUE key3 0 1 21
c
END
```

图 2-33 **Memcached gets 命令的使用**

如图 2-33 所示，在使用 gets 命令的输出结果中，最后一列的数字 21 代表了 key 为 key3 的 CAS 令牌。

（3）Memcached delete 命令

Memcached delete 命令用于删除已存在的 key。

delete 命令的基本语法格式如下：

```
delete key[noreply]
```

参数说明如下：

key　键值对 key-value 结构中的 key，用于查找缓存值。

noreply（可选）　该参数告知服务器不需要返回数据。

下面通过例子介绍 Memcached delete 命令的使用。创建 key4 并进行 delete 操作，如图 2-33 所示。

```
set key4 0 900 1
d
get key4
delete key4
get key4
```

```
set key4 0 900 1
d
STORED
get key4
VALUE key4 0 1
d
END
delete key4
DELETED
get key4
END
```

图 2-34　Memcached delete 命令的使用

如图 2-34 所示，在使用 delete 命令成功后会返回 DELETED，此外还可能返回 ERROR（语法错误或删除失败）、NOT_FOUND（key 不存在）。

（4）Memcached incr 与 decr 命令

Memcached incr 与 Memcached decr 命令用于对已存在的 key 的 value 进行自增或自减操作。incr 与 decr 命令操作的数据必须是十进制的 32 位无符号整数。如果 key 不存在则返回 NOT_FOUND；如果键的值不为数字则返回 CLIENT_ERROR，其他错误返回 ERROR。

incr 命令的基本语法格式如下：

```
incr key increment_value
```

参数说明如下：

key　键值对 key-value 结构中的 key，用于查找缓存值。

increment_value　增加的数值。

decr 命令的基本语法格式如下：

```
decr key decrement_value
```

参数说明如下：

key　键值对 key-value 结构中的 key，用于查找缓存值。

decrement_value　减少的数值。

下面通过例子介绍 Memcached incr 与 Memcached decr 命令的使用。首先设置 key5 的值为 10，然后进行增加 5 和减少 6 的操作，如图 2-35 所示。

```
set key5 0 900 2
10
STORED
incr key5 5
15
get key5
VALUE key5 0 2
15
END
decr key5 6
9
get key5
VALUE key5 0 2
9
END
```

图 2-35　**Memcached incr 与 Memcached decr 命令的使用**

至此，Memcached 的常用操作介绍完毕。

2. Redis 的常用操作

微课 2-5

下面将对 Redis 原生的服务命令进行举例，以便读者能尽快掌握 Redis 的使用方法与常用操作。在进行 Redis 的操作前，需要连上 Redis 服务器，此处直接使用 redis-cil 进入与 Redis 的交互页面。

1）Redis key

Redis key 是二进制的，这意味着可以使用任何二进制序列作为键，如 "abc" 这样的字符串和 JPEG 文件的内容都是可行的，空字符串也是一个有效的键。key 通常不要设置得太长或太短，最好符合当前应用的命名规范，方便使用。Redis key 命令允许的最大密钥的大小为 512 MB。Redis key 命令用于管理 redis 的 key。

Redis 命令的基本语法如下：

```
COMMAND KEY_NAME
```

下面通过例子介绍 Redis key 命令的使用。这里进行交互的方式依旧选择 telnet，命令为：

```
telnet 127.0.0.1 6379
```

尝试在其中输入一些命令，发现 Redis 已经成功使用了，如图 2-36 所示。

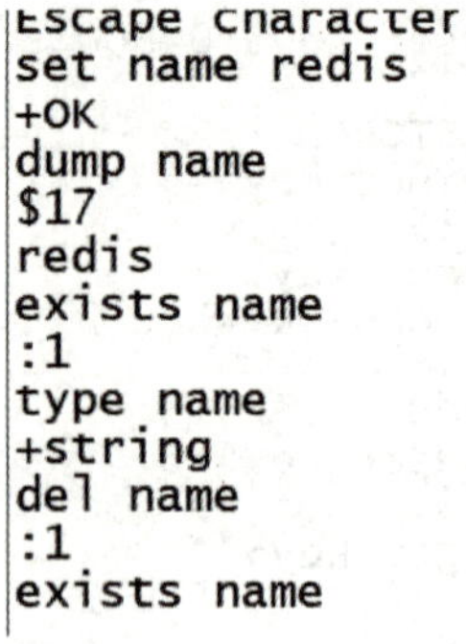

```
Escape character
set name redis
+OK
dump name
$17
redis
exists name
:1
type name
+string
del name
:1
exists name
```

图 2-36　Redis key 命令的使用

如图 2-36 所示，首先是创建了一个名为 name 的键并进行序列化操作；之后检查 name 是否存在，并在删除后再次检查 name 的存在性。上述实例中的部分语句将在后续内容中进行讲解。

2）Redis 的常用数据类型

Redis 的常用数据类型有 string、hash、list、set、sorted set。

（1）Redis 字符串 (string)

Redis 字符串是 Redis 键关联的最简单的值类型。它是 Memcached 中唯一的数据类型，所以在 Redis 中作为一种基本数据类型进行使用。由于 Redis 键是字符串，在值也是字符串时，将会把一个字符串映射到另一个字符串。字符串数据可用于许多用例，例如缓存 HTML 片段或页面。

Redis sting 命令列表如表 2-2 所示。

表 2-2　Redis string 命令列表

序号	命令及描述
1	SET key value：设置指定 key 的值
2	GET key：获取指定 key 的值
3	GETRANGE key start end：返回 key 中字符串值的子字符
4	GETSET key value：将给定 key 的值设为 value，并返回 key 的旧值 (old value)
5	GETBIT key offset：对 key 所存储的字符串值，获取指定偏移量上的位 (bit)
6	MGET key1 [key2...]：获取所有（一个或多个）给定 key 的值
7	SETBIT key offset value：对 key 所存储的字符串值，设置或清除指定偏移量上的位 (bit)

续表

序号	命令及描述
8	SETEX key seconds value：将值 value 关联到 key，并将 key 的过期时间设为 seconds（以秒为单位）
9	SETNX key value：只有在 key 不存在时设置 key 的值
10	SETRANGE key offset value：用 value 参数覆写给定 key 所存储的字符串值，从偏移量 offset 开始
11	STRLEN key：返回 key 所存储的字符串值的长度
12	MSET key value [key value ...]：同时设置一个或多个 key-value 对
13	MSETNX key value [key value ...]：同时设置一个或多个 key-value 对，当且仅当所有给定 key 都不存在
14	PSETEX key milliseconds value：这个命令和 SETEX 命令相似，但它以毫秒为单位设置 key 的生存时间，而不是像 SETEX 命令那样，以秒为单位
15	INCR key：将 key 中存储的数字值增一
16	INCRBY key increment：将 key 所存储的值加上给定的增量值（increment）
17	INCRBYFLOAT key increment：将 key 所存储的值加上给定的浮点增量值（increment）
18	DECR key：将 key 中存储的数字值减一
19	DECRBY key decrement：key 所存储的值减去给定的减量值（decrement）
20	APPEND key value：如果 key 已经存在并且是一个字符串，该命令将指定的 value 追加到该 key 原来值（value）的末尾

下面通过例子介绍 Redis 字符串的应用，这些应用涵盖表 2-2 中的部分命令。首先创建类型为字符串的键 name，值为 99；然后将 name 的值进行获取；接着把 name 的值变为 990；最后将 name 的值减 101，如图 2-37 所示。

```
set name 99
get name
append name 0
get name
decrby name 101
```

```
set name 99
+OK
get name
$2
99
append name 0
:3
get name
$3
990
decrby name 101
:889
```

图 2-37　Redis string 相关命令的使用

（2）Redis 哈希 (hash)

Redis hash 是一个 string 类型的 field（字段）和 value 的映射表，hash 特别适合用于存储对象。Redis 中每个 hash 可以存储数十亿的键值对。

Redis hash 命令列表如表 2-3 所示。

表 2-3　Redis hash 命令列表

序号	命令及描述
1	HDEL key field1 [field2]：删除一个或多个哈希表字段
2	HEXISTS key field：查看哈希表中 key 指定的字段是否存在
3	HGET key field：获取存储在哈希表中指定字段的值
4	HGETALL key：获取在哈希表中指定 key 的所有字段和值
5	HINCRBY key field increment：为哈希表中 key 指定的字段的整数值加上增量 increment
6	HINCRBYFLOAT key field increment：为哈希表中 key 指定的字段的浮点数值加上增量 increment
7	HKEYS key：获取所有哈希表中的字段
8	HLEN key：获取哈希表中字段的数量
9	HMGET key field1 [field2]：获取所有给定字段的值
10	HMSET key field1 value1 [field2 value2]：同时将多个 field-value 对设置到哈希表中 key
11	HSET key field value：将哈希表中 key 的字段 field 的值设为 value
12	HSETNX key field value：只有在字段 field 不存在时，设置哈希表字段的值
13	HVALS key：获取哈希表中所有值
14	HSCAN key cursor [MATCH pattern] [COUNT count]：迭代哈希表中的键值对

下面通过例子介绍 Redis 哈希的应用，这些应用涵盖表 2-3 中的部分命令。首先创建类型为哈希的键 redis，值为 3 组键值对；然后对 redis 的值和键进行获取；接着查看 redis 中字段的数量；最后获取 redis 中 user 字段的值，如图 2-38 所示。

```
hmset redis name redis version online user redis
hvals redis
hkeys redis
hlen redis
hmget redis user
```

```
hmset redis name redis version online user
+OK
hvals redis
*3
$5
redis
$6
online
$5
redis
hkeys redis
*3
$4
name
$7
version
$4
user
hlen redis
:3
hmget redis user
*1
$5
redis
```

图 2-38　Redis hash 相关命令的使用

（3）Redis 列表 (list)

Redis 列表是简单的字符串列表，按照插入顺序排序。在添加数据时，可以添加到列表的头部（左边）或者尾部（右边），一个列表最多可以包含数十亿个元素。

Redis list 命令列表如表 2-4 所示。

　　下面通过实例介绍 Redis 列表的应用，这些应用涵盖表 2-4 中的部分命令。首先创建类型为列表的键 mylist，往其中加入 3 组键值；然后对 mylist 的值和键进行遍历；接着移除 mylist 中的第一个元素；最后获取 mylist 的列表长度，如图 2-39 所示。

表 2-4　Redis list 命令列表

序号	命令及描述
1	BLPOP key1 [key2] timeout：移出并获取列表的第一个元素，如果列表中没有元素会阻塞列表直到等待超时或发现可弹出元素为止
2	BRPOP key1 [key2] timeout：移出并获取列表的最后一个元素，如果列表没有元素会阻塞列表直到等待超时或发现可弹出元素为止
3	BRPOPLPUSH source destination timeout：从列表中弹出一个值，将弹出的元素插入到另外一个列表中并返回；如果列表没有元素会阻塞列表直到等待超时或发现可弹出元素为止
4	LINDEX key index：通过索引获取列表中的元素
5	LINSERT key BEFORE|AFTER pivot value：在列表的元素前或者后插入元素
6	LLEN key：获取列表长度
7	LPOP key：移出并获取列表的第一个元素
8	LPUSH key value1 [value2]：将一个或多个值插入到列表头部
9	LPUSHX key value：将一个值插入到已存在的列表头部
10	LRANGE key start stop：获取列表指定范围内的元素
11	LREM key count value：移除列表元素
12	LSET key index value：通过索引设置列表元素的值
13	LTRIM key start stop：对一个列表进行修剪 (trim)，即让列表只保留指定区间内的元素，不在指定区间之内的元素都将被删除
14	RPOP key：移除列表的最后一个元素，返回值为移除的元素
15	RPOPLPUSH source destination：移除列表的最后一个元素，并将该元素添加到另一个列表并返回
16	RPUSH key value1 [value2]：在列表中添加一个或多个值
17	RPUSHX key value：为已存在的列表添加值

```
rpush mylist A
lpush mylist B
lpush mylist C
lrange mylist 0 -1
lpop mylist
llen mylist
```

```
rpush mylist A
:1
lpush mylist B
:2
lpush mylist C
:3
lrange mylist 0 -1
*3
$1
C
$1
B
$1
A
lpop mylist
$1
C
llen mylist
:2
```

图 2-39 **Redis** 列表相关命令的使用

（4）Redis 集合 (set)

Redis set 是 string 类型的无序集合。集合成员是唯一的，这就意味着集合中不能出现重复的数据。Redis 中集合是通过哈希表实现集合的，所以添加、删除、查找的复杂度都是 0（1）。集合中最大的成员数超过 40 亿。

Redis set 命令列表如表 2-5 所示。

表 2-5 **Redis set 命令列表**

序号	命令及描述
1	SADD key member1 [member2]：向集合添加一个或多个成员
2	SCARD key：获取集合的成员数
3	SDIFF key1 [key2]：返回第一个集合与其他集合之间的差异
4	SDIFFSTORE destination key1 [key2]：返回给定所有集合的差集并存储在 destination 中
5	SINTER key1 [key2]：返回给定所有集合的交集
6	SINTERSTORE destination key1 [key2]：返回给定所有集合的交集并存储在 destination 中
7	SISMEMBER key member：判断 member 元素是否是集合 key 的成员
8	SMEMBERS key：返回集合中的所有成员
9	SMOVE source destination member：将 member 元素从 source 集合移动到 destination 集合
10	SPOP key：移除并返回集合中的一个随机元素
11	SRANDMEMBER key [count]：返回集合中一个或多个随机数
12	SREM key member1 [member2]：移除集合中一个或多个成员

序号	命令及描述
13	SUNION key1 [key2]：返回所有给定集合的并集
14	SUNIONSTORE destination key1 [key2]：所有给定集合的并集存储在 destination 集合中
15	SSCAN key cursor [MATCH pattern] [COUNT count]：迭代集合中的元素

下面通过实例介绍 Redis 集合命令的应用，这些应用涵盖表 2-5 中的部分命令。首先创建类型为集合的键 myset，往其中加入 3 个元素并尝试加入重复值；然后对 myset 进行遍历；接着移除 mylist 中的第一个元素；最后获取 myset 的成员数量，如图 2-40 所示。

```
sadd myset 12 23 34
:3
sadd myset 12
:0
smembers myset
*3
$2
12
$2
23
$2
34
srem myset 12
:1
smembers myset
*2
$2
23
$2
34
scard myset
:2
```

图 2-40　Redis 集合相关命令的使用

（5）Redis 有序集合 (sortedset)

Redis 有序集合和集合一样也是 string 类型元素的集合，且不允许有重复的成员，不同的是每个元素都会关联一个 double 类型的分数 (score)。Redis 正是通过分数来为集合中的成员进行从小到大的排序。有序集合的成员是唯一的，但分数却可以重复。

Redis sortedest 合命令列表如表 2-6 所示。

表 2-6　Redis sortedest 命令列表

序号	命令及描述
1	ZADD key score1 member1 [score2 member2]：向有序集合添加一个或多个成员，或者更新已存在成员的分数
2	ZCARD key：获取有序集合的成员数

续表

序号	命令及描述
3	ZCOUNT key min max：计算在有序集合中指定区间分数的成员数
4	ZINCRBY key increment member：有序集合中对指定成员的分数加上增量 increment
5	ZINTERSTORE destination numkeys key [key ...]：计算给定的一个或多个有序集的交集并将交集存储在新的有序集合 destination 中
6	ZLEXCOUNT key min max：在有序集合中计算指定字典区间内成员数量
7	ZRANGE key start stop [WITHSCORES]：通过索引区间返回有序集合指定区间内的成员
8	ZRANGEBYLEX key min max [LIMIT offset count]：通过字典区间返回有序集合的成员
9	ZRANGEBYSCORE key min max [WITHSCORES] [LIMIT]：通过分数返回有序集合指定区间内的成员
10	ZRANK key member：返回有序集合中指定成员的索引
11	ZREM key member [member ...]：移除有序集合中的一个或多个成员
12	ZREMRANGEBYLEX key min max：移除有序集合中给定的字典区间的所有成员
13	ZREMRANGEBYRANK key start stop：移除有序集合中给定的排名区间的所有成员
14	ZREMRANGEBYSCORE key min max：移除有序集合中给定的分数区间的所有成员
15	ZREVRANGE key start stop [WITHSCORES]：返回有序集中指定区间内的成员，通过索引使分数从高到低
16	ZREVRANGEBYSCORE key max min [WITHSCORES]：返回有序集中指定分数区间内的成员，分数从高到低排序
17	ZREVRANK key member：返回有序集合中指定成员的排名，有序集成员按分数值递减（从大到小）排序
18	ZSCORE key member：返回有序集中成员的分数值
19	ZUNIONSTORE destination numkeys key [key ...]：计算给定的一个或多个有序集的并集，并存储在新的 key 中
20	ZSCAN key cursor [MATCH pattern] [COUNT count]：迭代有序集合中的元素（包括元素成员和元素分值）

下面通过实例介绍 Redis 有序集合的应用，该应用涵盖表 2-6 中的部分命令。首先创建类型为有序集合的键 myzset，往其中加入 3 个元素并尝试加入重复值；然后对 myzset 进行遍历，如图 2-41 所示。

```
zadd myzset 2000 A
:1
zadd myzset 2001 B 2002 C
:2
zadd myzset 2000 D
:1
zadd myzset 2003 A
:0
zrange myzset 0 -1
*4
$1
D
$1
B
$1
C
$1
A
```

图 2-41　Redis 有序集合相关命令的使用

3）Redis 事务

Redis 事务是 Redis 自身独有的机制，和普通的事务还不太一样。Redis 事务也可以一次执行多个命令，并且带有以下三个重要的特性：批量操作在发送 EXEC 命令前被放入队列缓存；收到 EXEC 命令后进入事务执行，事务中任意命令执行失败，其余的命令依然被执行无回滚操作；在事务执行过程，其他客户端提交的命令请求不会插入到事务执行命令序列中。

一个事务从开始到执行会经历以下三个阶段：开始事务、命令入队、执行事务。

下面通过实例介绍 Redis 事务的使用。创建一个事务在其中创建字符串类型的 3 对键值对，执行事务并查看结果，如图 2-42 所示。

```
multi
+OK
set ke1 123
+QUEUED
set k2 234
+QUEUED
set k3 456
+QUEUED
exec
*3
+OK
+OK
+OK
get k2
$3
234
```

图 2-42　Redis 事务的使用

至此，Redis 的常用操作介绍完毕。

（四）任务实施

1. Memcached 的管理

微课 2-6

在安装好 Memcached 后，除了正常使用外，管理也是重要工作之一。对于 Memcached 来讲，已经有不少集成了管理功能的软件出现，但也是基于 Memcached 服务所拥有的命令，故下文将介绍关键的 Memcached 管理命令。

（1）Memcached stats 命令

Memcached stats 命令用于返回统计信息，如 PID（进程号）、版本号、连接数等。

在 telnet 交互框中输入 "stats" 即可看到服务器的相关信息，如图 2-43 所示。

```
[root@memcached ~]# telnet 127.0    STAT delete_misses 0              STAT slab_reassign_rescues 0
Trying 127.0.0.1...                 STAT delete_hits 0               STAT slab_reassign_chunk_rescues 0
Connected to 127.0.0.1.             STAT incr_misses 0               STAT slab_reassign_evictions_nomem 0
Escape character is '^]'.           STAT incr_hits 0                 STAT slab_reassign_inline_reclaim 0
stats                               STAT decr_misses 0               STAT slab_reassign_busy_items 0
STAT pid 13503                      STAT decr_hits 0                 STAT slab_reassign_busy_deletes 0
STAT uptime 2190                    STAT cas_misses 0                STAT slab_reassign_running 0
STAT time 1630162470                STAT cas_hits 0                  STAT slabs_moved 0
STAT version 1.6.9                  STAT cas_badval 0                STAT lru_crawler_running 0
STAT libevent 2.0.21-stable         STAT touch_hits 0               STAT lru_crawler_starts 9
STAT pointer_size 64                STAT touch_misses 0             STAT lru_maintainer_juggles 2364
STAT rusage_user 0.110115           STAT auth_cmds 0                 STAT malloc_fails 0
STAT rusage_system 0.051164         STAT auth_errors 0               STAT log_worker_dropped 0
STAT max_connections 1024           STAT bytes_read 169              STAT log_worker_written 0
STAT curr_connections 2             STAT bytes_written 8815          STAT log_watcher_skipped 0
STAT total_connections 18           STAT limit_maxbytes 1073741824   STAT log_watcher_sent 0
STAT rejected_connections 0         STAT accepting_conns 1           STAT unexpected_napi_ids 0
STAT connection_structures 3        STAT listen_disabled_num 0       STAT round_robin_fallback 0
STAT response_obj_oom 0             STAT time_in_listen_disabled_us 0 STAT bytes 0
STAT response_obj_count 1           STAT threads 4                   STAT curr_items 0
STAT response_obj_bytes 65536       STAT conn_yields 0               STAT total_items 0
STAT read_buf_count 8               STAT hash_power_level 16         STAT slab_global_page_pool 0
STAT read_buf_bytes 131072          STAT hash_bytes 524288           STAT expired_unfetched 0
STAT read_buf_bytes_free 49152      STAT hash_is_expanding 0         STAT evicted_unfetched 0
STAT read_buf_oom 0                 STAT slab_reassign_rescues 0     STAT evicted_active 0
STAT reserved_fds 20                STAT slab_reassign_chunk_rescues 0 STAT evictions 0
STAT cmd_get 0                      STAT slab_reassign_evictions_nomem 0 STAT reclaimed 0
STAT cmd_set 0                      STAT slab_reassign_inline_reclaim 0 STAT crawler_reclaimed 0
STAT cmd_flush 0                    STAT slab_reassign_busy_items 0  STAT crawler_items_checked 0
STAT cmd_touch 0                    STAT slab_reassign_busy_deletes 0 STAT lrutail_reflocked 0
STAT cmd_meta 0                     STAT slab_reassign_running 0     STAT moves_to_cold 0
STAT get_hits 0                     STAT slabs_moved 0               STAT moves_to_warm 0
STAT get_misses 0                   STAT lru_crawler_running 0       STAT moves_within_lru 0
STAT get_expired 0                  STAT lru_crawler_starts 9        STAT direct_reclaims 0
STAT get_flushed 0                  STAT lru_maintainer_juggles 2306 STAT lru_bumps_dropped 0
STAT delete_misses 0               STAT malloc_fails 0              END
STAT delete_hits 0                  STAT log_worker_dropped 0
                                    STAT log_worker_written 0
                                    STAT log_watcher_skipped 0
                                    STAT log_watcher_sent 0
                                    STAT unexpected_napi_ids 0
dy              ssh2: AES-256-CTR   3 Ready    ssh2: AES-256-CTR   41, 1  41 Rows, 49 Cols  Xter Ready   ssh2: AES-256-CTR   37, 1  37 Rows, 45 Cols  Xterm
```

图 2-43 Memcached stats 命令的使用

图 2-43 所示界面显示了很多状态信息，选择部分状态项介绍如下。

● pid：memcached 服务器进程 ID。

● uptime：服务器已运行秒数。

● time：服务器当前 UNIX 时间戳。

● version：Memcached 版本。

● pointer_size：操作系统指针大小。

● rusage_user：进程累计用户时间。

● rusage_system：进程累计系统时间。

- curr_connections：当前连接数量。
- total_connections：Memcached 运行以来连接总数。
- connection_structures：Memcached 分配的连接结构数量。
- cmd_get：get 命令请求次数。
- cmd_set：set 命令请求次数。
- cmd_flush：flush 命令请求次数。
- get_hits：get 命令命中次数。
- get_misses：get 命令未命中次数。
- delete_misses：delete 命令未命中次数。
- delete_hits：delete 命令命中次数。
- incr_misses：incr 命令未命中次数。
- incr_hits：incr 命令命中次数。
- decr_misses：decr 命令未命中次数。
- decr_hits：decr 命令命中次数。
- cas_misses：cas 命令未命中次数。
- cas_hits：cas 命令命中次数。
- cas_badval：使用擦拭次数。
- auth_cmds：认证命令处理的次数。
- auth_errors：认证失败数目。
- bytes_read：读取总字节数。
- bytes_written：发送总字节数。
- limit_maxbytes：分配的内存总大小（字节）。
- accepting_conns：服务器是否达到过最大连接（0/1）。
- listen_disabled_num：失效的监听数。
- threads：当前线程数。
- conn_yields：连接操作主动放弃数目。
- bytes：当前存储占用的字节数。
- curr_items：当前存储的数据总数。
- total_items：启动以来存储的数据总数。
- evictions：LRU 释放的对象数。
- reclaimed：已过期的数据条目来存储新数据的数目。

更多字段的解释可参考官方 wiki，网址为：https://github.com/memcached/memcached/

blob/master/doc/protocol.txt

（2）Memcached stats items 命令

Memcached stats items 命令用于显示各个 slab 中 item 的数目和存储时长（最后一次访问距离现在的秒数）。在 telnet 交互页面输入 stats items，如果在没有使用 Memcached 服务的情况下，将会直接显示 END，此时可先简单地创建一些条目再使用命令。命令执行结果如图 2-44 所示。

```
stats items
```

```
stats items
STAT items:1:number 1
STAT items:1:number_hot 0
STAT items:1:number_warm 0
STAT items:1:number_cold 1
STAT items:1:age_hot 0
STAT items:1:age_warm 0
STAT items:1:age 485
STAT items:1:mem_requested 65
STAT items:1:evicted 0
STAT items:1:evicted_nonzero 0
STAT items:1:evicted_time 0
STAT items:1:outofmemory 0
STAT items:1:tailrepairs 0
STAT items:1:reclaimed 12
STAT items:1:expired_unfetched 6
STAT items:1:evicted_unfetched 0
STAT items:1:evicted_active 0
STAT items:1:crawler_reclaimed 0
STAT items:1:crawler_items_checked 4
STAT items:1:lrutail_reflocked 4
STAT items:1:moves_to_cold 24
STAT items:1:moves_to_warm 2
STAT items:1:moves_within_lru 0
STAT items:1:direct_reclaims 0
STAT items:1:hits_to_hot 0
STAT items:1:hits_to_warm 0
STAT items:1:hits_to_cold 15
STAT items:1:hits_to_temp 0
END
```

图 2-44　Memcached stats items 命令执行结果

图 2-44 所示界面显示了很多状态信息，选择部分状态项介绍如下。

number：当前存储在该类中的项目数，已到期项目不会自动排除。

number_hot：当前存储在 HOT LRU 中的项目数。

number_warm：当前存储在 WARM LRU 中的项目数。

number_cold：当前存储在 COLD LRU 中的项目数。

number_temp：当前存储在 TEMPORARY LRU 中的项目数。

age_hot：HOT LRU 中最旧项目的年龄。

age_warm：WARM LRU 中最旧项目的年龄。

age：LRU 中最旧项目的年龄。

更多字段的解释可参考官方 wiki，网址为：https://github.com/memcached/memcached/blob/master/doc/protocol.txt

（3）Memcached stats slabs 命令

Memcached stats slabs 命令用于显示各个 slab 的信息，包括 chunk 的大小、数目、使用情况等。命令执行结果如图 2-45 所示。

```
stats slabs
```

```
stats slabs
STAT 1:chunk_size 96
STAT 1:chunks_per_page 10922
STAT 1:total_pages 1
STAT 1:total_chunks 10922
STAT 1:used_chunks 0
STAT 1:free_chunks 10922
STAT 1:free_chunks_end 0
STAT 1:get_hits 15
STAT 1:cmd_set 31
STAT 1:delete_hits 1
STAT 1:incr_hits 1
STAT 1:decr_hits 1
STAT 1:cas_hits 1
STAT 1:cas_badval 0
STAT 1:touch_hits 0
STAT 4:chunk_size 192
STAT 4:chunks_per_page 5461
STAT 4:total_pages 1
STAT 4:total_chunks 5461
STAT 4:used_chunks 0
STAT 4:free_chunks 5461
STAT 4:free_chunks_end 0
STAT 4:get_hits 0
STAT 4:cmd_set 1
STAT 4:delete_hits 0
STAT 4:incr_hits 0
STAT 4:decr_hits 0
STAT 4:cas_hits 0
STAT 4:cas_badval 0
STAT 4:touch_hits 0
STAT active_slabs 2
STAT total_malloced 2097152
END
```

图 2-45　Memcached stats slabs 命令执行结果

（4）使用其他工具进行管理

除上述命令外，也有不少脚本可以完成对 Memcached 的管理，接下来以 memcached-tool 为例进行讲解。Memcached-tool 脚本可以方便地获得 slab 的使用情况，它将 memcached 的返回值整理成容易阅读的格式，这里以 Centos 7 2009 为例，可以从下面的地址获得脚本：

```
#wget http://www.netingcn.com/demo/memcached-tool.zip
```

由于是 zip 压缩格式，需要先安装 zip 格式的解压软件：

```
#yum install -y unzip zip
#unzip memcached-tool.zip
```

解压后在当前目录下即生成 Memcached-tool 脚本，其使用语法为：

```
perl memcached-tool server_ip:prot option
```

利用该语法查询 Memcached 服务器状态，命令如下：

```
#perl memcached-tool 127.0.0.1:11211 stats:
```

此时，显示的状态信息如图 2-46 所示。

```
#127.0.0.1:11211   Field        Value            lru_crawler_starts           10
        accepting_conns        1             lru_maintainer_juggles      3152
              auth_cmds        0                lrutail_reflocked          0
            auth_errors        0                    malloc_fails           0
                  bytes        0                 max_connections         1024
             bytes_read      183                   moves_to_cold          0
          bytes_written    13120                   moves_to_warm          0
             cas_badval        0                moves_within_lru          0
               cas_hits        0                            pid        13503
             cas_misses        0                   pointer_size          64
              cmd_flush        0                  read_buf_bytes       131072
                cmd_get        0             read_buf_bytes_free        49152
               cmd_meta        0                  read_buf_count           8
                cmd_set        0                    read_buf_oom           0
              cmd_touch        0                       reclaimed           0
             conn_yields        0            rejected_connections         0
   connection_structures        6                   reserved_fds          20
  crawler_items_checked        0              response_obj_bytes       65536
       crawler_reclaimed        0              response_obj_count          1
        curr_connections        5                response_obj_oom          0
             curr_items        0            round_robin_fallback          0
               decr_hits        0                   rusage_system      0.066628
             decr_misses        0                     rusage_user      0.159805
             delete_hits        0            slab_global_page_pool          0
           delete_misses        0      slab_reassign_busy_deletes           0
          direct_reclaims        0        slab_reassign_busy_items           0
           evicted_active        0     slab_reassign_chunk_rescues           0
       evicted_unfetched        0   slab_reassign_evictions_nomem           0
               evictions        0    slab_reassign_inline_reclaim           0
       expired_unfetched        0          slab_reassign_rescues           0
             get_expired        0          slab_reassign_running           0
             get_flushed        0                    slabs_moved           0
                get_hits        0                         threads           4
              get_misses        0                            time  1630163382
              hash_bytes   524288     time_in_listen_disabled_us           0
        hash_is_expanding        0               total_connections          22
       hash_power_level       16                   total_items           0
               incr_hits        0                     touch_hits           0
             incr_misses        0                   touch_misses           0
                libevent 2.0.21-stable          unexpected_napi_ids          0
           limit_maxbytes 1073741824                       uptime        3102
      listen_disabled_num        0                        version         1.6.9
        log_watcher_sent        0      [root@memcached ~]#
```

图 2-46　Memcached 服务器状态

上述命令的状态信息中，读者可根据字段名来大致了解参数所表达的意义，如"version 1.6.9"表示版本为 1.6.9，此处就不再进行一一讲解。

2. Redis 的管理

在安装好 Redis 后，除了常规使用 Redis，更重要的是对 Redis 的状态进行管理。和 Memcached 一样，已经有不少集成了管理功能的 Redis 软件出现，下文将介绍关键的 Redis 管理命令。

（1）Redis 状态检测

Redis 状态检测命令主要是用于管理 redis 服务，下面介绍 Redis 服务器信息的查询命令。info 命令用于返回服务器信息（见图 2-47），clients 命令用于返回客户端信息（见图 2-48），memory 命令用于返回内存信息（见图 2-49），读者可根据显示项快速了解 Redis 服务器的状态。

```
info
$4186
# Server
redis_version:6.2.5
redis_git_sha1:00000000
redis_git_dirty:0
redis_build_id:27c6b494b5d7fb06
redis_mode:standalone
os:Linux 3.10.0-1160.31.1.el7.x86_64 x86_64
arch_bits:64
multiplexing_api:epoll
atomicvar_api:atomic-builtin
gcc_version:4.8.5
process_id:30073
process_supervised:no
run_id:74794ed88bf89246c77cc5ef39448574044643fe
tcp_port:6379
server_time_usec:1630235395921197
uptime_in_seconds:19377
uptime_in_days:0
hz:10
configured_hz:10
lru_clock:2845443
executable:/root/redis-6.2.5/src/redis-server
config_file:
io_threads_active:0
```

图 2-47　Redis 服务器信息

```
# Clients
connected_clients:1
cluster_connections:0
maxclients:10000
client_recent_max_input_buffer:8
client_recent_max_output_buffer:0
blocked_clients:0
tracking_clients:0
clients_in_timeout_table:0
```

图 2-48　Redis 客户端信息

```
# Memory
used_memory:874544
used_memory_human:854.05K
used_memory_rss:10858496
used_memory_rss_human:10.36M
used_memory_peak:998048
used_memory_peak_human:974.66K
used_memory_peak_perc:87.63%
used_memory_overhead:830856
used_memory_startup:809840
used_memory_dataset:43688
used_memory_dataset_perc:67.52%
allocator_allocated:928032
allocator_active:1204224
allocator_resident:3567616
total_system_memory:3973292032
total_system_memory_human:3.70G
used_memory_lua:37888
used_memory_lua_human:37.00K
used_memory_scripts:0
used_memory_scripts_human:0B
number_of_cached_scripts:0
```

图 2-49　Redis 内存信息

（2）Redis 监控

可使用 monitor 命令来实时监控 Redis 服务收到的来自应用的所有命令，监控结果如图 2-50 所示。

```
monitor                                                            set name 999
+OK                                                                +OK
+1630235778.684374 [0 127.0.0.1:51598] "set" "name" "999"
```

图 2-50　Redis monitor 命令的使用结果

由图 2-50 可看到，在一个终端开启监控命令 monitor 后，在其他终端连接上 Redis 进行操作时，会将所有命令同步显示在 monitor 的监控窗口，这是 Redis 监控自身安全的重要手段之一。

任务 3　文档数据库的使用与管理

（一）任务描述

教学课件 2-3

本任务对相关知识点进行介绍，以期读者通过学习了解常用非关系型数据库的管理和使用。

● 了解 MongoDB 的常用命令。
● 了解 MongoDB 的管理。
● 了解 MongoDB 集群。

（二）问题引导

对于文档数据库的管理与使用，常见的问题是：

- MongoDB 的常用命令有哪些？
- MongoDB 可以监测哪些参数与状态？
- MongoDB 集群有哪些种类？
- MongoDB 集群如何开启？

（三）知识准备

1. MongoDB 的常用操作

MongoDB 作为时下最流行的 NoSQL，它的常用操作包括创建数据库、删除数据库、创建集合、删除集合、插入文档、删除文档、更新文档等。

1）创建数据库

MongoDB 创建数据库的语法格式如下：

```
use DATABASE_NAME
```

执行上述命令完后将切换到指定数据库，如果数据库不存在则创建数据库后再切换。

接下来尝试创建数据库 abc，并使用 show dbs 命令查看目前所有的数据库，操作结果如图 2-51 所示。

```
use abc
show dbs
```

```
test> use abc
switched to db abc
abc> db
abc
abc> show dbs
admin     41 kB
config  94.2 kB
local     41 kB
abc>
```

图 2-51　MongoDB 创建及查看数据库

可以看到，刚创建的数据库 abc 并不在数据库的列表中，要显示它，需要向 abc 数据库插入一些数据。插入数据的命令将在后续任务中进行介绍，操作成功后的结果如图 2-52 所示。

```
abc> db.abc.insertOne({"name":"mongodb"})
{
  acknowledged: true,
  insertedId: ObjectId("612b7f8bbafc127c656154
3b")
}
abc> show dbs
abc        8.19 kB
admin       41 kB
config     111 kB
local       41 kB
```

图 2-52　MongoDB 插入数据创建数据库

MongoDB 中默认的数据库为 test，如果没有创建新的数据库，集合将存放在 test 数据库中。在 MongoDB 中，集合只有在内容插入后才会创建，就是说创建集合（数据表）后要再插入一个文档（记录），集合才会真正创建。

2）删除数据库

MongoDB 删除数据库的语法格式如下：

```
db.dropDatabase()
```

删除当前数据库，默认为 test，可以使用 db 命令查看当前数据库名。

接下来将之前创建的 abc 数据库删掉，操作结果如图 2-53 所示。

```
abc> show dbs
abc        41 kB
admin      41 kB
config    111 kB
local      41 kB
abc> db.dropDatabase()
{ ok: 1, dropped: 'abc' }
abc> show dbs
admin      41 kB
config    111 kB
local      41 kB
```

图 2-53　MongoDB 删除数据库

3）创建集合

MongoDB 中使用 createCollection() 函数来创建集合，语法格式：

```
db.createCollection(name,options)
```

参数说明：

name 要创建的集合名称。

options 可选参数，指定有关内存大小及索引的选项。

接下来将创建新库 mon，并在其中创建集合 c1，操作结果如图 2-54 所示。

```
use mon
db.createCollection('c1')
show collectons
```

```
test> use mon
switched to db mon
mon> db.createCollection('c1')
{ ok: 1 }
mon> show collections
c1
mon>
```

图 2-54　MongoDB 创建集合

4）删除集合

MongoDB 中使用 drop() 函数来删除集合，语法格式：

```
db.collection.drop()
```

如果成功删除选定的集合，则 drop() 函数返回 true，否则返回 false。接下来将在之前的库 mon 中，删掉其中已创建集合 c1，操作结果如图 2-55 所示。

```
show collectons
db.c1.drop()
show collectons
```

```
mon> show collections
c1
c2
mon> db.c1.drop()
true
mon> show collections
c2
mon>
```

图 2-55　MongoDB 集合删除

5）文档管理

文档的数据结构和 JSON 基本一样，所有存储在集合中的数据都是 BSON 格式。

BSON 是一种类似 JSON 的二进制形式的存储格式，是 Binary JSON 的简称。由于篇幅有限，这里仅介绍插入、查看、删除、修改文档命令。

首先是插入，db.collection.insertOne() 函数用于向集合插入一个新文档，语法格式如下：

```
db.collection.insertOne(
    <document>,
    {
        writeConcern: <document>
    }
)
```

然后是更新，updateOne() 函数用于更新已存在的文档，语法格式如下：

```
db.collection.updateOne(
    <query>,
    <update>,
    {
      upsert: <boolean>,
      multi: <boolean>,
      writeConcern: <document>
    }
)
```

接着是删除，删除命令的语法格式如下：

```
db.collection.deleteOne(
    <query>,
    {
      justOne: <boolean>,
      writeConcern: <document>
    }
)
```

最后是查询，MongoDB 查询数据的语法格式如下：

```
db.collection.find(query, projection)
```

下面通过实例介绍 MongoDB 文档管理。首先创建 abc 库，并创建 c1 集合，在 c1 集合中创建两个简单的文档 d1 和 d2，其中 d1 和 d2 都包含 id 项，d1 的 id 为 0，d2 的 id 为 1；然后，查询 id 为 1 的文档信息；接着更新 id 为 0 的文档的 name 信息；最后删掉 id 为 1 的文档，操作结果如图 2-56。

```
use abc
db.createCollection('c1')
db.c1.insertOne({"id":0,"name":"d1"})
db.c1.insertOne({"id":1,"name":"d2"})
db.c1.find({"id":1})
db.c1.updateOne({"id":0},{$set:{"name":"d3"}})
db.c1.find({"id":0})
db.c1.deleteOne({"id":0})
```

```
test> use abc
switched to db abc
abc> db.createCollection('c1')
{ ok: 1 }
abc> db.c1.insertOne({"id":0,"name":"d1"})
{
  acknowledged: true,
  insertedId: ObjectId("612b8a5bc625b511b914ad
0f")
}
abc> db.c1.insertOne({"id":1,"name":"d2"})
{
  acknowledged: true,
  insertedId: ObjectId("612b8a5bc625b511b914ad
10")
}
abc> db.c1.find({"id":1})
[ { _id: ObjectId("612b8a5bc625b511b914ad10"),
 id: 1, name: 'd2' } ]
abc> db.c1.updateOne({"id":0},{$set:{"name":"d
3"}})
{
  acknowledged: true,
  insertedId: null,
  matchedCount: 1,
  modifiedCount: 1,
  upsertedCount: 0
}
abc> db.c1.find({"id":0})
[ { _id: ObjectId("612b8a5bc625b511b914ad0f"),
 id: 0, name: 'd3' } ]
abc> db.c1.deleteOne({"id":0})
{ acknowledged: true, deletedCount: 1 }
```

图 2-56　MongoDB 文档管理

至此，MongoDB 的常用操作已介绍完毕。

2. MongoDB 副本集与分片原理

1）副本集

保证数据在应用部署时的冗余和可靠性，通过在不同的机器上保存副本来保证数据不会因为单点损坏而丢失，能够随时应对单点数据丢失、机器损坏带来的风险。采用这种方式，用户的读取服务器和写入服务器位于不同的物理地点，由不同的服务器为不同的用户提供服务，提高整个系统的负载处理能力。

MongoDB 副本集的集群架构如图 2-57 所示。

图 2-57　MongoDB 副本集的集群架构

此集群拥有一个主节点和多个从节点，这种架构与主从复制模式类似，且主从节点所负责的工作也类似。但是副本集与主从复制的区别在于：当集群中主节点发生故障时，副本集可以自动投票，选举出新的主节点，并引导其余的从节点连接新的主节点，而且这个过程对应用是透明的。

可以说，MongoDB 副本集是自带故障转移功能的主从复制。MongoDB 副本集使用的是 N 个 MongoDB 服务器节点构建的具备自动容错功能、自动恢复功能的高可用方案。在副本集中，任何节点都可作为主节点，但为了维持数据一致性，只能有一个主节点。

主节点负责数据的写入和更新，并在更新数据的同时，将操作信息写入名为 oplog 的日志文件当中。主节点还负责指定其他节点为从节点，并设置从节点数据的可读性，从而让从节点来分担集群读取数据的压力。

副本集中的各节点会通过心跳信息来检测各自的健康状况，当主节点出现故障时，多个从节点会触发一次新的选举操作，并选举其中一个作为新的主节点。为了保证选举票数的不同，副本集的节点数保持为奇数。

2）分片

副本集可以解决主节点发生故障导致数据丢失或不可用的问题，但遇到需要存储海量数据的情况时，副本集机制就束手无策了。副本集中的一台机器可能不足以存储数据，或者说集群不足以提供可接受的读写吞吐量。通常，数据量和吞吐量大的数据库应用会对单机的性能造成较大压力，大的查询量会将单机的 CPU 耗尽，大的数据量对单机的存储压力较大，最终会耗尽系统的内存而将压力转移到磁盘 IO 上。为了解决这些问题，有两个基本的方法，即垂直扩展和水平扩展。

垂直扩展：增加更多的 CPU 和存储资源来扩展容量。

水平扩展：将数据集分布在多个服务器上。水平扩展即分片。

分片（sharding）是 MongoDB 用来将大型集合分割到不同服务器（或者说一个集群）上所采用的方法。尽管分片起源于关系型数据库分区，但 MongoDB 分片完全又是另一回事。和 MySQL 分区方案相比，MongoDB 的最大特点是它几乎能自动完成所有事情，只要告诉 MongoDB 要分配的数据，它就能自动维护数据在不同服务器之间的均衡。

MongoDB 支持自动分片，可以使数据库架构对应用程序不可见，简化系统管理。对应用程序而言，就如同始终在使用一个单机的 MongoDB 服务器一样。MongoDB 的分片机制允许创建一个包含许多台机器的集群，将数据子集分散在集群中，每个分片维护着一个数据集合的子集。与副本集相比，使用集群架构可以使应用程序具有更强大的数据处理能力。

MongoDB 分片的集群架构图如图 2-58 所示。

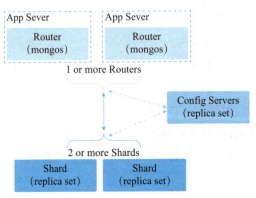

图 2-58　MongoDB 分片的集群架构图

构建一个 MongoDB 分片集群，需要三个重要的组件，分别是分片服务器（Shard Server）、配置服务器（Config Server）和路由服务器（Route Server）。

（1）Shard Server

每个 Shard Server 都是一个 MongoDB 数据库实例，用于存储实际的数据块。整个数据库集合分成多个块存储在不同的 Shard Server 中。在实际应用中，一个 Shard Server 可由几台机器组成一个副本集来承担，防止因主节点单点故障导致整个系统崩溃。

（2）Config Server

这是一个独立的 MongoDB 进程，保存集群和分片的元数据，在集群启动最开始时建立，保存各个分片包含的数据信息。

（3）Route Server

这是一个独立的 mongos 进程，Route Server 在集群中可作为路由使用，客户端由此接入，让整个集群看起来像是一个单一的数据库，提供客户端应用程序和分片集群之间的接口。Route Server 本身不保存数据，启动时从 Config Server 加载集群信息到缓存中，并将客户端的请求路由分配给每个 Shard Server，在各 Shard Server 返回结果后进行聚合并返回客户端。

以上介绍了 MongoDB 的两种集群模式，副本集已经替代了传统的主从复制，通过备份保证集群的可靠性；分片机制为集群提供了可扩展性，以满足海量数据的存储和分析的需求。

（四）任务实施

1. MongoDB 的运行与管理

在使用 MongoDB 时必须要了解它的运行情况，并查看其的性能。这样，在各种业务情况下都可以很好地应对并保证 MongoDB 正常运作。

MongoDB 中提供了 Mongostat 和 Mongotop 两个工具来监控自身的运行情况。

Mongostat 是 MongoDB 自带的状态检测工具，在命令行下使用。它会间隔固定时间获取 MongoDB 的当前运行状态并输出。如果发现数据库突然变慢或者出现其他问题，采用 Mongostat 工具来查看 MongoDB 的状态是首选。

输入 mongostat 命令，返回信息如图 2-59 所示。

```
#mongostat
```

```
insert query update delete getmore command dirty used flushes vsize  res  qrw arw net_in net_out conn                time
   *0    *0     *0     *0       0       2|0 0.0% 0.0%      0 1.56G 132M 0|0 1|0   297b   49.9k   29 Aug 29 21:31:36.254
   *0    *0     *0     *0       0       1|0 0.0% 0.0%      0 1.56G 132M 0|0 1|0   112b   49.5k   29 Aug 29 21:31:37.253
   *0    *0     *0     *0       0       0|0 0.0% 0.0%      0 1.56G 132M 0|0 1|0   111b   49.3k   29 Aug 29 21:31:38.254
   *0    *0     *0     *0       0       5|0 0.0% 0.0%      0 1.56G 132M 0|0 1|0   484b   50.7k   29 Aug 29 21:31:39.252
   *0    *0     *0     *0       0       0|0 0.0% 0.0%      0 1.56G 132M 0|0 1|0   111b   49.3k   29 Aug 29 21:31:40.254
   *0    *0     *0     *0       0       1|0 0.0% 0.0%      0 1.56G 132M 0|0 1|0   112b   49.5k   29 Aug 29 21:31:41.252
   *0    *0     *0     *0       0       2|0 0.0% 0.0%      0 1.56G 132M 0|0 1|0   297b   49.9k   29 Aug 29 21:31:42.254
   *0    *0     *0     *0       0       1|0 0.0% 0.0%      0 1.56G 132M 0|0 1|0   111b   49.5k   29 Aug 29 21:31:43.253
   *0    *0     *0     *0       0       0|0 0.0% 0.0%      0 1.56G 132M 0|0 1|0   111b   49.4k   29 Aug 29 21:31:44.253
   *0    *0     *0     *0       0       4|0 0.0% 0.0%      0 1.56G 132M 0|0 1|0   353b   50.4k   29 Aug 29 21:31:45.253
```

图 2-59 输入 mongostat 命令后的返回信息

Mongotop 也是 MongoDB 下的一个内置工具，Mongotop 用于跟踪一个 MongoDB 实例，查看哪些大量的时间花费在读取和写入数据上。Mongotop 输出每个集合的水平的统计数据。默认情况下，mongotop 返回值的每一秒。

输入 mongotop 命令，返回信息如图 2-60 所示。

```
#mongotop
```

```
                     ns   total    read   write  2021-08-29T21:37:08+08:00
                 abc.c1     0ms     0ms     0ms
    admin.system.version    0ms     0ms     0ms
   config.system.sessions   0ms     0ms     0ms
    config.transactions     0ms     0ms     0ms
    local.system.replset    0ms     0ms     0ms
                 mon.c2      0ms     0ms     0ms
```

图 2-60　输入 mongotop 命令后的返回信息

2. 搭建 MongoDB 副本集群

MongoDB 副本集是 MongoDB 分片集的基础，也是最简单的一种 MongoDB 集群。接下来将介绍 MongoDB 副本集的搭建。

1）搭建 MongoDB 副本集

接下来以单节点为例，介绍单节点多实例的 MongoDB 副本集搭建。

（1）环境说明

首先展示系统的环境，如图 2-61 所示。

```
#cat /etc/redhat-release
#uname -r
#service iptables status
#getenforce
#hostname -I
```

```
[root@mongodb yum.repos.d]# cat /etc/redhat-release
CentOS Linux release 7.9.2009 (Core)
[root@mongodb yum.repos.d]# uname -r
3.10.0-1160.31.1.el7.x86_64
[root@mongodb yum.repos.d]# /etc/init.d/iptables status
-bash: /etc/init.d/iptables: No such file or directory
[root@mongodb yum.repos.d]# service iptables status
Redirecting to /bin/systemctl status iptables.service
Unit iptables.service could not be found.
[root@mongodb yum.repos.d]# getenforce
Disabled
[root@mongodb yum.repos.d]# hostname -I
10.0.1.17
```

图 2-61　MongoDB 副本集—系统环境

122

如图 2-61 所示，可以看到本机系统为 Centos 7.9 2009，防火墙、Selinux 都已关闭。

（2）创建所需目录

在根目录下创建目录 mongodb，并创建其他实例的目录，命令如下：

```
for  i in 28017 28018 28019 28020
    do
      mkdir -p /mongodb/$i/conf
      mkdir -p /mongodb/$i/data
      mkdir -p /mongodb/$i/log
done
```

在该命令执行完毕后，应在 /mongodb 目录下看到 28017～28020 四个目录，且每个目录下都有 conf、data、log 三个目录。

（3）配置多实例环境

编辑第一个实例配置文件，代码如下：

```
cat >>/mongodb/28017/conf/mongod.conf<<'EOF'
systemLog:
  destination: file
  path: /mongodb/28017/log/mongodb.log
  logAppend: true
storage:
  journal:
    enabled: true
  dbPath: /mongodb/28017/data
  directoryPerDB: true
  #engine: wiredTiger
  wiredTiger:
    engineConfig:
      # cacheSizeGB: 1
      directoryForIndexes: true
    collectionConfig:
      blockCompressor: zlib
    indexConfig:
      prefixCompression: true
processManagement:
  fork: true
```

```
net:
  port: 28017
replication:
  oplogSizeMB: 2048
  replSetName: my_repl
EOF
```

这里进行了 MongoDB 服务开启简要配置。

（4）复制配置文件

复制配置文件，代码如下：

```
for i in 28018 28019 28020
  do
    \cp  /mongodb/28017/conf/mongod.conf  /mongodb/$i/conf/
done
```

本步骤执行完毕后，应在 conf 目录下能找到 mongod.conf 配置文件。

（5）修改配置文件

在将配置文件复制到每个实例目录后，需要对每个配置文件进行适配性地修改，最起码是调整启动的端口，此处采用如下命令：

```
for i in 28018 28019 28020
  do
    sed  -i "s#28017#$i#g" /mongodb/$i/conf/mongod.conf
done
```

（6）启动服务

在完成配置文件的修改后，输入如下 mongod-f 命令启动各个实例，结果如图 5-62 所示。

```
for i in 28017 28018 28019 28020
  do
    mongod -f /mongodb/$i/conf/mongod.conf
done
```

```
[root@mongodb yum.repos.d]# for i in 28017 28018 28019 28020
>    do
>        mongod -f /mongodb/$i/conf/mongod.conf
> done
about to fork child process, waiting until server is ready for c
onnections.
forked process: 12309
child process started successfully, parent exiting
about to fork child process, waiting until server is ready for c
onnections.
forked process: 12362
child process started successfully, parent exiting
about to fork child process, waiting until server is ready for c
onnections.
forked process: 12414
child process started successfully, parent exiting
about to fork child process, waiting until server is ready for c
onnections.
forked process: 12466
child process started successfully, parent exiting
```

图 2-62　MongoDB 副本集—启动服务的操作结果

以 28017 目录的实例为例，简单讲解关闭命令，代码如下：

```
mongod --shutdown  -f /mongodb/28017/conf/mongod.conf
```

2）配置 MongoDB 副本集

在搭建完成后，需要手动配置 MongoDB 副本集并使其生效。

输入如下代码，登录数据库，配置 MongoDB 的复制。

```
#mongo --port 28017
```

此操作后会进入 28017 实例的交互页面，此时需要输入 config 的内容，代码如下：

```
config = {_id: 'my_repl', members: [
                    {_id: 0, host: '127.0.0.1:28017'},
                    {_id: 1, host: '127.0.0.1:28018'},
                    {_id: 2, host: '127.0.0.1:28019'}]
        }
```

配置 config 完成并初始化这个配置，如图 2-63 所示。

```
rs.initiate(config)
```

```
> config = {_id: 'my_repl', members: [
...                          {_id: 0, host: '127.0.0.1:28017'},
...                          {_id: 1, host: '127.0.0.1:28018'},
...                          {_id: 2, host: '127.0.0.1:28019'}]
...           }
{
        "_id" : "my_repl",
        "members" : [
                {
                        "_id" : 0,
                        "host" : "127.0.0.1:28017"
                },
                {
                        "_id" : 1,
                        "host" : "127.0.0.1:28018"
                },
                {
                        "_id" : 2,
                        "host" : "127.0.0.1:28019"
                }
        ]
}
> rs.initiate(config)
{ "ok" : 1 }
```

图 2-63　MongoDB 副本集—配置副本集

3）测试 MongoDB 副本集

前文已提及 MongoDB 副本集已取代主从复制，所以接下来将进行主从复制的测试。

（1）在主节点插入数据

插入数据的操作在上文中已做过介绍，此时将创建一个简单的文档。

首先是进入刚才配置的主节点（28017），若配置成功则其交互行应显示 my_repl:PRIMARY>。插入数据命令：

```
db.c1.insertOne({"name":1, "title":"Jerry"})
```

输入如下命令，在主节点查看数据：

```
db.c1.find({"name":1})
```

操作结果如图 2-64 所示。

```
my_repl:PRIMARY> db.c1.insertOne({"name":1, "title":"Jerry"})
{
        "acknowledged" : true,
        "insertedId" : ObjectId("612c5034ce33151eb2f03dc1")
}
my_repl:PRIMARY> db.c1.find({"name":1})
{ "_id" : ObjectId("612c5034ce33151eb2f03dc1"), "name" : 1, "title" : "Jerry" }
```

图 2-64　MongoDB 副本集—主节点操作

（2）在从节点查看数据

进入刚才配置的从节点（28018），若配置成功则其交互行应显示 my_repl:SECONDARY>。如使用该从节点，则需进行配置，命令如下：

```
rs.secondaryOk()
```

配置完成后即可输入如下命令查看数据：

```
show tables;
db.c1.find({"name":1})
```

操作结果如图 2-65 所示。

```
my_repl:SECONDARY> rs.secondaryok()
my_repl:SECONDARY> show tables;
c1
my_repl:SECONDARY> db.c1.find({"name":1})
{ "_id" : objectId("612c5034ce33151eb2f03dc1"), "name" : 1, "tit
le" : "Jerry" }
```

图 2-65　MongoDB 副本集—从节点查看

4）管理 MongoDB 副本集

通过上述操作，MongoDB 副本集已经运行。在服务运行后，管理是重中之重，所以下面将介绍最基本的状态管理操作。

在 MongoDB 服务的交互页面输入 rs.status() 命令进行查询，回显的数据有很多，此处以 members 为例进行介绍，操作结果如图 2-66 所示。

由图 2-66 可看到命令回显的成员信息。该副本集配置了 3 个成员，每个成员会显示健康信息、名称、节点类型、操作时间等信息，方便运维人员对其进行管理。由于篇幅有限，不再介绍该命令的其他信息。

至此，MongoDB 的副本集集群搭建完成。

```
"members" : [
    {
        "_id" : 0,
        "name" : "127.0.0.1:28017",
        "health" : 1,
        "state" : 1,
        "stateStr" : "PRIMARY",
        "uptime" : 817,
        "optime" : {
                "ts" : Timestamp(1630294517, 1),
                "t" : NumberLong(1)
        },
        "optimeDurable" : {
                "ts" : Timestamp(1630294517, 1),
                "t" : NumberLong(1)
        },
        "optimeDate" : ISODate("2021-08-30T03:35:17Z"),
        "optimeDurableDate" : ISODate("2021-08-30T03:35:17Z"),
        "lastHeartbeat" : ISODate("2021-08-30T03:35:22.939Z"),
        "lastHeartbeatRecv" : ISODate("2021-08-30T03:35:23.934Z"),
        "pingMs" : NumberLong(0),
        "lastHeartbeatMessage" : "",
        "syncSourceHost" : "",
        "syncSourceId" : -1,
        "infoMessage" : "",
        "electionTime" : Timestamp(1630293717, 1),
        "electionDate" : ISODate("2021-08-30T03:21:57Z"),
        "configVersion" : 1,
        "configTerm" : 1
    },
    {
        "_id" : 1,
        "name" : "127.0.0.1:28018",
        "health" : 1,
        "state" : 2,
```

图 2-66　MongoDB 副本集—管理

项目实训　通过 XMemcached 插件管理 Memcached 集群

（一）实训目的

本次实训是通过 XMemcached 插件管理 Memcached 集群，其目的如下：

- 了解 Memcached 集群的原理。
- 掌握 Memcached 集群的搭建方法。
- 掌握 XMemcached 插件的特点和应用。
- 掌握 Java 程序连接 Memcached 集群的方法。

教学课件 2-4

（二）实训内容

本次实训的内容如下：

- 部署 Memcached 集群。
- Java 程序利用 XMemcached 插件连接 Memcached 集群。
- 验证连接和其他命令。

（三）实训步骤

1. 在服务器上部署 Memcached 集群

早期的 Memcached 集群是由 Magent 工具来完成组件的，时至今日，随着 Memcached 一次又一次的升级，一般已不再使用此类工具进行搭建，转而利用 Memcached 的各类客户端工具进行更加细微的调控。在介绍 Memcached 的客户端工具之前，本小节将先介绍一下 Memcached 集群的原理。

从现在的技术角度来看，Memcached 集群具有以下特点：自身通过算法保证数据唯一性、集群形式对用户和 Memcached 都是透明的、Memcached 的集群是通过客户端实现的、Memcached 服务端相互不认识。

1）分布式概述

Memcached 虽然称为分布式缓存服务器，但服务器端并没有分布式功能，服务器端仅包括内存存储功能，其实现非常简单。至于 Memcached 的分布式，则是完全由客户端程序实现的。可以看到，通常意义上所讲的 Memcached 集群是由 Memcached 的客户端所实现的带分布式能力的集群。

当数据到达客户端，客户端实现的算法会根据"Key"来决定保存的 Memcached 服务器，服务器选定后，再进行数据的保存。读取的时候也一样，客户端根据"Key"选择服务器，使用保存时候的相同算法就能选中和保存的时候相同的服务器。

也就是说，存取数据分二步走，第一步，选择服务器，第二步存取数据。那么应该使用什么算法选择服务器呢？通常情况下使用哈希算法来完成服务器的选择。

常用的算法有两种：余数计算分散法和一致性 Hash 算法。

余数计算分散法是标准的 Memcached 分布式算法，客户端首先计算 key，然后将结果对服务器取模得到 Memcached 服务器节点。被匹配到的服务器无法连接时，会尝试将连接的次数加到 key 后面，并再次运行 Hash 算法。

一致性 Hash 算法是将服务器的 Hash 值分配至 $0\sim2^{32}$ 的圆环上，用同样的方法求出存储数值键（key）的 Hash 值并映射到圆环上，然后从数据映射到的位置开始顺时针查找，将数据存放至找到的第一台服务器上。如果超过 $0\sim2^{32}$ 范围而未找到，则将数据存放至第一台服务器。

2）部署 Memcached 集群

Memcached 集群实则由客户端进行控制，故对于 Memcached 服务器来讲，只需要将服务打开。

此处以单机为例，介绍如何开启多个 Memcached 服务的虚拟集群。

（1）在 Windows 中开启 Memcached 虚拟集群

这里以 Windows 的 Memcached 1.4.4 版本为例进行介绍。首先是下载 Memcached 1.4.4 的程序包，读者可自行查询网址并进行下载。

在下载完成后，解压打开文件夹，可在目录中找到名为"Memcached.exe"的文件，此为 Windows 版本下 Memcached 服务的主体。

接下来是比较重要的一步：创建三个 Memcached 系统服务。此步骤的作用是使 Windwos 开启多个 Memcached 服务。

该步骤输入代码如下：

```
sc create "Memcached_Server1" start=  auto binPath= "D:\memcached\
memcached.exe -d runservice -m 32 -p 11211 -l 127.0.0.1" DisplayName=
"Memcached_Server1"
sc create "Memcached_Server2" start=  auto binPath= "D:\memcached\
memcached.exe -d runservice -m 32 -p 11212 -l 127.0.0.1" DisplayName=
"Memcached_Server"
sc create "Memcached_Server1" start=  auto binPath= "D:\memcached\
memcached.exe -d runservice -m 32 -p 11213 -l 127.0.0.1" DisplayName=
"Memcached_Server3"
```

其中，Memcached Server1 为服务名，binPath 后的路径为解压完成后 Memcached.exe 所在的路径，创建成功客户端显示如图 2-67 所示。

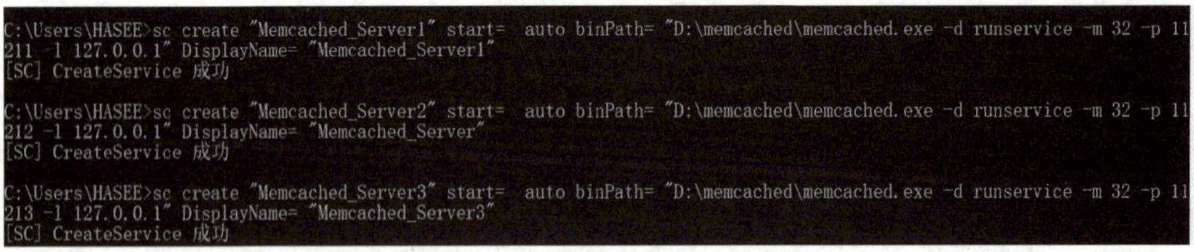

图 2-67　Windows 中创建 Memcached 系统服务

创建服务成功后，即可开启服务，命令如下：

```
sc start "Memcached_Server1"
sc start "Memcached_Server2"
sc start "Memcached_Server3"
```

执行结果如图 2-68 所示。

```
C:\Users\HASEE>sc start "Memcached_Server1"

SERVICE_NAME: Memcached_Server1
        TYPE               : 10  WIN32_OWN_PROCESS
        STATE              : 4   RUNNING
                             (STOPPABLE, NOT_PAUSABLE, ACCEPTS_SHUTDOWN)
        WIN32_EXIT_CODE    : 0   (0x0)
        SERVICE_EXIT_CODE  : 0   (0x0)
        CHECKPOINT         : 0x0
        WAIT_HINT          : 0x0
        PID                : 4124
        FLAGS              :

C:\Users\HASEE>sc start "Memcached_Server2"

SERVICE_NAME: Memcached_Server2
        TYPE               : 10  WIN32_OWN_PROCESS
        STATE              : 4   RUNNING
                             (STOPPABLE, NOT_PAUSABLE, ACCEPTS_SHUTDOWN)
        WIN32_EXIT_CODE    : 0   (0x0)
        SERVICE_EXIT_CODE  : 0   (0x0)
        CHECKPOINT         : 0x0
        WAIT_HINT          : 0x0
        PID                : 18136
        FLAGS              :

C:\Users\HASEE>sc start "Memcached_Server3"

SERVICE_NAME: Memcached_Server3
        TYPE               : 10  WIN32_OWN_PROCESS
        STATE              : 4   RUNNING
                             (STOPPABLE, NOT_PAUSABLE, ACCEPTS_SHUTDOWN)
        WIN32_EXIT_CODE    : 0   (0x0)
        SERVICE_EXIT_CODE  : 0   (0x0)
        CHECKPOINT         : 0x0
        WAIT_HINT          : 0x0
        PID                : 11628
        FLAGS              :
```

图 2-68 Windows Memcached 开启服务

（2）在 Linux 中开启 Memcached 虚拟集群

本次操作以 Centos 7.9 2009 为例，在 Centos 中开启 Memcached 虚拟集群较为容易，命令如下：

```
memcached -d -m 10 -u root -p 11211 -l 127.0.0.1
memcached -d -m 10 -u root -p 11212 -l 127.0.0.1
memcached -d -m 10 -u root -p 11213 -l 127.0.0.1
```

在开启三个 Memcached 服务后，输入 ps 命令进行查询：

```
ps -elf|grep mem
```

操作结果如图 2-69 所示，此时使用 telnet 命令可以任意访问 11211、11212、11213 三个端口。

```
[root@memcached ~]# memcached -d -m 10 -u root -p 11211 -l 127.0.0.1
[root@memcached ~]# memcached -d -m 10 -u root -p 11212 -l 127.0.0.1
[root@memcached ~]# memcached -d -m 10 -u root -p 11213 -l 127.0.0.1
[root@memcached ~]# ps -elf|grep mem
1 S root       933     1  0  80   0 - 25736 poll_s 16:04 ?        00:00:00 /sbin/dhclient -q -lf /var/lib/dhclient/dhclient--eth0.le
ase -pf /var/run/dhclient-eth0.pid -H memcached eth0
1 S root      3761     1  0  80   0 - 86025 ep_pol 16:18 ?        00:00:00 memcached -d -m 10 -u root -p 11211 -l 127.0.0.1
1 S root      3775     1  0  80   0 - 86025 ep_pol 16:18 ?        00:00:00 memcached -d -m 10 -u root -p 11212 -l 127.0.0.1
1 S root      3792     1  0  80   0 - 86025 ep_pol 16:18 ?        00:00:00 memcached -d -m 10 -u root -p 11213 -l 127.0.0.1
0 S root      3806  3699  0  80   0 - 28204 pipe_w 16:18 pts/0    00:00:00 grep --color=auto mem
[root@memcached ~]#
```

图 2-69　Centos Memcached 虚拟集群

至此，Memcached 集群部署完成。

2. 使用 XMemcached 插件连接 Memcached 集群

1）XMemcached 介绍

XMemcached 是目前为止最好用的适配 Java 语言的 Memcached 客户端之一。XMemcached 主要特点如下。

（1）高性能

XMemcached 是基于 Java NIO 的客户端，Java NIO 相比于传统阻塞 IO 模型来说，有效率高和资源耗费相对较少的优点。传统阻塞 IO 为了提高效率，需要创建一定数量的连接形成连接池，而 Java NIO 仅需要一个连接即可（当然，Java NIO 也是可以做池化处理），相对来说减少了线程创建和切换的开销，这一点在高并发下特别明显。因此，XMemcached 与 Spymemcached 在性能都非常优秀，在某些方面（存储的数据比较小的情况下）Xmemcached 比 Spymemcached 的表现更为优秀。

（2）支持完整的协议

Xmemcached 支持所有的 Memcached 协议，包括 Memcached 1.4.0 正式开始使用的二进制协议。

（3）支持客户端分布

Memcached 的分布只能通过客户端来实现，提供了一致性哈希 (Consistent Hash) 算法。

（4）允许设置节点权重

XMemcached 允许通过设置节点的权重来调节 Memcached 的负载，设置的权重越高，该 Memcached 节点存储的数据将越多，所承受的负载越多。

（5）动态增删节点

XMemcached 允许通过 JMX 或者代码编程实现节点的动态添加或者移除，方便用户扩展和替换节点等。

（6）支持 JMX

XMemcached 通过 JMX 暴露的一些接口，支持客户端本身的监控和调整，允许动态地设置调优参数、查看统计数据、增删节点等。

（7）与 Spring 框架的集成

鉴于很多项目已经使用 Spring 作为 IOC 容器，因此 XMemcached 也提供了对 Spring 框架的集成支持。

（8）客户端连接池

XMemcached 提供了设置连接池的功能，对同一个 Memcached 节点可以创建 N 个连接组成连接池来提高客户端在高并发环境下的表现，而这一切对使用者来说却是透明的。启用连接池的前提条件是保证数据之间的独立性或者数据更新的同步。

2）Java 程序使用 XMemcached 连接 Memcached 集群

下面介绍编写简单的测试代码来实现对 Memcached 集群的连接。

（1）创建 Java 测试项目

使用 IEDA 或其他工具创建一个 Java 测试项目，该测试项目的类型为 Maven。

（2）导入 XMemcached 支持

在创建 Maven 类型的项目后，需要修改 pom.xml 文件以使 XMemcached 对本项目进行支持，XMemcached 的程序包在 Mvnrepository 可以找到，Xmemcached 针对 Maven 类型的项目的导入代码为：

```
<dependency>
    <groupId>com.googlecode.xmemcached</groupId>
    <artifactId>xmemcached</artifactId>
    <version>2.4.7</version>
</dependency>
```

将该代码复制到 pom.xml 文件的 <dependencies> 标签中，操作结果如图 2-70 所示。

```
<dependencies>
    <!-- https://mvnrepository.com/artifact/com.googlecode.xmemcached/xmemcached -->
    <dependency>
        <groupId>com.googlecode.xmemcached</groupId>
        <artifactId>xmemcached</artifactId>
        <version>2.4.7</version>
    </dependency>
</dependencies>
```

图 2-70 Maven 类型项目中导入 XMemcached

（3）创建 Java 测试文件

在工程目录中创建文件名为 connect.java 的测试文件，该文件代码如下：

```java
import net.rubyeye.xmemcached.MemcachedClient;
import net.rubyeye.xmemcached.MemcachedClientBuilder;
import net.rubyeye.xmemcached.XMemcachedClientBuilder;
import net.rubyeye.xmemcached.exception.MemcachedException;
import net.rubyeye.xmemcached.utils.AddrUtil;

import java.io.IOException;
import java.util.concurrent.TimeoutException;

public class Connect {
    // 连接 memcached
    public static void main(String[] args) throws IOException,
InterruptedException, MemcachedException, TimeoutException {
        MemcachedClientBuilder builder = new XMemcachedClientBuilder(
                    AddrUtil.getAddresses ("127.0.0.1:11211
127.0.0.1:11212 127.0.0.1:11213"));
        MemcachedClient memcachedClient = builder.build();
            try {
            memcachedClient.set( "hello" , 0, "Hello,xmemcached" );
            String value = memcachedClient. get ( "hello" );
            System. out .println( "hello=" + value);
            memcachedClient. delete ( "hello" );
            value = memcachedClient.get( "hello" );
            System. out .println( "hello=" + value);
        } catch (MemcachedException e) {
            System. err .println( "MemcachedClient operation fail" );
            e.printStackTrace();
        } catch (TimeoutException e) {
            System. err .println( "MemcachedClient operation timeout" );
            e.printStackTrace();
        } catch (InterruptedException e) {
            // ignore
        }
        try {
            memcachedClient.shutdown();
        } catch (IOException e) {
```

```
            System. err .println( "Shutdown MemcachedClient fail" );
            e.printStackTrace();
        }
    }
}
```

该段代码的功能是连接 Memcached 服务器，并且在其中存储一个 "key"，其值为 "Hello,xmemcached"。其中 AddrUtil.getAddresses() 方法中有 3 个地址参数，可以用这个办法来连接一个 Memcached 集群。

至此，完成 Java 程序使用 XMemcached 连接 Memcached 集群。

3. 验证和其他命令

1）验证

在连接上 Memcached 集群后，可以通过 XMemcached 工具进行简单验证。在 Java 测试文件上一行加入下列代码：

```
System.out.println(memcachedClient.getAvailableServers());
```

该命令的功能是获取当前 Memcached 客户端的存活服务器列表，执行结果如图 2-71 所示。

```
[/127.0.0.1:11211, /127.0.0.1:11212, /127.0.0.1:11213]
hello=Hello,xmemcached
hello=null
```

图 2-71 getAvailableServers 的执行结果

由图 2-71 可知，当前客户端链接的存活服务器有 3 个，这 3 个存活服务器就是之前开启的 Memcached 虚拟集群。

2）其他操命令

在进行了简单的连接后，即可使用 XMemcached 对 Memcached 服务器进行操作，下面将给出一个较为完整的例子，其代码如下：

```
import net.rubyeye.xmemcached.MemcachedClient;
import net.rubyeye.xmemcached.MemcachedClientBuilder;
import net.rubyeye.xmemcached.XMemcachedClientBuilder;
import net.rubyeye.xmemcached.exception.MemcachedException;
import net.rubyeye.xmemcached.transcoders.StringTranscoder;
```

```
import net.rubyeye.xmemcached.utils.AddrUtil;

import java.io.IOException;
import java.util.concurrent.TimeoutException;

public class FullTest {
    public static void main(String[] args) throws IOException,
InterruptedException, MemcachedException, TimeoutException {
        MemcachedClientBuilder builder = new XMemcachedClientBuilder(
            AddrUtil.getAddresses("127.0.0.1:11211"));
        MemcachedClient client = builder.build();
        client.flushAll();
        if (!client.set("hello", 0, "world")) {
            System.err.println("set error");
        }
        if (client.add("hello", 0, "dennis")) {
            System.err.println("Add error,key is existed");
        }
        if (!client.replace("hello", 0, "dennis")) {
            System.err.println("replace error");
        }
        client.append("hello", " good");
        client.prepend("hello", "hello ");
        String name = client.get("hello", new StringTranscoder());
        System.out.println(name);
        client.deleteWithNoReply("hello");
    }
}
```

该段代码首先存储了 hello 对应的 world 字符串，调用 add 和 replace 方法去尝试添加和替换，因为数据已经存在故 add 会失败；然后通过 replace 方法将 hello 对应的数据更新为 dennis；接着通过 append 和 prepend 方法在 dennis 前后添加字符串 hello 和 good，通过后 get 返回的结果是 hello dennis good。删除数据则是利用 deleteWithNoReply 方法。

至此，通过 XMemcached 插件管理 Memcached 集群的实训完成。

（四）项目总结

本项目的核心内容是通过 XMemcached 插件管理 Memcached 集群。首先介绍了目前为止 Memcached 集群的种类及搭建方法；然后利用 Java 程序和 XMemcached 插件对 Memcached 集群进行管理。经过本项目的学习和实训后，学习者应该可以在业务项目中将 Memcached 集群接入进来，让 Memcached 集群发挥其缓存的根本作用，提高业务系统的并发数、稳定性、可用度。

 项目练习

（一）选择题

1. 以不属于非关系型数据库的是_____。

   A. Redis   B. Memcached

   C. MySQL   D. HBase

2. Memcached 属于_____数据库。

   A. 键值数据库   B. 文档数据库

   C. 列式数据库   D. 图形数据库

3. Redis 的服务器状态监测命令是_____。

   A. stats   B. mongotop

   C. info   D. add

4. MongoDB 的集群有_____和分片集群两种。

   A. 副本集群   B. 主从集群

   C. 分时集群   D. 并行计算集群

（二）填空题

1. 非关系型数据库的主要类型有_____、_____、_____、_____。

2. Memcached 的常用命令有_____、_____两类。

3. MongoDB 的主要特点有_____、_____、_____、_____、_____等。

（三）简答题

1. 非关系型数据库的使用场景有哪些？

2. MongoDB 集群的搭建方式有哪些？

3. Redis 和 Memcached 有何区别？

项目 3

公有云数据库资源管理

 学习目标

（一）知识目标

- 掌握云数据库的概念和原理。
- 掌握云数据库的关键技术。
- 了解云数据库 MySQL、SQL Server、PostgreSQL 的特性及应用场景。
- 了解云数据库 Redis、MongoDB 的特性及应用场景。

（二）技能目标

- 掌握云数据库 MySQL 的配置和调用方式。
- 掌握云数据库 SQL Server 的配置和调用方式。
- 掌握云数据库 PostgreSQL 的配置和调用方式。
- 掌握云数据库 Redis 的配置和调用方式。
- 掌握云数据库 MongoDB 的配置和调用方式。
- 能够根据业务需求搭建高可用云数据库集群。

（三）素质目标

- 培养使用常见主流云数据库的基本技能。
- 培养创新精神。
- 培养解决复杂问题的能力。

 项目描述

（一）项目背景及需求

　　为了达成上文所述的知识目标、技能目标、素质目标，本项目首先通过六个任务完成对云数据库原理和关键技术、常用云关系型数据库和云非关系型数据库的配置和调用的学习和实施，最后通过"基于 Redis 及 MySQL 的高并发访问架构搭建"实训提升学习者对高并发业务需求支撑的云数据库的综合运用和操作技能。如顺序进行本项目的学习和实训需要具备

和掌握云服务器的配置和调用、数据库基础、Linux 操作系统基础及应用程序开发基础等知识和技能。

（二）项目任务

- 任务 1　云数据库的原理及关键技术。
- 任务 2　云数据库 MySQL 的配置和调用。
- 任务 3　云数据库 SQL Server 的配置和调用。
- 任务 4　云数据库 PostgreSQL 的配置和调用。
- 任务 5　云数据库 Redis 的配置和调用。
- 任务 6　云数据库 MongoDB 的配置和调用。
- 项目实训。

任务 1　云数据库的原理及关键技术

（一）任务描述

教学课件 3-1　　微课 3-1

随着云计算技术的不断发展、媒体形式的不断丰富，互联网中的数据呈现了爆发式地增长。为了应对这种情况，云数据库运应而生。通过本任务的学习，学习者可以掌握云数据库的概念和原理、云数据库的关键技术，了解常见云数据库的特性及优势，为后续任务做好知识储备。

（二）问题引导

- 常见的关系型数据库和非关系型数据库有哪些？
- 云数据库是如何发展而来的？
- 云数据库与传统数据库的联系与区别是什么？
- 云数据库有哪些关键技术？

（三）知识准备

1. 云数据库概述

研究云数据库必然离不开云计算，云计算是分布式计算的一种。从广义上说，云计算是与信息技术、软件、互联网相关的一种服务，这种计算资源共享池叫作"云"。云计算把许多计算资源集合起来，通过软件实现自动化管理，只需要很少的人参与，就能快速地提供和分享资源。狭义上讲，云计算就是一种提供资源的网络，使用者可以随时获取"云"上的资源，按需求量使用，并且可以看成是无限扩展的。"云"服务提供商就像自来水厂一样，让用户随时接水，并且不限量，但需按照用水量进行收费。

云数据库就是一种基于云计算技术的一种稳定可靠、可弹性伸缩的在线数据库服务。云数据库依托于云计算平台，可以把用户从烦琐的硬件、软件配置管理中解脱出来，简化了软硬件升级，使用户可以专注于数据库业务逻辑管理。

2. 云数据库的发展和现状

数据库技术是因对数据管理任务的需求而产生和发展而来的。从 20 世纪 60 年代以来，随着企业对数据读写速度需求的提升、计算机软硬件发展的支持，数据库技术经历了网状数据库、关系型数据库、以面向对象数据模型为主要特征的数据库、非关系型数据库（NoSQL）等多种模型的发展历程，极大地丰富了数据管理的能力和手段。

云数据库是在软件即服务（SaaS）不断发展背景下新兴的一种软件服务，数据库即服务（DBaaS）。相比传统数据库，云数据库具备了云计算按需分配、动态扩容、免维护管理、低价高可用等优点，详细表 3-1。

表 3-1　DBaaS 与传统数据库的性能对比表

性能	DBaaS	传统数据库
服务可用性	高可用，达到 99.95%	开发者自行解决，费时费力，成本高昂
数据库备份	用户设置备份策略，自动备份	
软硬件投入	租用的形式，成本低	
维护成本	用户无需关心平台维护	
可扩展性	具备云计算优点，动态扩容，按需付费	
资源利用率	资源利用率可达 100%	

目前，使用云计算技术进行数据库的数据管理有两种方式：一种是用户购买虚拟机镜像在云上部署和运行数据库；另一种是购买云数据库服务提供商的云数据库访问权限。使用第一种方式进行数据库管理相较于传统本地数据库管理的好处在于，云服务器的可靠性高，且能够根据需求快速动态地调整相关资源；缺点是用户需要自行安装和维护数据库。而使用第二种方式，用户无须自行安装和维护数据库就能够轻松按需付费获得高性能分布

式数据库存储服务，且能够方便地管理、扩展数据库。

云数据库与传统自建数据库的关系正如云计算概念中所描述的水龙头和自来水厂的关系。云数据库让用户无须自己造自来水厂，而是通过管道将资源传递到用户身边，用户按需打开水龙头就能轻松获得所需的资源。云数据库的优势一般包括以下几点。

①灵活易用：可根据需求随时增加或减少相关资源，避免一次性投入大量资金建设基础设备。

②高安全性：一般会提供云数据库的攻击防护措施，如对 DDoS 攻击、SQL 注入、暴力破解等攻击进行防护。

③高可靠性：一般会提供在线的多份数据存储，确保线上数据安全。同时通过备份机制保存多天的备份数据，以便于在发生数据库灾难时进行数据恢复。

④高可用性：一般会进行实时双机热备，并提供宕机自动检测和故障自动迁移。主备机切换和故障迁移过程对用户透明。

3. 常见云数据库的类型及其管理系统

1）关系型数据库

关系型数据库（Relational Database），是指采用了关系模型来组织数据的数据库。关系模型是在 1970 年由 IBM 的研究员 E. F. Codd 博士首先提出的，在之后的几十年中，关系模型的概念得到了充分的发展并逐渐成为主流数据库结构的主流模型。关系型数据库管理系统（Relational Database Management System，RDBMS）是指包括相互联系的逻辑组织和存取这些数据的一套程序（数据库管理系统软件）。关系型数据库管理系统就是管理关系型数据库，并将数据进行逻辑组织的系统。常见的关系型数据库有 MySQL，SQL Server，PostgreSQL 等，很多云服务提供商都基于这些数据库进行优化而打造了专属的云数据库。

（1）MySQL

MySQL 是瑞典 MySQL AB 公司开发的一个开放源代码的关系数据库管理系统。它是最流行的关系型数据库管理系统之一，特别是在 Web 应用方面。

腾讯云数据库 MySQL（TencentDB for MySQL）是腾讯云基于开源数据库 MySQL 专业打造的高性能分布式数据存储服务，让用户能够在云中更轻松地设置、操作和扩展关系型数据库。

腾讯云数据库 MySQL 的主要特点如下。

● 云存储服务，是腾讯云平台提供的面向互联网应用的数据存储服务。

● 完全兼容 MySQL 协议，适用于面向表结构的场景；适用 MySQL 的场景都可以使用云数据库。

- 提供高性能、高可靠、易用、便捷的 MySQL 集群服务，数据可靠性能可达 99.9996%。
- 整合了备份、扩容、迁移等功能，同时提供新一代数据库工具 DMC ，用户可以方便地进行数据库管理。

（2）SQL Server

SQL Server 是由美国微软公司研发的关系型数据库解决方案。它是发行最早的商用数据库产品之一，支持复杂的 SQL 查询，性能优秀，对基于 Windows 平台 .NET 架构的应用程序具有完美的支持，被广泛应用于政府、金融、医疗、零售、教育和游戏等领域。

腾讯云数据库 SQL Server（TencentDB for SQL Server）具有微软正版授权，可持续为用户提供最新的功能，避免未授权使用软件的风险。腾讯云数据库 SQL Server 具有即开即用、稳定可靠、安全运行、弹性扩缩容等特点，同时也具备高可用架构、数据安全保障和故障秒级恢复功能，让用户能专注于应用程序的开发。

腾讯云数据库 SQL Server 的主要特点如下。

- 具有微软正版授权，可持续为用户提供最新的功能，避免未授权使用软件的风险，让企业用户在竞争市场中更值得信赖。
- 稳定可靠，具有 99.9996% 的数据可靠性和 99.95% 的服务可用性。主从双节点数据库架构，出现故障秒级切换；具有自动备份能力，用户可通过回档功能将数据库恢复到之前的时间点。
- 性能卓越，采用企业级 PCI-E SSD，提供业界领先的 IO（Input/Output）吞吐能力，性能远超用户自建数据库，支撑商业级高强度业务并发请求量。
- 管理便捷，用户无须关心数据库的安装与维护等，只需通过腾讯云管理控制台或 SQL Server Management Studio（SSMS）即可轻松实现数据库管理、权限设置、监控报警等各项管理工作。
- 性能监控，通过管理控制台可以查看连接数、请求数、磁盘 IO 、缓冲命中率等几十项重要指标，全方位监控数据库运行状况，准确了解数据库负载及系统健康状况。
- 系统告警，支持用户自定义资源阈值告警，帮助运维工程师及时发现数据库异常，从而快速响应并解决潜在的系统问题。

（3）PostgreSQL

PostgreSQL 是一个以加州大学计算机系开发的 POSTGRES 4.2 版本为基础的功能非常强大的、源代码开放的客户/服务器对象关系型数据库系统。PostgreSQL 支持大部分的 SQL 标准并且提供了其他很多功能，如复杂查询、外键、触发器、视图、事务完整性、多版本并发控制等。同样，PostgreSQL 也可以用许多方法进行扩展，例如通过增加新的数据类型、函数、操作符、聚集函数、索引方法、过程语言等。

腾讯云数据库 PostgreSQL 能够在云端轻松设置、操作和扩展强大的开源数据库 PostgreSQL，腾讯云将负责绝大部分处理复杂而耗时的管理工作，如 PostgreSQL 软件安装、存储管理、高可用复制，以及为灾难恢复而进行的数据备份，让用户更专注于业务程序开发。

腾讯云数据库 PostgreSQL 的主要特点如下。

● 托管部署轻松：可在几分钟之内启动 PostgreSQL 实例并连接应用程序，而无须其他配置，提高运维效率。

● 便捷监控：能够监控 PostgreSQL 的关键运行指标，可快速定位问题，还可根据设定通过电子邮件或短信进行异常报警。

● 高可用高可靠：默认提供主备架构的部署模式，默认启动同步复制（Synchronous Replication）功能，使用户的业务不会发生中断，避免出现数据错乱、丢失等问题。数据库实例可用性达到 99.95%，数据的可靠性达到 99.99999%。

2）NoSQL 数据库

NoSQL，泛指非关系型数据库。随着互联网 Web2.0 网站的兴起，传统的关系型数据库在处理 Web2.0 网站，特别是超大规模和高并发的 SNS 类型的 Web2.0 纯动态网站已经显得力不从心，出现了很多难以克服的问题，而非关系型数据库则由于其本身的特点得到了非常迅速地发展。NoSQL 数据库的产生就是为了解决大规模数据集合多重数据种类带来的挑战，特别是大数据应用难题。

NoSQL 的优点：易扩展，NoSQL 数据库种类繁多，但是都具有一个共同的特点——去掉关系型数据库的关系型特性。数据之间无关系，这样就非常容易扩展，无形之间也在架构的层面上带来了可扩展能力。大数据量，高性能，NoSQL 数据库具有非常高的读写性能，处理大数据量时同样表现优秀，这得益于它的无关系性和结构简单。

常见的 NoSQL 数据库包括 Redis、MongoDB、MemCache、HBase、Cassandra 等。下面介绍两种云环境中常用的 NoSQL 数据库。

（1）Redis

Redis 是一个使用 ANSI C 编写的开源（BSD 许可）、支持网络、基于内存、可选持久性、键值对存储的数据结构服务器，可用作数据库、高速缓存和消息队列代理。它支持字符串、哈希表、列表、集合、有序集合，位图等数据类型。内置复制、Lua 脚本、LRU 收回、事务及不同级别磁盘持久化功能，同时通过 Redis Sentinel 提供高可用，通过 Redis Cluster 提供自动分区功能。

腾讯云数据库 Redis（TencentDB for Redis）是由腾讯云提供的兼容 Redis 协议的缓存数据库，具备高可用、高可靠、高弹性等特征。腾讯云数据库 Redis 服务兼容 Redis 2.8、Redis 4.0、Redis 5.0 版本协议，提供标准和集群两大架构版本；最大支持 4TB 的存储容量，千万级的并发请求，可满足业务在缓存、存储、计算等不同场景中的需求。

腾讯云数据库 Redis 主要有以下特点。

- 主从热备：提供主从热备，宕机自动监测，自动容灾。
- 数据备份：标准和集群架构数据持久化存储，可提供每日冷备和自助回档。
- 弹性扩容：可弹性扩容实例的规格或缩容实例规格，支持节点数的扩容和缩容，以及副本的扩容和缩容。
- 网络防护：支持私有网络 VPC，提高缓存安全性。
- 分布式存储：用户的存储分布在多台物理机上，彻底摆脱单机容量和资源限制。

（2）MongoDB

MongoDB 是一个免费、开源、跨平台、面向文档的数据库。它支持的数据结构非常松散，类似 Json 的 bson 格式，因此可以存储比较复杂的数据类型。MongoDB 的最大特点是支持的查询语言非常强大，其语法有点类似于面向对象的查询语言，几乎可以实现类似关系型数据库表单查询的绝大部分功能，而且还支持对数据建立索引。

腾讯云数据库 MongoDB（TencentDB for MongoDB）是腾讯云基于开源非关系型数据库 MongoDB 专业打造的高性能、分布式数据存储服务，完全兼容 MongoDB 协议，适用于面向非关系型数据库的场景。腾讯云数据库 MongoDB 将 NoSQL 数据库的功能作为一种服务提供给用户，使它相对于自建 MongoDB 数据库更容易部署、管理和扩展；同时具有公有云按需申请按量付费的特点，使其成本效益更好。

腾讯云数据库 MongoDB 主要有以下特点。

- 提供云存储服务，云存储服务是腾讯云平台面向互联网应用的数据存储服务。
- 完全兼容 MongoDB 协议，既适用于传统表结构的场景，也适用于缓存、非关系型数据及利用 MapReduce 进行大规模数据集并行运算的场景。
- 提供高性能、可靠、易用、便捷的 MongoDB 集群服务，每个实例都是至少一主两从的副本集或者是包含多个副本集的分片集群。
- 拥有整合备份、扩容等功能，尽可能地保证用户数据安全及动态伸缩。

4. 云数据库的设计和架构

与传统数据库相比，云数据库系统解决了硬件成本高、扩展性差、管理难度高、业务响应慢、资源利用率低等问题。云数据库的发展逐渐成为新一代数据库的发展方向。为实现云数据库的高灵活性、高可靠性、高可用性、高安全性、高兼容性的特性，设计云数据库系统及分布式架构尤为重要。当前云数据库系统主流系统架构：大规模并行处理（Massively Parallel Processing，MPP）架构和 SQL on Hadoop 系统架构。MPP 架构和 SQL on Hadoop 系统架构性能对比表见表 3-2。

表 3-2　MPP 架构和 SQL on Hadoop 系统架构性能对比表

性能	SQL on HAdoop	MPP
平台开放性	高	低
运维复杂度	高，与运维人员能力相关	中
扩展能力	高	中
拥有成本	低	中
系统和数据管理成本	高	中
应用开发维护成本	高	中
SQL 支持	低	高
数据规模	PB 级别	部分 PB
计算性能	对非关系型操作效率高	对关系型操作效率高
数据结构	结构化、半结构化和非结构数据	结构化数据

1）MPP 架构

MPP 数据库管理系统构建于 MPP 架构之上，主要面向行业大数据。MPP 数据库是一种以关系代数为理论基础的并且支持大规模数据并行处理的数据库管理系统。在系统当中，节点之间是通过互联网来彼此交换信息的，相互间不能够分享各自的资源。MPP 数据库系统架构如图 3-1 所示。也正是由于这种特性，MPP 数据库系统可以非常轻松地对其资源进行水平扩展，该系统具有两个或多个处理单元，每个处理单元都有自己的内存、操作系统及磁盘，从而实现数据的大规模并行处理。

2）SQL on Hadoop 系统架构

在 SQL on Hadoop 数据库系统中，有两种架构，一种是基于某个运行时框架来构建查询引擎，典型代表是 Hive；另一种是仿照关系型数据库的 MPP 架构，典型代表是 Impala、Presto 等。

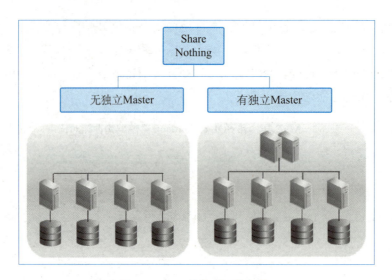

图 3-1　MPP 数据库系统架构

Hive 是一个建立在 Hadoop 文件系统上的数据库架构，它为数据库的管理提供了许多功能，包括数据 ETL（抽取、转换和加载）工具、数据存储管理和大型数据集的查询和分析。同时，Hive 还定义了类 SQL 的语言 Hive-SQL。Hive-SQL 允许用户进行和 SQL 相似的操作，它可以将结构化的数据文件映射为一张数据库表，并提供简单的 SQL 查询功能。Hive 还允许开发人员方便地使用 Mapper 和 Reducer，可以将 SQL 语句转换为 MapReduce 任务进行运行，这对 MapReduce 框架来说是一个强有力的支持。

Hive 优点是学习成本低，可通过类 SQL 语句快速实现简单的 MapReduce 统计，不必开发专门的 MapReduce 应用，十分适合数据库统计分析。Hive 使用 Hadoop 的 HDFS 作为文件的存储系统，很容易扩展自己的存储能力和计算能力，可达到 Hadoop 所能达到的横向扩展能力，数千台服务器的集群已不难做到，是对海量数据进行数据挖掘而设计，不过实时性比较差。SQL on Hadoop 系统架构图如图 3-2 所示。

5. 云数据库的关键技术

1）负载均衡技术

负载均衡（Load Balance）是指将负载（工作任务）进行平衡、分摊到多个操作单元上运行，促使多台设备更快、更高效地共同完成某项或者多项任务。在现有网络结构基础上，负载均衡提供了一种透明并且廉价有效的方法扩展服务器和网络设备的带宽、加强网络数据处理能力，增加吞吐量、提高网络的可用性和灵活性。利用负载均衡技术，可以将大量的并发访问或数据处理任务分配到多个操作单元上进行分布式处理以缩短反应时间，或者将单个负载较重的操作单元上的工作分配到其他操作单元进行处理。

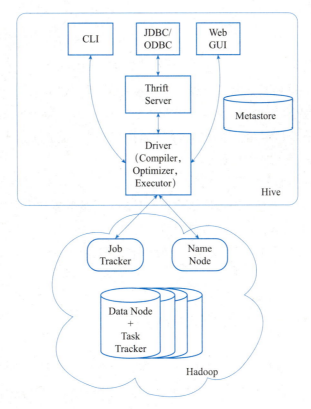

图 3-2 **SQL on Hadoop** 系统架构图

对于云数据库中的负载均衡，外部的所有访问请求通过中间层跳转来访问数据库。中间层通过设置负载均衡策略，根据实时情况决定访问哪个数据库。使用负载均衡技术增强了数据库的扩展性，也提高了数据库的安全性。

2）读写分离技术

数据库读写分离技术是将数据库读操作、写操作对应到不同的数据库服务器，从而减轻数据库的压力。在读写分离架构中，一般主库提供数据库写服务，从库提供数据库读服务。当数据库进行写操作后，主从服务器之间进行同步，从而保障数据的完整性。

在读多写少类型的业务中，数据库的读往往最先成为性能瓶颈，采用读写分离技术能够线性地提升数据库的读性能，通过消除读写锁冲突提升数据库的写性能。但是，读写分离技术架构也存在数据库同步时延的问题，对于数据一致性要求较高的业务要谨慎使用。

3）数据库 / 数据表拆分技术

数据库 / 数据表拆分技术是将数据库的数据通过水平分割和垂直分割的方式使同一个数据库的数据分散到不同的数据库中，通过路由转换访问特定的数据库，从而将访问分散到多台服务器。

（1）水平分割

根据某些条件将数据放在二个或多个堵路的表中，即按计量进行分割，不同的记录可以分开保存。水平切割将表分为多个表，每个表包含的列数相同，使单个表数据行减少。例如，可以将一个包含了亿行记录的表水平分区成 12 个表，每个小表表示特定年份内一个月的数据，任何需要特定月份数据的查询只需引用相应月份的表。通常用来水平分割表的条件有日期时间维度、地区维度等。

水平分割通常在下面的情况下使用。

● 表数据量很大，分割后可以降低在查询时需要读的数据和索引的页数。

● 减少了索引的层数，加快了查询速度。

● 表中的数据本来就具有独立性，例如表中分别记录了各个地区的数据或不同时期的数据。

● 需要把数据存放在多个介质中。

● 需要把历史数据和当前数据拆分开。

（2）垂直分割

垂直分割，即把主键列和一列放在一个表中，然后把主键列和另外的一些列放在另外一个表中，将原始表分成多个只包含较少列的表。如果一个表中某些列常用，而另外一些列不常用，则可以采用垂直分割技术。

垂直分割的优点如下。

● 垂直分割可以使行数变少，一个数据块就能存放更多的数据，在查询时就会减少 I/O 次数。

● 垂直分割表可以达到最大化利用 Cache 的目的。

垂直分割的缺点：

● 垂直分割后，主键出现冗余，需要管理冗余列。

● 会引起表连接 Join 操作，需要从业务上规避。

4）智能运维技术

随着业务的发展、服务器规模的扩大，以及云化（公有云和混合云）、虚拟化的逐步应用，运维工作就扩展到了容量管理、弹性（自动化）扩缩容、安全管理，以及由于引入各种容器、开源框架带来的复杂度提高而导致的故障分析和定位等领域。

传统的运维工作经过不断发展（服务器规模的不断扩大），大致经历了人工、工具和自动化、平台化和智能运维（AIOps）几个阶段。这里的 AIOps 不是指 Artificial Intelligence for IT Operations，而是指 Algorithmic IT Operations（基于 Gartner 的定义标准）。

基于算法的 IT 运维，能利用数据和算法提高运维的自动化程度和效率。例如将智能运维技术用于告警收敛和合并、Root 分析、关联分析、容量评估、自动扩缩容等运维工作中。

基于 Monitoring（监控）、Service Desk（服务台）、Automation（自动化），利用大数据和机器学习持续优化，用机器智能扩展人类的能力极限，这就是智能运维的实质含义。

智能运维具体的落地方式，各团队也都在摸索中，较早见效的是在异常检测、故障分析和定位（有赖于业务系统标准化的推进）等方面的应用。

（四）任务实施

1. 认识腾讯云数据库

在腾讯云首页（https://cloud.tencent.com/）介绍了其主要产品，其中数据库主要产品如图 3-3 所示。腾讯云数据库 MySQL、SQL Server、PostgreSQL、Redis、MongoDB 将在后续的章节中进行介绍。下面就其他一些常用的数据库产品进行简要介绍。

图 3-3　腾讯云数据库主要产品

（1）MariaDB

腾讯云数据库 MariaDB（TencentDB for MariaDB）可轻松在云端部署、使用 MariaDB 数据库。MariaDB 是在 MySQL 版权被 Oracle 收购后，由 MySQL 创始人 Monty 将其版权授予了 MariaDB 基金会（非营利性组织），以保证 MariaDB 永远开源。MariaDB 具有良好的开源策略，是企业级应用的最优选择，主流开源社区系统 / 软件的数据库系统均已默认配置 MariaDB。MariaDB 高度兼容 MySQL，这意味着 MySQL 实例无须改造即可迁移到云数据库 MariaDB。云数据库提供备份回档、监控、快速扩容、数据传输等数据库运维全套解决方案，简化了 IT 运维工作，让使用者能更加专注于业务发展。

（2）腾讯云数据库 Memcached

腾讯云数据库 Memcached（TencentDB for Memcached）是腾讯自主研发的高性能、内存级、持久化、分布式 Key-Value 存储服务产品。腾讯云数据库 Memcached 适用于高速缓存的场景，兼容 Memcached 协议，提供主从热备、自动容灾切换、数据备份、故障迁移、实例监控等服务，且使用者无须关注以上服务的底层细节。

（3）腾讯云数据库 TDSQL

分布式数据库（Tencent Distributed SQL，以下简称 TDSQL）是腾讯研发的一款企业级数据库产品，具备高一致高可用、全球部署架构、高 SQL 兼容度、分布式水平扩展、高性能、完整的分布式事务支持、企业级安全等特性，同时提供智能 DBA、自动化运营、监控告警等配套功能，为客户提供完整的分布式数据库解决方案。目前，TDSQL 已经为超过 600+ 的政企和金融机构提供数据库的公有云及私有云服务，客户覆盖银行、保险、证券、互联网金融、计费、第三方支付、物联网、互联网 +、政务等领域。TDSQL 亦凭借其高质量的产品及服务，获得了多项国际和国家认证，得到了客户及行业的一致认可。

（4）腾讯云数据库 TDSQL-A

分析型数据库（Analytical Datbase TDSQL-A，TDSQL-A) 是腾讯自主研发的分布式分析型数据库系统，提供高效的海量数据存储和在线分析处理能力。TDSQL-A 分为 PostgreSQL 版和 ClickHouse 版，有 2 种引擎供选择。TDSQL-A 采用无共享的集群架构，支持行列混合存储，全面兼容 PostgreSQL 语法，高度兼容 Oracle 语法，兼容 MySQL 生态，具备高压缩比，具备完整的分布式事务支持能力，支持多级容灾及多维度资源隔离。其适用于 GB~PB 级的海量 OLAP 场景。

（5）腾讯云数据库 TDSQL-C

云原生数据库 TDSQL-C（Cloud Native Database TDSQL）是腾讯云自主研发的新一代高性能、高可用的企业级分布式云数据库。TDSQL-C 融合了传统数据库、云计算与新硬件技术的优势，100% 兼容 MySQL 和 PostgreSQL，实现超百万级 QPS 的高吞吐，128TB 海量分布式智能存储，保障数据安全可靠。

任务 2　云数据库 MySQL 的配置和调用

教学课件 3-2　　微读 3-2

（一）任务描述

MySQL 是当前最流行的关系型数据库管理系统之一。通过对该任务的学习，学习者应掌握云数据库 MySQL 的实例创建、配置及调用，了解云数据库 MySQL 的应用场景、架构的选择。

（二）问题引导

● 云数据库 MySQL 与传统 MySQL 相比的优势在哪里？
● 云数据库 MySQL 的架构如何选择？
● 云数据库 MySQL 数据复制方式有几种？分别有何优势？

（三）知识准备

1. 云数据库 MySQL 概述

云数据库 MySQL（TencentDB for MySQL）是腾讯云基于开源数据库 MySQL 专业打造的高性能分布式数据存储服务，让用户能够在云中更轻松地设置、操作和扩展关系型数据库。腾讯云数据库 MySQL 采用了 TXSQL 内核。TXSQL 是腾讯云数据库团队维护的 MySQL 内核分支，100% 兼容原生 MySQL 版本。TXSQL 提供了类似于 MySQL 企业版的诸多功能，如企业级透明数据加密、审计、线程池、加密函数、备份恢复等。

TXSQL 不仅对 InnoDB 存储引擎、查询优化、复制性能等方面进行了大量优化，同时还提升了云数据库 MySQL 的易用性和可维护性；为用户提供 MySQL 全部功能的同时，还具有企业级的容灾、恢复、监控、性能优化、读写分离、透明数据加密、审计等高级特性。

2. 云数据库 MySQL 架构

云数据库 MySQL 支持三种架构，即单节点（基础版）、双节点（高可用版）、三节点（金融版），其功能和特点如表 3-3 所示。

表 3-3　腾讯云数据库 MySQL 的功能和特点

隔离策略	通用型	通用型	通用型	基础型
版本	·MySQL 5.5 ·MySQL 5.6 ·MySQL 5.7 ·MySQL 8.0	·MySQL 5.6 ·MySQL 5.7 ·MySQL 8.0	·MySQL 5.6 ·MySQL 5.7 ·MySQL 8.0	MySQL 5.7
节点数	2	3	1	1
内存/硬盘	最高 488GB/6TB	最高 488GB/6TB	最高 488GB/6TB	最高 8GB/1TB
升级引擎版本	支持（仅 MySQL 5.5、5.6）	支持	支持	支持
升级三节点	支持	—	—	—
只读实例	支持（仅 MySQL 5.6、5.7、8.0）	支持	支持	—
灾备实例	支持（仅 MySQL 5.6、5.7、8.0）	支持	—	—
账号管理	支持	支持	—	支持
参数设置	支持	支持	—	支持
备份	支持	支持	—	—
回档	支持	支持	—	—
数据迁移	支持	支持	支持	—
导入 SQL 文件	支持	支持	—	—
安全组	支持	支持	支持	—
监控与告警	支持	支持	支持	支持
操作日志	支持	支持	支持	支持
数据库审计	支持（仅 MySQL 5.6、5.7）	支持	—	—

①腾讯云 MySQL 双节点架构图如图 3-4 所示。

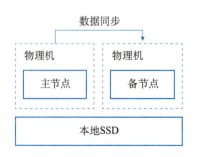

图 3-4　腾讯云 MySQL 双节点架构图

②腾讯云 MySQL 三节点架构图如图 3-5 所示

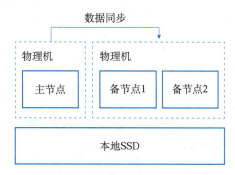

图 3-5　腾讯云 MySQL 三节点架构图

3. 数据库管理操作总览

打开腾讯云 MySQL 页面，单击"实例列表"中的"实例名"或者实例操作栏目中的"管理"（如图 3-6 所示），进入实例管理页面。

图 3-6　腾讯云 MySQL 实例列表

实例管理页面包括"实例详情""实例监控""数据库管理""安全组""备份恢复""操作日志""只读实例""数据加密""连接检查"等功能模块，其实例详情页面如图 3-7 所示。

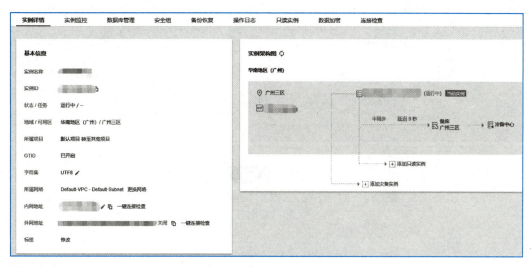

图 3-7　腾讯云 MySQL 实例详情页面

1）实例详情

在"实例详情"模块可调整"所属项目""所属网络""外网地址""修改复制方式""主备切换"等项的设置。

（1）维护时段调整

在"实例详情"页面中的"维护信息"处单击"修改"，弹出修改维护周期和时间页面，如图3-8所示，可选择维护周期、维护开始时间和持续时间。

图 3-8　修改维护周期和时间页面

（2）修改复制方式

在"实例详情"页面中的"可用性信息"处单击"修改复制方式"，弹出修改复制方式页面，如图3-9所示。双节点架构有两种数据复制方式，三节点架构有三种可选数据复制方式。

图 3-9　修改复制方式页面

（3）主备切换

在"实例详情"页面中的"可用性信息"处单击"主备切换"。由弹出的如图3-10所示页面可知，切换时间可选择"立即切换"或"在维护时间内切换"，且需确认（勾选）

"主备实例切换时，会有秒级别的连接闪断，请确保业务具备重连机制"。

图 3-10　主备切换时间页面

2）实例监控

在"实例监控"模块可设置对实例的关键指标进行监控，并以可视化图进行展示，如图 3-11 所示。

图 3-11　实时监控页面

3）数据库管理

"数据库管理"模块包含"数据库列表""参数设置""账号管理"三个子模块。

在"数据库列表"子模块可进行查看数据库列表、创建数据库、数据导入、查看导入记录等操作，如图 3-12 所示。

图 3-12　数据库列表页面

使用创建实例时配置的 root 账号和密码登录后即可在登录后页面中单击"创建数据库"，进而进行数据库的创建。在如图 3-13 所示的页面中设置新建数据库的数据库名、字符集、排序规则。

图 3-13　新建数据库页面

单击图 3-12 中所示"数据导入"按钮弹出图 3-14 所示"选择导入文件"页面，单击"新增文件"按钮，进入如图 3-15 所示"选择目标数据库"页面，此处需指定要导入数据的目标数据库；然后进入如图 3-16 "确认导入"页面，输入有所选数据库管理权限的账号和密码后单击"导入"按钮。此处应注意导入操作不可回滚，单击"导入"按钮前应确认导入信息。

图 3-14　"选择导入文件"页面

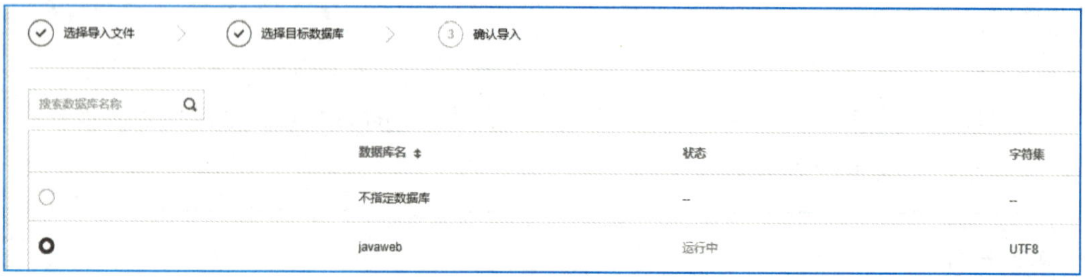

图 3-15　"选择目标数据库"页面

图 3-16 "确认导入"页面

在"账号管理"子模块可以对实例的维护时间进行调整，包括创建账号（对应页面如图 3-17 所示）、修改权限（对应页面如图 3-18 所示）、重置密码、删除账号等操作。

创建帐号

帐号名*	web
	帐号名需要1-16个字符，由字母、数字和特殊字符组成；以字母开头，字母或数字结尾；特殊字符为_
主机*	localhost
	1. IP形式，支持填入% 2. 多个主机以分隔符分隔，分隔符支持,换行符和空格
设置密码*	●●●●●●●●●●●●
	密码需要8-64个字符，至少包含英文、数字和符号 _+-,&=!@#$%^*() 中的2种
确认密码*	●●●●●●●●●●●●
备注	web项目数据库管理员
	最多255个字符

图 3-17 "创建账号"页面

159

图 3-18 "设置权限"页面

4）安全组

在该模块可对实例的安全组进行管理。选择安全组时可根据需求选择已有的安全组，也可根据需求配置安全组规则，允许或禁止安全组内的实例的出流量和入流量。

4. 数据库参数配置

腾讯云 MySQL 页面的"数据库管理"模块中包含"参数设置"子模块，其对应页面如图 3-19 所示。该页面中包括"批量修改参数""默认模板""自定义模板""导入参数""导出参数""另存为模板"设置项。

图 3-19 腾讯云 MySQL 数据库管理—参数设置页面

1）修改单个参数

参数列表中的参数可进行单个修改，如图 3-20 所示，单击需要修改的"参数允许值"旁的"铅笔"图标即可进行修改。参数内容修改完成后单击修改文本框旁的"√"图标，弹出图 3-21 所示的确认页面，执行方式可以选择"立即执行"或者"在维护时间内"。

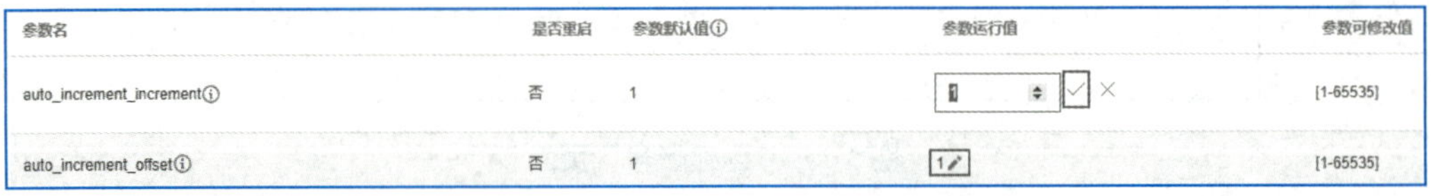

参数名	是否重启	参数默认值①	参数运行值	参数可修改值
auto_increment_increment①	否	1	1 ⬚ √ ×	[1-65535]
auto_increment_offset①	否	1	1 ✎	[1-65535]

图 3-20 腾讯云 MySQL 数据库参数修改

图 3-21　修改参数确认页面

2）批量修改参数

单击图 3-19 所示页面的"批量修改参数"标签，则进入如图 3-22 所示的参数列表批量修改页面。在批量修改模式下所有参数都在修改状态，修改参数后单击"确认修改"按钮，则弹出与修改单一参数类似的修改参数确认页面，此时选择执行方式后单击"确认"按钮即可。

3）默认模板

默认模板功能是将系统默认的高性能模板应用于当前数据库实例上。单击"默认模板"按钮，在弹出的如图 3-23 的页面中选择参数模板后单击"导入并覆盖原有参数"按钮进行导入。

图 3-22　批量修改 MySQL 参数

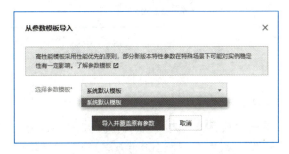

图 3-23　从参数模板导入页面

导入参数模板后会进入参数列表，且处于批量修改参数模式，确认参数值后单击"确认修改"按钮，弹出如图 3-24 所示的"修改参数"页面，选择执行方式后单击"确定"按钮，则系统将根据设定进行参数修改。

图 3-24 "修改参数"页面

4）另存为模板

在实际工作中，设置好 MySQL 数据库参数后可以使用"另存为模板"功能将当前的设置保存为模板，方便在其他类似的系统中使用，提高参数配置效率。具体操作步骤为：单击"另存为模板"按钮，在弹出的如图 3-25 所示的页面中填写"模板名称""模板描述"后单击"新建并保存"按钮。

图 3-25 另存为参数模板设置

5）自定义模板

自定义模板用于将保存的已定义模板导入到当前数据库实例中，以提高数据库参数配置效率。具体操作为：单击"自定义模板"按钮，在如图 3-26 的页面中选择参数模板后单击"导入并覆盖原有参数"按钮，后续操作步骤同"3）默认模板"，不再赘述。

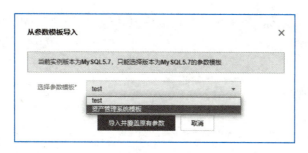

图 3-26 自定义参数模板导入页面

6）导出参数

导出参数用于导出 MySQL 配置文件 my.cnf，该文件中有 MySQL 数据库的配置参数。导出的配置文件能够将当前数据库实例的配置参数传递给非腾讯云的数据库，如其他实体服务器 MySQL 数据库。具体操作为：单击"导出参数"按钮，触发当前数据库实例的 my.cnf 文件的下载。

7）导入参数

与导出参数功能类似，导入参数用于将其他服务器 MySQL 数据库配置文件 my.cnf 通过导入传递给腾讯云 MySQL 数据库实例。具体操作为：单击"导入参数"按钮，选择要导入的 my.cnf 文件即可。

5. 数据库调用

调用 MySQL 实例可通过内网或者外网进行操作，只需在操作时注意内、外网 IP 地址即可。如需外网操作，须在"实例详情"的"基本信息"页面开启外网地址并添加允许访问实例的外网服务器 IP 地址。开启外网地址，会使数据库服务暴露在公网上，可能导致数据库被入侵或攻击，建议使用内网连接数据库。云数据库外网连接适用于开发或辅助管理数据库，不建议正式业务连接使用，因为可能存在不可控因素而导致外网连接不可用（例如 DDOS 攻击、突发大流量访问等）。

通过内网地址连接云数据库 MySQL，使用云服务器 CVM 直接连接云数据库的内网地址，这种连接方式利用了内网高网速、低延迟的特性。云服务器和数据库须是同一账号，且同一个 VPC（同一个地域），或同在基础网络内。

（1）通过客户端调用

首先安装 MySQL 客户端，检查云服务器及云数据库的出入站规则，再通过客户端调用云数据库 MySQL 服务。

（2）通过数据库管理控制台（DMC）调用

在实例列表页面选择需要操作的实例，单击实例右侧的"管理"，进入管理页面，单击右上角的"登录"按钮，在跳转的页面进行登录，登录后则可进行相关功能的调用及管理。

（四）任务实施

1. 创建 MySQL 实例

1）进入控制台

进入控制台，如图 3-27 所示，在"云产品"页面搜索"云数据库 MySQL"并单击，进入云数据库 MySQL 控制台。

图 3-27　在云产品页面搜索云数据库 MySQL

2）创建实例

在导航栏选择"实例列表"，单击右侧页面中的"新建"按钮，如图 3-28 所示。

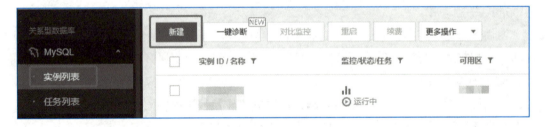

图 3-28　新建 MySQL 实例

3）选择实例创建方案

首先根据云数据库使用的具体情况选择"包年包月"或"按量计费"的计费模式；根据项目业务需求，选择云数据库实例所在的最优地域（请注意，处于不同地域的云产品内网不通，且创建实例后无法更改；若需要跨地域内网通信，需要配备"对等连接"功能）。具体设置如图 3-29 所示。

其次，根据兼容性和业务特性选择数据库版本、架构、主可用区、备可用区（需要注意的是，处于同一地域不同可用区的云产品内网互通，主备机处于不同可用区，可能会增加 2～3ms 的同步网络延迟）、实例规格、硬盘及数据复制方式等。具体如图 3-30 所示。

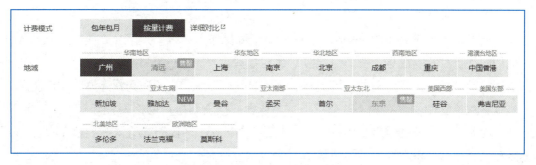

图 3-29 新建 MySQL 实例设置 1

图 3-30 新建 MySQL 实例设置 2

对于数据复制方式，包含"异步复制"、"半同步复制"和"强同步复制"三种方式。采用双节点可选择前两种方式，采用三节点将增加"强同步复制"方式的选项。

（1）异步复制

应用发起数据更新（含 insert、update、delete 操作）请求，主节点在执行完更新操作后立即向应用程序返回响应，然后主节点再向备节点复制数据。

数据更新过程中主节点不需要等待备节点的响应，因此异步复制的数据库实例通常具有较高的性能，且备节点不可用并不影响主节点对外提供服务。但因数据并非实时同步到备节点，而主节点在备节点有延迟的情况下发生故障则有较小概率会引起数据不一致。

腾讯云数据库 MySQL 异步复制采用一主一备的架构。

（2）半同步复制

应用发起数据更新（含 insert、update、delete 操作）请求，主节点在执行完更新操作后立即向备节点复制数据，备节点接收到数据并写入 relay log 中（无须执行）后才向主节点返回成功信息，主节点必须在接受到备节点的成功信息后再向应用程序返回响应。

仅在数据复制发生异常（备节点不可用或者数据复制所用网络发生异常）的情况下，主节点会暂停（MySQL 默认 10s 左右）对应用的响应，将复制方式降为异步复制。当数据复制恢复正常，将恢复为半同步复制。

腾讯云数据库 MySQL 半同步复制采用一主一备的架构。

（3）强同步复制

应用发起数据更新（含 insert、update、delete 操作）请求，主节点在执行完更新操作后立即向备节点复制数据，备节点接收到数据并写入 relay log 中（无须执行）后才向主节点返回成功信息，主节点必须在接受到备节点的成功信息后再向应用程序返回响应。

在数据复制发生异常（备节点不可用或者数据复制所用网络发生异常）的情况下，复制方式均不会发生降级，为保障数据的一致性，此时主节点会暂停对应用的响应，直至异常结束。

腾讯云数据库 MySQL 强同步复制方式采用一主两备的架构，仅需其中一台备节点成功执行即可返回，避免了单台备节点不可用而影响主节点上操作的问题，提高了强同步复制集群的可用性。

再次，根据业务特性进行网络和安全组设置，如图 3-31 所示。选择网络时，如果当前网络满足业务需求，则可在控制台创建私有网络或者新子网；安全组是一种虚拟防火墙，具备有状态的数据包过滤功能，用于设置云服务器、负载均衡、云数据库等实例的网络访问控制，控制实例级别的出入流量，是重要的网络安全隔离手段。可以通过配置安全组规则，允许或禁止安全组内的实例的出流量和入流量。选择安全组时可根据需求选择已有的安全组，也可根据需求自定义安全组。

图 3-31　新建 MySQL 实例设置 3

最后，设置参数模板、警告策略、制定项目、添加标签、实例名和购买数量等参数项，如图 3-32 所示。

图 3-32　新建 MySQL 实例设置 4

4）立即购买

完成实例创建方案的设置后，可单击"立即购买"按钮创建该实例。

2. 初始化 MySQL 实例

在创建云数据库 MySQL 实例后，实例状态为"未初始化"，需对该实例进行初始化后才能使用。

（1）进行初始化

在实例列表页面，选择如图 3-33 所示状态为"未初始化"的实例，在图 3-34 所示页面单击"初始化"。系统弹出初始化页面，配置初始化相关参数。

图 3-33　未初始化实例列表

图 3-34　未初始化实例列表的初始化操作

（2）配置初始化参数

初始化页面，如图 3-35 所示，在该页面可配置支持字符集、表名大小写是否敏感、自定义端口、设置 root 账户密码等。完成配置后，单击"确定"按钮。

图 3-35　初始化页面

支持字符集：包括 LATIN1 、GBK、UTF8 、UTF8MB4 字符集，默认字符集编码格式是 UTF8。初始化实例后，亦可在控制台实例详情页面修改字符集。

表名大小写敏感：表名是否大小写敏感，默认为是。

自定义端口：数据库的访问端口，默认为 3306。

设置 root 账号密码：新创建的 MySQL 数据库的用户名默认为 root，此处用来设置该 root 账号的密码。

确认密码：再次输入密码。

（3）初始化确认

配置初始化参数并单击"确定"按钮后，系统弹出如图 3-36 所示确认页面，提示初始化操作会重启实例，操作时长等信息。单击"确定"按钮，返回实例列表页面，待实例状态变为"运行中"时即可正常使用。

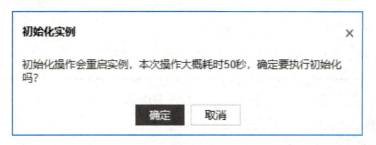

图 3-36 初始化实例确认页面

3. 配置 MySQL 实例

完成创建和初始化实例后，可对实例进行配置管理。在实例列表页面单击实例右侧"管理"可进入实例管理页面。转至"实例详情"页面，在"配置信息"处可对实例的配置进行调整。

（1）实例架构配置

实例的架构如果是双节点，可单击"升级为三节点"进行升级。升级前可对升级方案进行选择，如图 3-37 所示。具体包含"数据复制方式""多可用区部署"等。

（2）实例配置调整

对实例配置进行调整时，可对规格、硬盘、数据复制方式、多可用区域部署、切换时间等进行设置，对应页面如图 3-38 所示。在提交前还需确认（选中）"实例在调整配置过程中，可能会进行数据迁移，期间实例访问不受影响；迁移完成后会进行切换，会有秒级别的闪断，请确保业务具备重连机制"。

图 3-37　升级为三节点页面

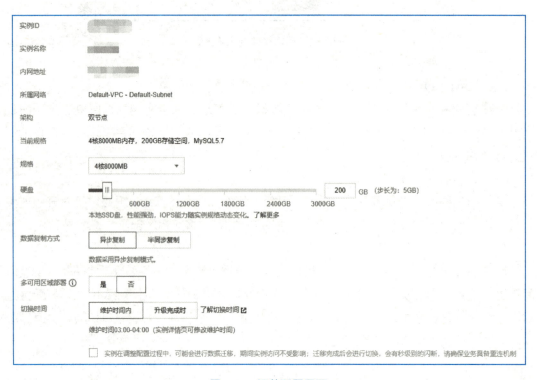

图 3-38　调整配置界面

4. 调用 MySQL 实例

1）通过命令行客户端调用

（1）安装 MySQL 客户端

以 CentOS 7.2 64 位系统的云服务器为例，执行如下命令安装 MySQL 客户端：

```
yum install mysql
```

（2）调用云数据库 MySQL 服务

执行如下命令，登录 MySQL 数据库实例，运行结果如图 3-39 所示。

```
mysql -h hostname -u username -p
```

```
[root@VM-32-12-centos ~]# mysql -h 172.16.    -u root -p
Enter password:
Welcome to the MySQL monitor.  Commands end with ; or \g.
Your MySQL connection id is 340626
Server version: 5.7.18-txsql-log 20201231

Copyright (c) 2000, 2020, Oracle and/or its affiliates. All rights reserved.

Oracle is a registered trademark of Oracle Corporation and/or its
affiliates. Other names may be trademarks of their respective
owners.

Type 'help;' or '\h' for help. Type '\c' to clear the current input statement.

mysql>
```

图 3-39　登录 MySQL 数据库实例

2）通过数据库管理控制台（DMC）调用

在实例列表页面选择需要操作的实例，单击实例右侧"管理"，进入管理页面，单击右上角的"登录"按钮，在弹出的登录页面进行登录，如图 3-40 所示。

类型	MySQL
地域	华南地区（广州）
实例	
帐号	数据库帐号
密码	数据库密码

登录

图 3-40　DMC 登录页面

登录后，可对实例进行相应的管理及操作，如图 3-41 所示。

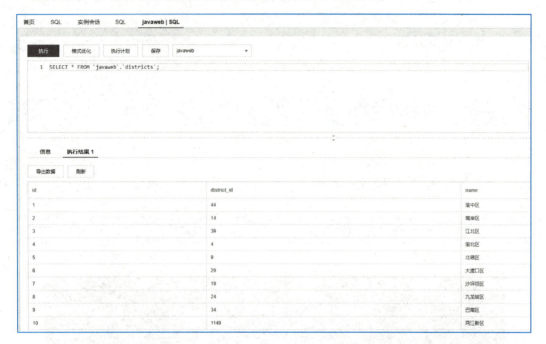

图 3-41　DMC 管理页面

任务 3　云数据库 SQL Server 的配置和调用

教学课件 3-3　　微课 3-3

（一）任务描述

SQL Server 是发行最早的商用数据库产品之一，支持复杂的 SQL 查询，性能优秀，对基于 Windows 平台 .NET 架构的应用程序具有完美的支持，被广泛应用于政府、金融、医疗、零售、教育和游戏等领域。通过对本任务的学习，学习者应掌握云数据库 SQL Server 的实例创建、配置及调用，了解云数据库 SQL Server 的应用场景、架构的选择。

（二）问题引导

- 云数据库 SQL Server 与传统 SQL Server 相比的优势在哪里？
- 云数据库 SQL Server 的架构如何选择？

（三）知识准备

1. 云数据库 SQL Server 概述

云数据库 SQL Server（TencentDB for SQL Server）具有微软正版授权，可持续为用户提供最新的功能，避免未授权使用软件的风险。云数据库 SQL Server 具有即开即用、稳定可靠、安全运行、弹性扩缩容等特点，同时也具备高可用架构、数据安全保障和故障秒级恢复功能，让用户能专注于应用程序的开发。

云数据库 SQL Server 的应用场景如下。

（1）电商 /O2O/ 旅游

云数据库 SQL Server 为基于 Microsoft C#、ASP. NET 等架构的交易订单系统，提供了高性能和高稳定的数据库方案；针对秒杀属性的场景进行专项优化，解决热点数据高并发更新的性能瓶颈。

（2）金融行业

云数据库 SQL Server 针对需要极高数据安全特性的金融行业，例如银行、保险、证券、基金及新兴互联网金融领域的核心应用（如资金交易、流转、账务等系统的业务），提供了高可用的主备架构，秒级自动故障切换。云数据库 SQL Server 支持数据加密、网络隔离、访问控制等机制保证数据安全，提供灵活数据备份和恢复方案，满足数据高可靠性需求。

（3）游戏

云数据库 SQL Server 根据游戏行业特性，提供资源的弹性伸缩能力和分钟级部署游戏分区数据库，轻松支持海量用户在线畅玩；高可用的主备架构加上高安全链路，实现自动无感知容灾切换；提供高稳定性、高效的数据回档机制。

（4）移动办公

支持企业快速部署企业 OA（Office Automation）、ERP（Enterprise Resource Planning）、销售管理等移动办公平台，数据存储于腾讯云安全子网中的云数据库，多重安全保障，更加可靠。

（5）数据仓库和数据分析平台

通过 SQL Server 自带的商业智能、IT 仪表版及与 SharePoint 之间的协作方案，建设基于云的数据仓库和数据分析平台。

2. 云数据库 SQL Server 架构

（1）基础版

云数据库 SQL Server 基础版采用单个节点部署，价格低廉，性价比非常高，特点如下：计算与存储分离，若计算节点发生故障，能够通过更换节点达到快速恢复的效果；底层数据采用云盘三副本存储，保证一定的数据可靠性，硬盘发生故障时可通过硬盘快照模式快速恢复。其架构图如图 3-42 所示。

①云数据库 SQL Server 基础版提供针对数据库连接、访问、资源管理等多维度 20 余项监控，并可配置对应告警策略；具有极大价格优势；节点部署在云服务器上，数据库性能比用户自建更好。

②云数据库 SQL Server 基础版底层存储介质使用高性能云盘，适用于 90% 的 I/O 场景，质优价廉，性能稳定。

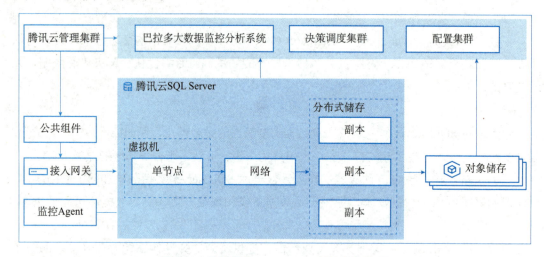

图 3-42　云数据库 SQL Server 基本版架构图

（2）双机高可用版

云数据库 SQL Server 双机高可用版由一主一镜像（Mirror）的 SQL Server 数据库组成，跨机架 / 跨可用区部署，每个库对应一组监控 Agent，通过心跳对数据库进行实时监控。其架构图如图 3-43 所示。

①腾讯云管理集群：由独立部署的决策调度集群和配置集群组成，作为集群的管理调度中心，主要管理数据库节点组、接入网关集群、对象存储的正常运行。

②对象存储：提供数据灾备服务，提供冷备数据。

③接入网关集群：对外提供唯一的 IP，如果数据节点发生切换，用户连接实例的 IP 不会改变。

④只读实例的扩展通过发布订阅模式实现。

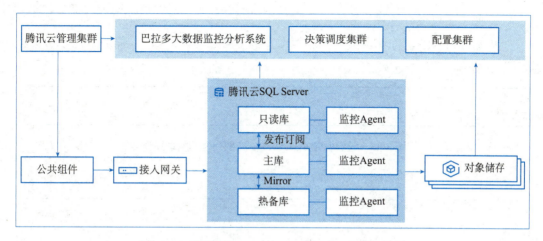

图 3-43　云数据库 SQL Server 双机高可用版架构图

（3）集群版

云数据库 SQL Server 集群版采用 Always On 架构（包括一主一备），主备跨机架 / 跨可用区部署，每个库对应一组监控 Agent，通过心跳对数据库进行实时监控。其架构图如图 3-44 所示。

①腾讯云管理集群：由独立部署的决策调度集群和配置集群组成，作为集群的管理调度中心，主要管理数据库节点组、接入网关集群、对象存储 COS 的正常运行。

②对象存储：提供数据灾备服务，提供冷备数据。

③接入网关集群：对外提供唯一的 IP，如果数据节点发生切换，用户连接实例的 IP 不会改变。

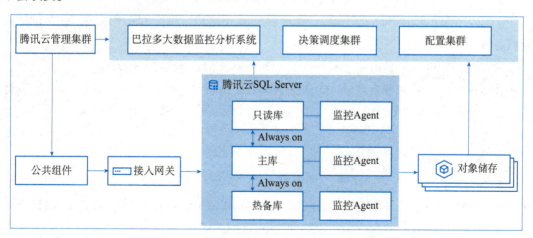

图 3-44　云数据库 SQL Server 集群版架构图

3. 数据库管理操作总览

对实例进行管理，可单击实例列表页面实例右侧的"管理"（如图 3-45 所示），进入实例管理页面。

图 **3-45** 云数据库 **SQL Server** 实例列表的管理操作

实例管理页面如图 3-46 所示。

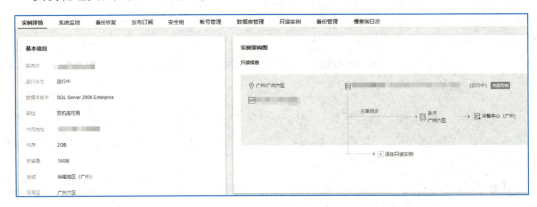

图 **3-46** 云数据库 **SQL Server** 实例管理页面

4. 数据库调用

下面介绍从 Windows 云服务器连接 SQL Server 实例。

①此处以 Windows Server 2012 R2 标准版 64 位中文版为例。首先登录腾讯云 Windows 云服务器。

②在 Windows 云服务器中下载并安装 SQL Server Management Studio。

③ Windows 云服务器上启动 SQL Server Management Studio。在 Connect to server 页面填写相关信息，连接云数据库。单击 "Connect"，稍等几分钟后，SQL Server Management Studio 将连接到数据库实例。

● Server type：选择 "Database Engine"。

● Server name：数据库实例的内网 IP 和端口号之间需用英文逗号隔开。例如，内网 IP 为 10.10.10.10、端口号为 1433，则在此填入 10.10.10.10,1433。注意使用英文标点符号。

● Authentication：选择 "SQL Server Authentication"。

● Login 和 Password：在实例账号管理页面创建账号时，填写账号名和密码。

（四）任务实施

1. 创建 SQL Server 实例
1）进入控制台

进入控制台，如图 3-47 所示，在云产品页面搜索"云数据库 SQL Server"并单击，进入云数据库 SQL Server 控制台。

图 3-47　在云产品页面搜索云数据库 SQL Server

2）创建实例

在导航栏选择"实例列表"，单击右侧页面中的"新建"按钮，如图 3-48 所示。

图 3-48　新建 SQL Server 实例

3）选择实例创建方案

首先根据云数据库使用的具体情况选择"包年包月"或"按量计费"的计费模式；根据项目业务需求，选择云数据库实例所在的最优地域（请注意，不同地域云产品之间内网不互通；选择最靠近客户的地域，可降低访问时延）；根据业务特性选择网络类型或在控制台创建私有网络。具体设置如图 3-49 所示。

图 3-49　新建 SQL Server 实例设置 1

其次，根据兼容性和业务特性设置实例类型、磁盘类型、数据库版本、实例规格、硬盘、多可用区（需要注意的是，并不是所有主库所在的可用区都能够实现多可用区域的配置，主备分机处于不同可用区，可能会增加 2～3ms 的同步网络延迟）等。具体设置如图 3-50 所示。

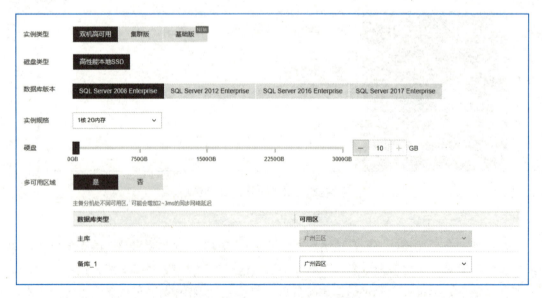

图 3-50　新建 SQL Server 实例设置 2

最后，设置维护周期、维护时间、项目列表、安全组、标签等选项，如图 3-51 所示。

图 3-51 新建 SQL Server 实例设置 3

此处安全组 是一种有状态的包含过滤功能的虚拟防火墙，用于设置单台或多台云数据库的网络访问控制，是腾讯云提供的重要的网络安全隔离手段。默认的安全组出入站规则如图 3-52 所示。还可根据业务需求通过新建安全组创建定制化的出入站规则。

协议规则	来源	端口	策略	备注
tcp	0.0.0.0/0	22,3389,80,443,20,21	允许	一键放通入站规则
icmp	0.0.0.0/0	ALL	允许	一键放通入站规则
tcp	0.0.0.0/0	8080	允许	--
tcp	0.0.0.0/0	22	允许	一键放通入站规则
tcp	0.0.0.0/0	3389	允许	一键放通入站规则
tcp	0.0.0.0/0	80	允许	一键放通入站规则
tcp	0.0.0.0/0	443	允许	一键放通入站规则
tcp	0.0.0.0/0	20	允许	一键放通入站规则
tcp	0.0.0.0/0	21	允许	一键放通入站规则
icmp	0.0.0.0/0	ALL	允许	一键放通入站规则

图 3-52 安全组出入站规则

4）立即购买

完成实例创建方案的设置后，可单击"立即购买"按钮创建该实例。

2. 调用 SQL Server 实例

1）登录 Windows Server 服务器

在如图 3-53 页面登录 Windows Server 服务器。

图 3-53　Windows Server 服务器登录页面

2）下载并安装 SQL Server Management Studio

可在微软官网下载，下载链接如图 3-54 所示。

图 3-54　微软 SQL Server Management Studio 下载链接截图

3）调用 SQL Server 实例

启动安装好的 SQL Server Management Studio，调用 SQL Server 服务。如图 3-55 所示，在连接到服务器页面输入连接 SQL Server 的相关验证信息。

输入正确的验证信息后则可在图 3-56 所示页面的对象资源管理器中查看、管理、调用 SQL Server 的相数据库服务。

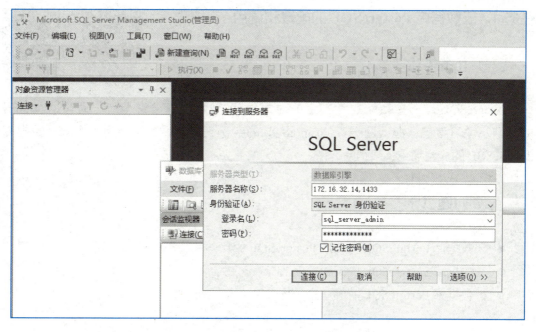

图 3-55 输入连接 SQL Server 验证信息

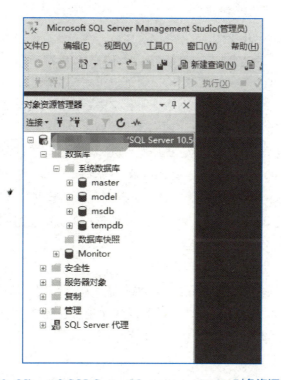

图 3-56 Microsoft SQL Server Management Studio 对象资源管理器

任务 4 云数据库 PostgreSQL 的配置和调用

教学课件 3-4   微课 3-4

（一）任务描述

PostgreSQL 是一种功能非常齐全的对象-关系型数据库管理系统。通过对本任务的学习，学习者应掌握云数据库 PostgreSQL 的实例创建、配置及调用，了解云数据库 PostgreSQL 的应用场景、架构的选择。

（二）问题引导

- 云数据库 PostgreSQL 与传统 PostgreSQL 相比的优势在哪里？
- 云数据库 PostgreSQL 的架构如何选择？
- 云数据库 PostgreSQL 有哪些应用场景？

（三）知识准备

1. 云数据库 PostgreSQL 概述

PostgreSQL 是全球强大的开源数据库，支持主流开发语言，包括 C、C++、Perl、Python、Java、Tcl 及 PHP 等，能够对 SQL 规范进行完整实现，提供丰富多样的数据类型支持，包括 JSON 数据、IP 数据和几何数据等，这些都大部分商业数据库无法比拟的。在过去的若干年间，PostgreSQL 正在以飞快的速度发展，目前已经广泛用在地球空间、移动应用、数据分析等领域，已成为众多企业开发人员和创新公司的首选。

云数据库 PostgreSQL 能够在云端轻松设置、操作和扩展目前功能最强大的开源数据库 PostgreSQL，腾讯云将负责绝大部分处理复杂而耗时的管理工作，如 PostgreSQL 软件安装、存储管理、高可用复制，以及为灾难恢复而进行的数据备份，让用户更专注于业务程序开发。PostgreSQL 常见的应用场景如下。

（1）企业数据库

ERP、交易系统、财务系统涉及资金、客户等信息，数据不能丢失且业务逻辑复杂，选择 PostgreSQL 作为数据底层存储，一是可以帮助用户在数据一致性前提下提供高可用性，二是可以用简单的编程实现复杂的业务逻辑。

（2）含 LBS 的应用

大型游戏、O2O 等应用需要支持世界地图、附近的商家，两个点的距离计算等功能，

PostGIS 增加了对地理对象的支持，允许用户以 SQL 进行位置查询，而不需要复杂的编程，帮助用户更轻松地理顺逻辑，更便捷地实现 LBS，提高用户黏性。

（3）数据仓库和大数据

PostgreSQL 具有较多的数据类型和强大的计算能力，能够帮助用户更简单地搭建数据库仓库或大数据分析平台，为企业运营加分。

（4）建站或 APP

PostgreSQL 本身具有的良好性能和强大功能，可以有效地提高网站性能，降低开发难度。

2. 云数据库 PostgreSQL 架构

腾讯云数据库 PostgreSQL 有主实例和只读实例两类数据库实例，其功能和特性如表 3-4 所示。

表 3-4 腾讯云数据库 PostgreSQL 实例分类表

实例类型	定义	架构	实例列表是否可见	功能
主实例	可读可写的实例	高可用版	是	主实例可挂载只读实例，实现读写分离的功能
只读实例	仅提供读功能的实例	单节点只读	是	只读实例无法单独存在，必须隶属于某个主实例，唯一数据来源是从主实例同步数据，只能与主实例同地域。 默认允许单主实例创建 6 个只读实例，如需创建超过此数量的只读实例，请提交工单申请

3. 数据库管理操作总览

对实例进行管理，单击实例列表页面实例右侧的"管理"（如图 3-57 所示），进入实例管理页面。

图 3-57 云数据库 PostgreSQL 实例列表的管理操作

实例管理页面包括"实例详情""系统监控""账号管理""安全组""备份管理""性能优化""只读实例"等模块，如图 3-58 所示。

图 3-58　云数据库 PostgreSQL 实例管理页面

4. 数据库调用

注意：外网连接需要开启数据库实例的外网地址，此操作会使数据库服务暴露在公网中，可能导致数据库被入侵或攻击。建议使用内网访问的方式来登录数据库。

云数据库外网连接适用于开发或辅助管理数据库，不建议正式业务访问使用，因为可能存在不可控因素会导致外网访问不可用（例如 DDOS 攻击、突发大流量访问等）。

仅中国广州、上海、北京、成都、香港和美国硅谷的实例支持开启外网访问地址。

使用云服务器 CVM 访问自动分配给云数据库的内网地址，这种连接方式利用的是内网高网速、延迟低的特性。CVM 和数据库须是同一账号，且同在一个 VPC 内（保障同一个地域），或同在基础网络内。

下面介绍 Linux 操作系统中调用 PostgreSQL 数据库实例。

- 登录 Linux 云服务器，或在本地 Linux 服务器中通过 yum 源安装 PSQL 客户端。
- PSQL 客户端可参考安装 PostgreSQL 数据库进行安装。
- 执行以下命令登录 PostgreSQL 数据库。

```
psql -U 用户名 -h 访问地址 -p 端口 -d postgres
```

（四）任务实施

1. 创建 PostgreSQL 实例

1）进入控制台

进入控制台，在云产品页面搜索"云数据库 PostgreSQL"，如图 3-59 所示，并单击进入云数据库 PostgreSQL 控制台。

图 3-59　在云产品页面搜索云数据库 PostgreSQL

2）创建实例

在导航栏选择"实例列表"并在右侧单击"新建"按钮，如图 3-60 所示。

图 3-60　新建 PostgreSQL 实例

3）选择实例创建方案

首先根据云数据库使用的具体情况选择"包年包月"或"按量计费"的计费模式；根据项目业务需求，选择云数据库实例所在的最优地域（请注意，处于不同地域的云产品内网不通，购买后不能更换，请谨慎选择）；根据业务特性选择网络类型或可在控制台创建私有网络。具体设置如图 3-61 所示。

其次，根据兼容性和业务特性设置架构（目前云数据库 PostgreSQL 默认为一主一备架构的部署模式，默认启动同步复制）、数据库版本、实例规格、硬盘、指定项目、安全组、标签等。具体设置如图 3-62 所示。

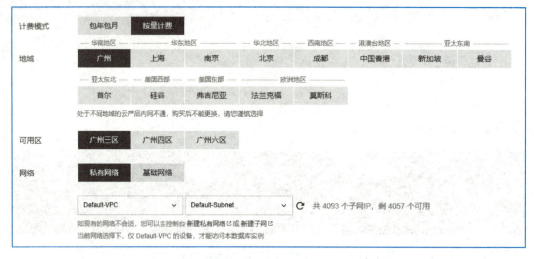

图 3-61　新建 PostgreSQL 实例设置 1

图 3-62　新建 PostgreSQL 实例设置 2

此处安全组是一种有状态的包含过滤功能的虚拟防火墙，用于设置单台或多台云数据库的网络访问控制，是腾讯云提供的重要的网络安全隔离手段。可根据业务需求通过新建安全组创建定制化的安全组及其出入站规则。

4）立即购买

完成实例创建方案的设置后，可单击"立即购买"按钮创建该实例。

2. 初始化 PostgreSQL 实例

在创建云数据库 PostgreSQL 实例后，实例状态为"待初始化"，如图 3-63 所示，需对该实例进行初始化后才能使用。

图 3-63 实例列表中实例的"待初始化"状态

（1）进行初始化

在实例列表页面，选择状态为"待初始化"的实例，单击"操作"列"初始化"，如图 3-64 所示。

数据库版本	计费模式 ▼ ⇕	内网地址	操作
PostgreSQL 9.3.5	按量计费		管理 初始化 更多 ▼

图 3-64 实例列表的"初始化"操作

（2）配置初始化参数

初始化参数配置页面如图 3-65 所示，在该页面可配置支持字符集、管理员用户名及密码等。

支持字符集：支持 UTF8、LATIN1。

管理员用户名：账户名为 1～16 个字符，通常由字母、数字或下划线组成；不能为 postgres；不能由数字和 pg_ 开头；所有规则均不区分大小写。

密码：注意密码规则。

确认密码：再次输入密码。

（3）初始化确认

配置初始化参数，并单击"确定"按钮即开始初始化实例，实例完成初始化后即可正常使用。

图 3-65　初始化参数配置页面

3. 管理 PostgreSQL 实例

完成创建和初始化实例后，可对实例进行配置管理，包括配置调整、账号管理、安全组管理等。

（1）实例配置调整

在实例列表页面实例的"操作"列单击"调整配置"，可进入如图 3-66 所示的调整配置页面，在该页面可对所属网络、当前规格、硬盘等进行调整。系统会对升级耗时进行估算。升级过程中存在一次秒级连接中断，升级后实例 IP 不会变化，建议在低峰期执行升级操作。

图 3-66　调整配置页面

（2）账号管理

在实例列表页面实例的"操作"列单击"管理"，进入实例管理页面，单击"账号管理"标签，如图 3-67 所示，可对账号进行重置密码操作。

图 3-67　账号管理页面

（3）安全组管理

在实例管理页面，单击"安全组"标签，在该选项卡可对安全组进行管理操作。

首先，在如图 3-68 所示的安全组生效对象页面进行设置。

图 3-68　安全组生效对象设置

然后，单击"配置安全组"，进入配置安全组页面，如图 3-69 所示，选择要加入的安全组。

图 3-69　配置安全组页面

最后，可在如图 3-70 所示的页面中单击"编辑"按钮，在弹出的页面中调整安全组的优先级或者进行安全组删除操作。

图 3-70　已加入安全组页面

4. 调用 PostgreSQL 实例

①登录 Linux 云服务器。

②安装 PostgreSQL。此处以 CentOS 8.2 64 位为例，执行以下代码在服务器上实现 PostgreSQL 安装。

```
# 1、Install the repository RPM:
sudo dnf install -y https://download.postgresql.org/pub/repos/yum/
reporpms/EL-8-x86_64/pgdg-redhat-repo-latest.noarch.rpm

# 2、Disable the built-in PostgreSQL module
sudo dnf -qy module disable postgresql

# 3、Install PostgreSQL:
sudo dnf install -y postgresql10-server

# 4、Install contrib
yum install postgresql10-contrib -y

# 5、Optionally initialize the database and enable automatic start
sudo /usr/pgsql-10/bin/postgresql-10-setup initdb
sudo systemctl enable postgresql-10
sudo systemctl start postgresql-10
```

③调用 PostgreSQL 云数据库服务。安装好 PostgreSQL 后，执行以下命令调用 PostgreSQL 数据库服务。

```
psql -U 用户名 -h 访问地址 -p 端口 -d postgres
```

执行成功的界面如图 3-71 所示，接下来便可对云数据库进行管理及操作。

```
[root@VM-32-12-centos local]# psql -U postgreadmin -h 172.1      -p 5432 -d postgres
Password for user postgreadmin:
psql (10.16, server 9.3.5)
Type "help" for help.

postgres=>
```

图 3-71 PostgreSQL 数据库连接成功界面

任务 5 云数据库 Redis 的配置和调用

教学课件 3-5　　微课 3-5

（一）任务描述

Redis 是现在最受欢迎的 NoSQL 数据库之一，其常用于缓存系统、计数器、消息队列系统、排行榜、社交网络和实时系统等应用场景中。通过对本任务的学习，学习者应掌握云数据库 Redis 的实例创建、配置及调用，了解云数据库 Redis 的应用场景。

（二）问题引导

- 云数据库 Redis 与传统关系型数据库有何区别？
- 云数据库 Redis 的应用场景有哪些？
- 如何选择云数据库 Redis 的架构？
- 云数据库 Redis 的读写分离如何实现？

（三）知识准备

1. 云数据库 Redis 概述

REmote DIctionary Server（Redis）是一款由 Salvatore Sanfilippo 发起的基于 ANSI C 语言编写、遵守 BSD 协议、支持网络、可基于内存、分布式、可选持久性的键值对 (Key-Value) 存储跨平台的非关系型开源数据库，并提供多种语言的 API。

Redis 通常被称为数据结构服务器，因为值（value）可以是字符串 (String)、哈希

(Hash)、列表 (List)、集合 (Sets) 和有序集合 (Sorted sets) 等类型。

腾讯云数据库 Redis（TencentDB for Redis）是腾讯云研发的兼容 Redis 协议的缓存和存储服务；丰富的数据结构能针对不同类型的业务场景进行开发；支持主从热备，提供自动容灾切换、数据备份、故障迁移、实例监控、在线扩容、数据回档等全套的数据库服务。

云数据库 Redis 的应用场景非常广泛，包括缓存系统、计数器、消息队列系统、排行榜、社交网络和实时系统；从具体的业务场景来看，包括游戏、互联网 APP、电商展示。

（1）游戏

游戏场景中，可以将非角色数据（例如积分排行榜），存储在 Redis 中进行快速访问，Redis 原生自带的 SortedSet 数据类型能便捷地对玩家数据排序。如图 3-72 所示是一种游戏场景下的系统架构图。

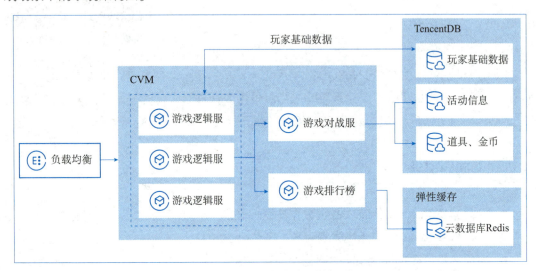

图 3-72　一种游戏场景下的系统架构图

（2）互联网 APP

互联网 APP 应用产品中，可以将用户的基础资料缓存至 Redis 中，提高读性能。同时也可以将静态的图片、资源缓存到 Redis 中，提高应用加载速度。如图 3-73 所示是一种互联网 APP 场景下的系统架构图。

（3）电商展示

电商展示中，可以将商品展示、购物推荐等数据存储在 Redis 中进行快速访问，同时在大型促销秒杀活动中，Redis 达千万级的 QPS 能轻松地应对高并发访问。如图 3-74 所示是一种电商展示场景下的系统架构图。

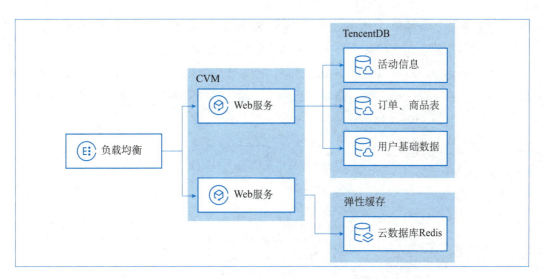

图 3-73　一种互联网 **APP** 场景下的系统架构图

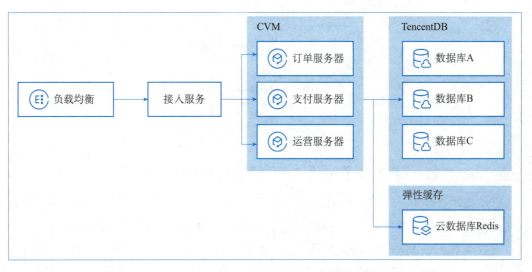

图 3-74　一种电商展示场景下的系统架构图

2. 云数据库 Redis 架构

云数据库 Redis 支持标准架构和集群架构，可根据不同业务的性能要求选择不同的版本。标准架构兼容性更高，但是其局限于单节点；集群架构兼容性不如标准架构，但性能可横向扩展，最大支持千万级并发请求。

（1）标准架构

云数据库 Redis 内存版（标准架构）指支持 0 个或者多个副本（副本是指非主节点的

节点）的版本，是最通用的 Redis 版本，兼容 Redis 2.8、Redis 4.0、Redis 5.0 版本的协议和命令，提供数据持久化和备份，适用于对数据可靠性、可用性都有要求的场景。主节点提供日常服务访问，从节点提供 HA 高可用，当主节点发生故障时，系统会自动切换至从节点，保证业务平稳运行。图 3-75 为云数据库 Redis 标准架构 1 副本系统架构图。

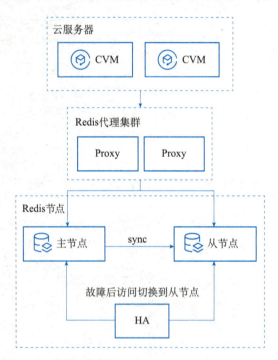

图 3-75   云数据库 Redis 标准架构 1 副本系统架构图

标准架构支持 0～5 个副本，以满足在不同场景下业务对可用性和性能的不同要求。标准架构所有的副本都会参与系统高可用支持，因此副本数越多可用性越高。

当副本数大于 1 时，可以开启读写分离功能，通过副本节点扩展读性能。开启读写分离功能后，写请求将路由到主节点，读请求将通过负载均衡算法路由到所有副本节点，主节点将不再处理读请求。读写分离功能由云数据库 Redis 提供的内置 Proxy 组件提供。主节点对外提供访问，用户可通过 Redis 命令行和通用客户端进行数据的增、删、改、查操作。当主节点出现故障，自研的 HA 系统会自动进行主从切换，保证业务平稳运行。

（2）集群架构

云数据库 Redis 内存版（集群架构）是腾讯云基于社区版 Redis Cluster 打造的全新版本，兼容 Redis 4.0 和 Redis 5.0 版本的命令，采用分布式架构，支持分片和副本的扩缩容，拥有高度的灵活性、可用性和高达千万级 QPS 的高性能。云数据库 Redis 内存版支持 3 分片～128 分片的水平方向扩展，1～5 个副本集的副本扩展，扩容、缩容、迁移过程业务几乎无感知，做到最大的系统可用性。图 3-76 为云数据库 Redis 集群架构系统架构图。

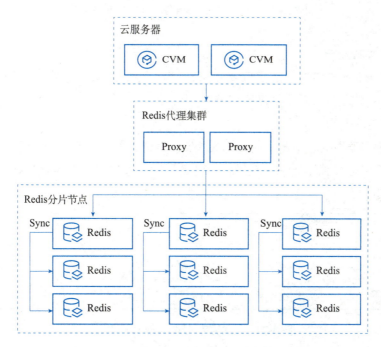

图 3-76 云数据库 Redis 集群架构系统架构图

选择单个节点并为节点选择 1 个副本集，从而达到主从高可用，提供双机热备、故障自动切换功能，保证 Redis 服务的高可靠和高可用。

节点副本数大于 1，可开启云数据库 Redis 自动读写分离功能，提供单节点读性能扩充，最大支持 5 个副本集，支持配置主节点及各副本节点的读访问权重。

集群架构自动启动分片模式，通过将不同的 Key 分配到多个节点达到水平扩充系统性能的能力。

3. 数据库管理操作总览

如图 3-77 所示，单击实例列表页面"实例名"链接，进入实例管理页面。

图 3-77 云数据库 Redis 实例列表的管理操作

实例管理页面包括"实例详情""节点管理""系统监控""安全组""账号管理""参数配置""备份与恢复""慢查询"等功能模块，如图 3-78 所示。

| 实例详情 | 节点管理 | 系统监控 | 安全组 | 账号管理 | 参数配置 | 备份与恢复 | 慢查询 |

图 3-78　云数据库 Redis 实例管理页面功能模块

4. 数据库参数配置

云数据库 Redis 支持自定义实例部分参数，可以通过 Redis 控制台查看和修改支持的参数，并可以在控制台查看参数修改记录。

（1）修改单个参数

● 在实例列表页面，单击实例名，进入实例管理页面，如图 3-79 所示。

● 单击"参数配置"标签，选择目标参数所在行，在"当前参数运行值"列，单击"✎"修改参数值

图 3-79　云数据库 Redis 实例管理界面

● 在如图 3-80 所示的可修改参数页面，根据修改参数所在"参考值"列的提示，输入参数值，单击"✔"保存，单击"✘"可取消操作。

图 3-80　可修改参数界面

（2）批量修改参数

● 登录 Redis 控制台，进入实例管理页面。

● 单击"参数配置"标签，在可修改参数页面单击"修改运行值"按钮，如图 3-81 所示。

图 3-81 单击"修改运行值"按钮

● 在"当前参数运行值"列，选择需要修改的参数并进行修改，如图 3-82 所示，确认修改无误后，单击"确认"按钮，参数将被修改。

图 3-82 批量修改参数

（3）查看参数修改记录

● 登录 Redis 控制台，进入实例管理页面。

● 单击"参数配置"→"修改历史"，在修改历史页面可查看近期参数修改记录，如图 3-83 所示。

图 3-83 修改历史页面

5. 数据库调用

1）通过客户端工具调用

Redis 暂不支持外网地址，如需通过外网地址连接实例，可通过具备外网 IP 的云服务器 CVM 进行端口转发，来实现外网访问 Redis 实例。

（1）步骤 1：准备环境

登录到 Linux 云服务器，安装 Redis 客户端。

（2）步骤 2：连接实例

如果实例为免密码认证，则链接地址和命令如下：

https://cloud.tencent.com/document/product/239/javascript:%20void%200;

```
redis-cli -h IP 地址 -p 端口
```

如果实例需要密码验证，则支持开源格式类型的连接方式，链接地址和命令如下：

https://cloud.tencent.com/document/product/239/javascript:%20void%200;

```
redis-cli -h IP 地址 -p 端口 -a 密码
```

若连接时使用的是自定义账号（自定义账号的鉴权方式为账号名 @ 密码），则链接地址和命令如下：

https://cloud.tencent.com/document/product/239/javascript:%20void%200;

```
redis-cli -h IP 地址 -p 端口 -a 账号名 @ 密码
```

2）通过数据库管理工具（DMC）调用

通过腾讯云数据库管理工具 DMC 控制台，选择 Redis 实例登录，可便捷地访问实例、操作命令行窗口、查看对象列表、新建类型、输入 key 进行搜索等操作。

（四）任务实施

1. 创建 Redis 实例

1）进入控制台

进入控制台，如图 3-84 所示，在云产品页面搜索"云数据库 Redis"并单击进入云数据库 Redis 控制台。

图 3-84 在云产品页面搜索云数据库 Redis

2）创建实例

在导航栏单击"实例列表"并在右侧单击"新建实例"按钮，如图 3-85 所示。

图 3-85 新建 Redis 实例

3）选择实例创建方案

首先根据云数据库使用的具体情况选择"包年包月"或"按量计费"的计费模式；根据项目业务需求，选择云数据库实例所在的最优地域（请注意，不同地域云产品之间内网不互通；选择最靠近客户的地域，可降低访问时延）。具体设置如图 3-86 所示。

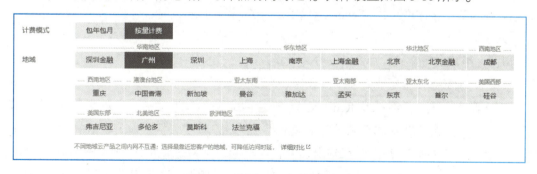

图 3-86 新建 Redis 实例设置 1

其次，根据兼容性和业务特性设置产品版本、兼容版本、架构版本、模式选择、内存容量、副本数量等。具体设置如图 3-87 所示。

图 3-87　新建 redis 实例设置 2

对于产品版本，共有"内存版"、"Tendis 混合存储版"和"Tendis 存储版"三个版本。内存版：内存版引擎提供原生的 Redis 体验，是基于开源 Redis 引擎的高性能版本，兼容 Redis2.8 版本、4.0 版本、5.0 版本；Tendis 混合存储版：100% 兼容 Redis 协议，数据存储于磁盘，在内存中缓存热数据；Tendis 存储版：100% 兼容 Redis 协议，数据存储于磁盘。

对于模式选择，"快速选择"表示通过总容量按默认设置分片大小及分片数量；"自定义分片"，用户自行定义分片大小及分片数量。

对于副本数量，根据业务需求，选择适当的副本数。

对于副本只读，云数据库 Redis 支持开启和关闭读写分离功能，针对读多写少的业务场景，解决热点数据集中的读需求，最大支持 1 主 5 从模式，提供最大 5 倍的读性能扩展能力。但应注意的是：开启读写分离功能，可能会导致数据读取不一致（副本节点数据延后于主节点），请先确认业务是否允许数据不一致的问题；关闭读写分离功能，可能会导致存量链接闪断，建议在业务低峰期进行操作；多可用于部署的实例暂时不支持副本只读。

　　再次，根据业务特性设置网络类型、可用区、IPv4 网络、端口指定项目、标签和安全组，如图 3-88 所示。其中，设置 IPv4 网络时，如当前网络满足业务需求可在控制台创建私有网络或者新子网；对于可用区，可将主节点和副本节点放置在不同的分区（但在前述副本只读模式打开后不能选中"启用多可用区部署"）；对于安全组时，可以根据业务需求选择安全组，也可通过配置安全组规则，允许或禁止安全组内的实例的出流量和入流量从而自定义安全组。

网络类型	基础网络　私有网络
可用区 ?	☐ 启用多可用区部署 启用多可用区部署，业务的访问可能会跨可用区，服务的响应延迟将会增加 主节点　广州六区 副本组1　广州六区
IPv4 网络	Default-VPC　　Default-Subnet　⟳ CIDR: 172.16.32.0/20，子网IP/可用IP: 4093个/4092个 当前网络选择下，仅"Default-VPC"网络的主机可访问数据库。新建私有网络⟐ 新建子网⟐
端口	－ 6379 ＋ 自定义端口号需在1024到65535之间
指定项目	默认项目　⟳
标签 ?	标签键　　　标签值　　　操作 添加 ⟳
安全组 ?	选择已有安全组　使用指引⟐ default　　⟳ 已选择安全组（共1条） default ✕ 如您有业务需要放通其他端口，您可以 自定义安全组⟐

图 3-88　新建 Redis 实例设置 3

　　最后，设置实例名、密码及购买数量等，如图 3-89 所示。

201

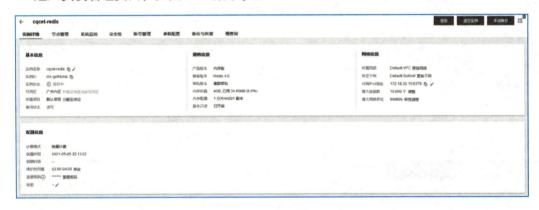

图 3-89　新建 Redis 实例设置 4

4）立即购买

完成实例创建方案的设置后，可单击"立即购买"按钮，创建该实例。

2. 管理 Redis 实例

进入实例管理页面，如图 3-90 所示。

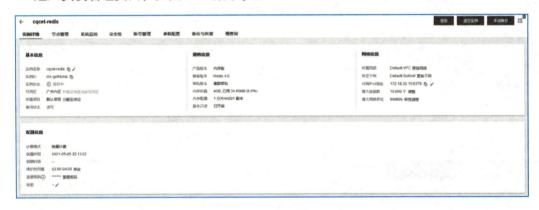

图 3-90　Redis 实例管理页面

（1）实例详情

在实例详情页面，可修改实例所属项目、所属网络、所在子网、最大连接数、最大网络吞吐、维护时间、连接密码等。

（2）节点管理

在节点管理界面，可根据业务需求对实例进行新增分片、扩容节点、增加副本等操作，如图 3-91 所示。

图 3-91　Redis 节点管理

（3）系统监控

在 系统监控界面，可对实例的"监控概览"（如图 3-92）和"监控指标"（如图 3-93 所示）进行查看。

图 3-92　Redis 实例监控概览页面

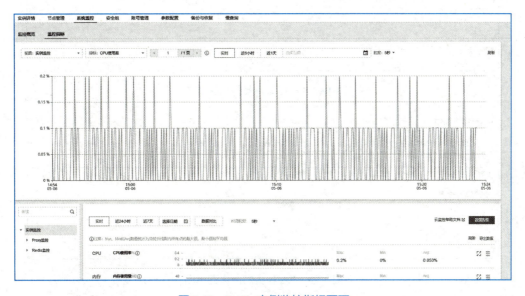

图 3-93　Redis 实例监控指标页面

（4）安全组

在安全组页面可对实例的安全组进行管理。选择安全组时可根据需求选择已有的安全组，也可根据需求配置安全组规则，允许或禁止安全组内的实例的出流量和入流量。

（5）账号管理

在账号管理页面可进行创建账号、副本是否只读、修改权限、重置密码、删除等操作，如图 3-94 所示。

图 3-94　Redis 实例账号管理页面

（6）参数配置

参见本任务（三）知识准备的"4 数据库参数配置"。

（7）备份与恢复

在备份与恢复页面可对备份与恢复进行管理，包括查看备份列表、克隆实例、下载实例、自动备份设置，如图 3-95 所示。

图 3-95　Redis 实例备份与恢复页面

（8）慢查询

在慢查询页面可以进行 Redis 慢查询和 Proxy 慢查询，为系统维护提供参考。

图 3-96　Redis 实例慢查询页面

3. 调用 Redis 实例

注意：云数据库 Redis 暂时不支持外网访问，可以通过具备外网 IP 的云服务器 CVM 进行端口转发，来实现外网访问 Redis 实例。Iptable 转发的方式存在稳定性风险，不建议在生产环境下使用外网接入。

（1）通过客户端调用

首先，安装 Redis 客户端。在 Linux 服务器上运行下面命令：

```
yum install redis -y
```

如图 3-97 所示，提示 "Complete!" 则说明客户端安装完成。

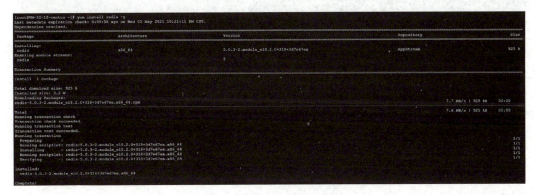

图 3-97　Redis 客户端安装过程

在 Linux 操作系统中调用 Redis 客户端登录命令：

```
redis-cli -h IP 地址 -p 端口 -a 密码
```

登录后，在命令行输入如下命令：

```
info
```

可输出 Redis 相关的服务器信息，如图 3-98 所示，说明已成功调用 Redis 服务。

```
[root@VM-32-12-centos ~]# redis-cli -h 172.16.32.15 -p 6379 -a
Warning: Using a password with '-a' or '-u' option on the command line interface may not be safe.
172.16.32.15:6379> info
# Server
redis_version:4.3.0
redis_git_sha1:9c6a6d4b
redis_git_dirty:0
redis_build_id:fb691f701602ac73
redis_mode:cluster
os:Linux 3.10.107-1-tlinux2-0053 x86_64
arch_bits:64
multiplexing_api:epoll
atomicvar_api:sync-builtin
gcc_version:4.4.6
process_id:19207
run_id:311fcd5359b4872ac36921b7a13961fe7d278773
tcp_port:4435
uptime_in_seconds:1622
uptime_in_days:0
hz:10
lru_clock:9612826
executable:/data/redis/app/redis-server-ignore-80037352-4435-1-ignore/./redis-server-ignore-80037352-4435-1-ignore
config_file:/data/redis/app/redis-server-ignore-80037352-4435-1-ignore/redis-server-ignore-80037352-4435-1-ignore_redis.conf

# Clients
connected_clients:6
client_longest_output_list:0
client_biggest_input_buf:0
blocked_clients:0

# Memory
used_memory:36628576
used_memory_human:34.93M
used_memory_rss:37724160
```

图 3-98 登录 Redis 并查看 Redis 信息

（2）通过数据库管理工具（DMC）调用

在实例列表页面选择需要操作的实例，单击"实例 ID"链接，进入实例管理界面，单击右上角的"登录"按钮，在跳转的登录页面（见图 3-99）中进行登录。

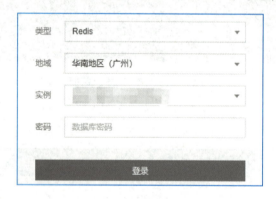

图 3-99 DMC 登录页面

类型选择"Redis"，通过地域和实例名确定要登录管理的 Redis 云数据库。输入密码登录成功后如图 3-100 所示，可对实例进行相应的管理及操作。

```
[ crs-go94zruz | DB0 ] # info
# Server
redis_version:4.3.0
redis_git_sha1:9c6a6d4b
redis_git_dirty:0
redis_build_id:fb691f701602ac73
redis_mode:cluster
os:Linux 3.10.107-1-tlinux2-0053 x86_64
arch_bits:64
multiplexing_api:epoll
atomicvar_api:sync-builtin
gcc_version:4.4.6
process_id:19207
run_id:311fcd5359b4872ac36921b7a13961fe7d278773
tcp_port:4435
uptime_in_seconds:2354
uptime_in_days:0
hz:10
lru_clock:9613558
executable:/data/redis/app/redis-server-ignore-80037352-4435-1-ignore/./redis-server-ignore-80037352-4435-1-ignore
config_file:/data/redis/app/redis-server-ignore-80037352-4435-1-ignore/redis-server-ignore-80037352-4435-1-ignore_redis.conf

# Clients
connected_clients:4
client_longest_output_list:0
client_biggest_input_buf:0
```

图 3-100 DMC 命令行页面

任务 6 云数据库 MongoDB 的配置和调用

教学课件 3-6   微课 3-6

（一）任务描述

MongoDB 是一个基于分布式文件存储的数据库，旨在为 Web 应用提供可扩展的高性能数据存储解决方案。通过对本任务的学习和训练，学习者可以掌握云数据库 MongoDB 的实例创建、配置及调用，了解云数据库 MongoDB 的应用场景。

（二）问题引导

● 云数据库 MongoDB 与传统关系型数据库有何区别？

● 云数据库 MongoDB 的应用场景有哪些？

● 如何选择云数据库 MongoDB 的架构？

● 云数据库 MongoDB 的特点是什么？

（三）知识准备

1. 云数据库 MongoDB 概述

MongoDB 是由 C++ 语言编写的，是一个基于分布式文件存储的开源数据库系统。在高负载的情况下，添加更多的节点，可以保证服务器性能。MongoDB 旨在为 Web 应用提供可扩展的高性能数据存储解决方案。MongoDB 将数据存储为一个文档，数据结构由键值对 (key=>value) 组成。MongoDB 文档类似于 JSON 对象，字段值可以包含其他文档、数组及文档数组。

云数据库 MongoDB（TencentDB for MongoDB）是腾讯云基于开源非关系型数据库 MongoDB 专业打造的高性能、分布式数据存储服务，完全兼容 MongoDB 协议，适用于面向非关系型数据库的场景。

1）MongoDB 的特点

● 提供云存储服务，云存储服务是腾讯云平台面向互联网应用的数据存储服务。

● 完全兼容 MongoDB 协议，既适用于传统表结构的场景，也适用于缓存、非关系型数据及利用 MapReduce 进行大规模数据集的并行运算的场景。

● 提供高性能、可靠、易用、便捷的 MongoDB 集群服务，每个实例都是至少一主两从的副本集或者是包含多个副本集的分片集群。

● 拥有整合备份、扩容等功能，尽可能地保证用户数据安全及动态伸缩能力。

2）MongoDB 的应用场景

云数据库 MongoDB 是一种通用型数据库，其稳定性、性能、扩展能力基本上可以覆盖绝大部分 No Schema 场景，如下是几个典型的应用场景。

（1）游戏行业

游戏需求变化很快，因此 MongoDB 特别适用于游戏后端数据库，使用 MongoDB 存储游戏用户信息、装备、积分等数据时，会直接以内嵌文档的形式存储，方便查询、更新，No Schema 模式可以免去变更表结构的烦琐，大幅度缩短版本迭代周期。

MongoDB 也可当作缓存服务器使用，合理规划热数据，其性能与其他常用缓存服务器相当，同时还为用户提供更丰富的查询方式。

（2）移动行业

云数据库 MongoDB 支持二维空间索引，可以方便地查询地理位置关系和检索用户地理位置数据；可实现基于地理位置系统的地图应用和实现附近的人、地点搜索等功能；也可使用 MongoDB 存储用户信息，以及用户发表的朋友圈等信息。

（3）物联网行业

物联网领域的终端设备，例如医疗仪器、运输业车辆 GPS 等，可以轻易且持续地产生 TB 级的数据，使用 MongoDB 可存储所有接入的智能设备的信息，以及设备汇报的日志信息，并对这些信息进行多维度分析。针对该应用场景，可构建分布式的云数据库 MongoDB 分片集群，达到无上限的容量存储，同时也可在线扩容，轻松地处理物联网海量数据。

（4）物流行业

物流订单状态在运送过程中会不断更新，腾讯云数据库 MongoDB 以 MongoDB 内嵌 JSON 的形式来存储订单信息，一次查询就能将订单所有的变更读取出来。

（5）视频直播行业

视频直播行业会产生大量的礼物信息、用户聊天信息等，数据量较大，使用腾讯云数据库 MongoDB 可存储用户、礼物及日志等信息，同时可通过功能强大的聚合查询来进行业务分析。

2. 云数据库 MongoDB 架构

1）副本集架构

云数据库 MongoDB 副本集是由一个 Primary 节点和一个或多个 Secondary 节点组成的集群，集群之间通过复制来保持数据同步。复制提供了数据的冗余备份，并在多个服务器上存储数据副本，提高了数据的可用性，并可以保证数据的安全性。云数据库 MongoDB 副本集的系统架构如图 3-101 所示。

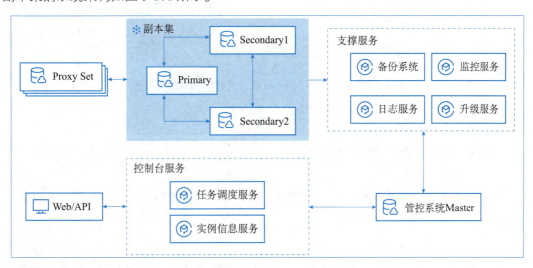

图 3-101　云数据库 MongoDB 副本集的系统架构图

2）分片集群架构

云数据库 MongoDB 分片集群由分片、Proxy Set、Config Servers 等组件组成，每个分片包含了分片数据的一个子集，云数据库 MongoDB 的每个分片都作为一个副本集部署，系统架构图如图 3-102 所示。

分片集群在副本集的基础上，通过多组复制集群的组合，可以实现数据的横向扩展，即分片集群，各组件功能介绍如下：

● Mongos：数据库请求路由，负责接收所有客户端应用程序的连接查询请求，并将请求路由到集群内部对应的分片上。

● Config Server：配置服务，负责保存集群的元数据信息，如集群的分片信息、用户信息。

● Shard：分片存储，负责将数据分片存储在多个服务器上。

目前仅需要为 Shard 组件付费，Mongos 和 Config Server 组件免费为用户提供服务。

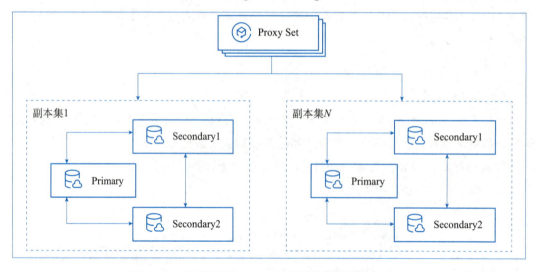

图 3-102　云数据库 MongoDB 分片集群的系统架构图

3. 数据库管理操作总览

进入实例管理页面，如图 3-103 所示。

（1）实例详情

在实例详情页面，可修改实例所属项目、所属网络、所在子网、维护时间、添加只读实例等。

（2）系统监控

在系统监控页面，如图 3-104 所示，可对实例的集群和各节点查看制定时段的监控数据进行查看。

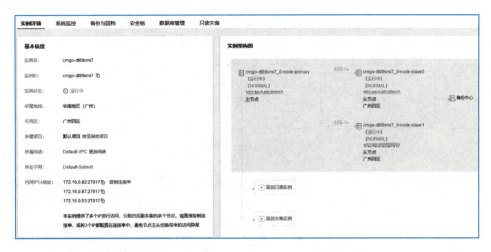

图 3-103 云数据库 MongoDB 实例管理页面

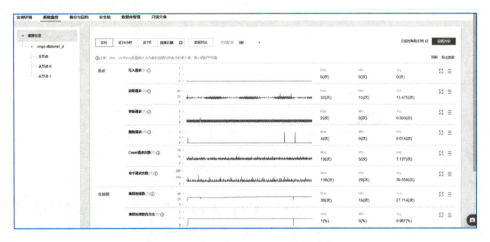

图 3-104 云数据库 MongoDB 系统监控页面

（3）备份与回档

该备份与回档页面可查看备份任务列表，对于备份文件可进行下载或者回档实例操作，如图 3-105 所示。

图 3-105 云数据库 MongoDB 备份与回档页面

对于下载的文件可在"下载文件列表"选项卡中，进行删除或者外网下载操作，如图3-106 所示。

图 3-106　下载文件列表

在"自动备份设置"选项卡中，可设置"备份时间间隔""备份开始时间""备份异常是否通知"，如图 3-107 所示。

图 3-107　自动备份设置

（4）安全组

在安全组页面可对实例的安全组进行管理。选择安全组时可根据需求选择已有的安全组，也可根据需求配置安全组规则，允许或禁止安全组内的实例的出流量和入流量。

（5）数据库管理

数据库管理页面包含账号管理、慢日志查询、慢查询管理、连接数管理几个模块，如图 3-108 所示

图 3-108　云数据库 MongoDB 数据库管理页面

在"账号管理"模块，可进行创建账号、查看连接 URI、查看账号信息、修改密码操作，如图 3-109 所示。

图 3-109 "账号管理"模块

在"慢日志查询"模块，可查询某时间段内超过制定耗时时长的操作，如图 3-110 所示。

图 3-110 "慢日志查询"模块

在"慢查询管理"模块，可对实例正在执行的请求进行 Kill 操作，如图 3-111 所示

图 3-111 "慢日志查询"模块

在"连接数管理"模块，可查看实时连接情况，根据业务需求进行提升连接数或者重启实例，如图 3-112 所示。

图 3-112 "连接数管理"模块

（6）只读灾备

在只读灾备页面可根据业务需求新建只读实例或者灾备实例，如图 3-113 所示。

图 3-113　云数据库 MongoDB 只读实例页面

4. 数据库调用

实例初始化后，可以通过 MongoDB Shell 或者各种语言驱动访问数据库，并进行各种管理操作。

使用云服务器 CVM 连接自动分配给云数据库的内网地址，这种连接方式利用了内网高网速、延迟低的特性。云服务器和数据库须是同一账号，且同在一个 VPC 内（保障同一个地域），或同在基础网络内。云数据库 MongoDB 暂不支持外网访问方式。

（1）Shell 方式调用

Mongo Shell 是 MongoDB 自带的一种交互式 JavaScript Shell，可在 Shell 中使用命令行与 MongoDB 实例交互，可以使用 Mongo Shell 查询、更新数据及执行管理操作。

Mongo Shell 是 MongoDB 发行版的一部分，需要先下载和安装 MongoDB，再使用 Mongo Shell 连接云数据库 MongoDB。具体连接步骤和命令如下：

```
cd <mongodb installation dir>
./bin/mongo 172.x.x.56:27017/admin -u mongouser -p lxh2081*
```

（2）URI 方式调用

MongoDB 既可以用传统的传参方式进行连接，同时大部分的驱动程序也支持 URI 形式连接。MongoDB 官方推荐使用 URI 的方式连接和调用 MongoDB。

典型的 URI 举例如下。

● 例 1：

```
mongodb://username:password@IP:27017/admin
```

● 例 2:

```
mongodb://username:password@IP:27017/somedb?authSource=admin
```

● 例 3:

```
mongodb://username:password@IP:27017/somedb?authSource=admin&readPrefe
rence=secon
```

（五）任务实施

1. 创建 MongoDB 实例

1）进入控制台

进入控制台，如图 3-114 所示，在"云产品"页面搜索"云数据库 MongoDB"并单击进入云数据库 MongoDB 控制台。

图 3-114　在云产品中页面搜索云数据库 MongoDB

2）创建实例

在导航栏选择"实例列表"并在右侧单击"新建实例"按钮，如图 3-115 所示。

图 3-115　单击"新建实例"按钮

3）选择实例创建方案

首先根据云数据库使用的具体情况选择"包年包月"或"按量计费"的计费模式；根据项目业务需求，选择云数据库实例所在的最优地域（请注意，处于不同地域的云产品内网不通，请选择最靠近用户的地域，可降低访问时延）。具体设置如图 3-116 所示。

图 3-116　新建 MongoDB 实例设置 1

其次，根据兼容性和业务特性设置配置类型、版本、引擎、实例类型、分配数量、每片节点数量及规格。具体设置如图 3-117 所示。

图 3-117　新建 MongoDB 实例设置 2

再次，确定单分片的容量和网络类型，具体设置如图 3-118 所示。

图 3-118 新建 MongoDB 实例设置 3

最后，指定项目、添加标签、选择实例名创建方式、设置账号密码、选择安全组及确定购买数量，具体设置如图 3-119 所示。

图 3-119 新建 MongoDB 实例设置 4

4）立即购买

完成实例创建方案的设置后，可单击"立即购买"按钮创建该实例。

2. 管理 MongoDB 实例

在实例列表页面实例的"Oplog/ 分片信息""操作"列可对实例进行管理和调整，如图 3-120 所示。

图 3-120　云数据库 MongoDB 实例管理和调整

（1）查看 / 调整分片

- 在实例列表页面实例的"Oplog/ 分片信息"列单击"查看 / 调整"。
- 在如图 3-121 所示页面中选择实例节点并单击"下一步"按钮。

图 3-121　调整 Oplog 页面

- 对分片进行如图 3-122 所示的设置并单击"确认"按钮，完成分片调整。

图 3-122　设置 Oplog 页面

（2）配置调整

● 在实例列表页面实例的"操作"列单击"配置调整"。

● 在如图 3-123 所示的页面中根据业务需求调整配置并单击"提交"按钮，完成配置调整。

图 3-123 实例配置调整页面

3. 调用 MongoDB 实例

Mongo Shell 是 MongoDB 自带的一种交互式 JavaScript Shell，可在 Shell 中使用命令行与 MongoDB 实例交互。使用 Mongo Shell 可查询、更新数据，及执行管理操作，具体操作步骤如下：

（1）修改 yum 安装 MongoDB 的 repo 源文件

创建或修改 /etc/yum.repos.d/mongodb-org-4.4.repo 文件的内容为：

```
[mongodb-org-4.4]
name=MongoDB Repository
baseurl=https://repo.mongodb.org/yum/redhat/$releasever/mongodb-org/4.4/x86_64/
gpgcheck=1
enabled=1
gpgkey=https://www.mongodb.org/static/pgp/server-4.4.asc
```

（2）安装 MongoDB 客户端

执行以下代码安装 MongoDB 客户端。

```
sudo yum install -y mongodb-org
```

（3）调用 MongoDB 服务

执行以下代码调用 MongoDB 服务，正常登录后则可进行相关操作。

```
mongo IP:端口 /admin -u mongouser -p 密码
```

 项目实训 基于 Redis 及 MySQL 的高并发访问架构搭建

（一）实训目的

- 掌握云服务器上部署 MySQL 数据库的操作。
- 掌握云服务器上部署 Redis 数据库的操作。
- 掌握云服务器上部署 Nginx 应用服务的操作。
- 掌握通过 Gearman 实现数据库 MySQL 与 Redis 的数据同步。
- 掌握搭建 Redis+MySQL 高并发访问架构。

（二）实训内容

在三台腾讯云服务器（以下简称 CVM）上安装 Nginx 应用服务、MySQL 数据库、Redis 数据库。其中，Redis 主要作为高并发访问数据的缓存数据库，通过分布式架构 Gearman 实现 Redis 与 MySQL 的数据同步，达到数据读写分离、高并发访问数据快速读取的目的。

（三）实训步骤

LNMP 是指一组通常一起使用来运行动态网站或者服务器的操作系统、Web 服务器软件、数据库和开发语言的缩写。通常，L 指 Linux，N 指 Nginx，M 指 MySQL 或 MariaDB，P 指 PHP，也可以指 Perl 或 Python。在本实训中采用 Linux 系统下 Nginx+

MySQL+PHP+Redis 来构建 Web 应用。

本实训部署 CentOS 8.2 的 Linux 发行版本镜像的 CVM 云服务器，共需要 3 台服务器，即服务器 1 为 MySQL 服务器（系统架构图如图 3-124 所示，在本实训中将 Gearman 服务器中的 Gearman 服务安装在 MySQL 服务器上），服务器 2 为 Redis 服务器，服务器 3 为 Web 应用服务器。故在实训前应做好相应的准备工作。

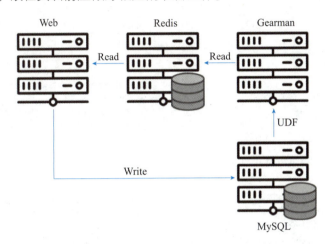

图 3-124 通过 Gearman 实现 Redis 与 MySQL 数据的同步的分布式系统架构图

1. 在云服务器上部署和配置 MySQL 数据库

注意：本部分操作均在 MySQL 服务器上进行。

1）部署 MySQL 数据库

因部分第三方功能组件需要配合 MySQL 5.7 版本使用，故本例安装 MySQL 5.7 版。

（1）在服务器上下载 MySQL 5.7 版客户端和服务端

执行以下脚本，在服务器上下载 MySQL 5.7 版客户端和服务端。

```
    wget    https://repo.mysql.com/yum/mysql-5.7-community/el/7/x86_64/
mysql-community-libs-5.7.31-1.el7.x86_64.rpm
    wget    https://repo.mysql.com/yum/mysql-5.7-community/el/7/x86_64/
mysql-community-common-5.7.31-1.el7.x86_64.rpm
    wget    https://repo.mysql.com/yum/mysql-5.7-community/el/7/x86_64/
mysql-community-client-5.7.31-1.el7.x86_64.rpm
    wget    https://repo.mysql.com/yum/mysql-5.7-community/el/7/x86_64/
mysql-community-server-5.7.31-1.el7.x86_64.rpm
```

```
wget
https://repo.mysql.com/yum/mysql-5.7-community/el/7/x86_64/mysql-
community-devel-5.7.31-1.el7.x86_64.rpm
wget        https://downloads.mysql.com/archives/get/p/23/file/mysql-
community-devel-5.7.31-1.el7.x86_64.rpm
```

（2）在服务器上安装 MySQL

在安装 MySQL 前先执行下面脚本安装所需的依赖包。

```
yum install ncurses-compat-libs
yum install perl
```

执行下面脚本安装 MySQL 5.7 版

```
rpm -Uvh mysql-community-common-5.7.31-1.el7.x86_64.rpm
rpm -Uvh mysql-community-libs-5.7.31-1.el7.x86_64.rpm
rpm -Uvh mysql-community-client-5.7.31-1.el7.x86_64.rpm
rpm -Uvh mysql-community-server-5.7.31-1.el7.x86_64.rpm
rpm -Uvh mysql-community-devel-5.7.31-1.el7.x86_64.rpm
```

（3）启动服务

执行下面脚本启动 MySQL 服务。

```
systemctl start mysqld
```

（4）登录 MySQL

MySQL 5.7 在安装、启动后会为 root 用户生成默认密码，如图 3-125 所示，执行下面脚本查看。

```
grep "password" /var/log/mysqld.log
```

```
[root@cqcet-mysql57 ~]# grep "password" /var/log/mysqld.log
2021-05-13T01:50:55.489440Z 1 [Note] A temporary password is generated for root@localhost: L2O/rjxLjX4k
2021-05-13T01:54:23.944264Z 2 [Note] Access denied for user 'root'@'localhost' (using password: NO)
```

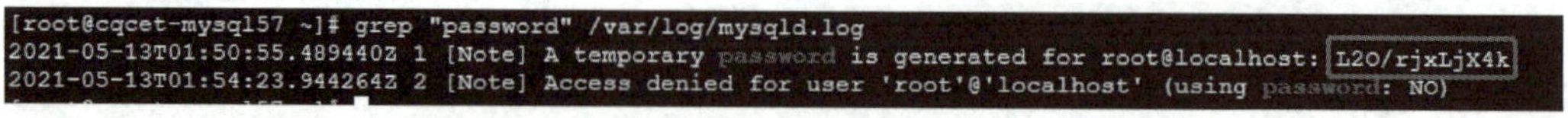

图 3-125　MySQL5.7 中 root 用户的默认随机密码

启动后可通过本地登录数据库验证数据库是否登录成功，如图 3-126 所示。

```
[root@cqcet-mysql57 ~]# mysql -u root -p
Enter password:
Welcome to the MySQL monitor.  Commands end with ; or \g.
Your MySQL connection id is 4
Server version: 5.7.31

Copyright (c) 2000, 2020, Oracle and/or its affiliates. All rights reserved.

Oracle is a registered trademark of Oracle Corporation and/or its
affiliates. Other names may be trademarks of their respective
owners.

Type 'help;' or '\h' for help. Type '\c' to clear the current input statement.

mysql>
```

图 3-126　MySQL 命令行登录成功页面

（5）修改默认密码

用上述密码登录到服务端后，必须马上修改密码，否则无法对数据库进行进一步操作。执行下面脚本修改 root 用户的密码。

```
set password for 'root'@'localhost'=password('YOUR PASSWORD');
```

2）创建测试数据及配置访问权限

（1）创建测试数据

在 MySQL 中执行下列 SQL 语句，创建数据库、数据表及写入数据。

```
CREATE DATABASE `tencentcloud`;
CREATE TABLE `tencentcloud`.`test` (
  `id` int(11) NOT NULL AUTO_INCREMENT,
  `name` varchar(64) DEFAULT NULL,
  PRIMARY KEY (`id`)
) ENGINE=InnoDB DEFAULT CHARSET=utf8;
insert into `tencentcloud`.`test` (name) values ('abc'), ('def'),
('ghi'), ('jkl'), ('mno'), ('pqr'), ('stu'), ('vwx'), ('yz'), ('123'),
('456'), ('789');
```

（2）配置远程服务器访问权限

在 MySQL 中执行下列命令，运行本实训中 Web 应用服务器访问数据。

```
  GRANT ALL PRIVILEGES ON *.* TO 'root'@'172.16.32.12' IDENTIFIED BY
'password' WITH GRANT OPTION;
  FLUSH PRIVILEGES;
```

2. 在云服务器上部署和配置 Redis 数据库

注意：本部分操作均在 Redis 服务器上进行。

1）部署数据库 Redis

（1）安装 Redis

执行下列代码安装 Redis，安装成功信息如图 3-127 所示。

```
yum install redis
```

```
Total
Running transaction check
Transaction check succeeded.
Running transaction test
Transaction test succeeded.
Running transaction
  Preparing        :
  Running scriptlet: redis-5.0.3-2.module_el8.2.0+318+3d7e67ea.x86_64
  Installing       : redis-5.0.3-2.module_el8.2.0+318+3d7e67ea.x86_64
  Running scriptlet: redis-5.0.3-2.module_el8.2.0+318+3d7e67ea.x86_64
  Verifying        : redis-5.0.3-2.module_el8.2.0+318+3d7e67ea.x86_64

Installed:
  redis-5.0.3-2.module_el8.2.0+318+3d7e67ea.x86_64
```

图 3-127　Redis 安装成功信息

（2）启动 Redis 服务

执行下面脚本启动 Redis 服务。

```
systemctl start redis
```

启动 Redis 服务后，执行下面脚本查看 Redis 服务运行状态，结果如图 3-128 所示。

```
systemctl status redis
```

```
[root@cqcet-mysql ~]# systemctl status redis
• redis.service - Redis persistent key-value database
   Loaded: loaded (/usr/lib/systemd/system/redis.service; disabled; vendor preset: disabled)
   Drop-In: /etc/systemd/system/redis.service.d
            └─limit.conf
   Active: active (running) since Wed 2021-05-12 22:08:15 CST; 4min 19s ago
 Main PID: 70595 (redis-server)
    Tasks: 4 (limit: 11507)
   Memory: 6.5M
   CGroup: /system.slice/redis.service
            └─70595 /usr/bin/redis-server 127.0.0.1:6379
```

图 3-128　Redis 运行状态信息

2）连接 Redis 数据库

（1）本地连接 Redis 数据库

在 Redis 服务器上执行下面脚本测试数据库连接，结果如图 3-129 所示。

```
redis-cli
ping
```

```
[root@cqcet-redis ~]# redis-cli
127.0.0.1:6379> ping
PONG
127.0.0.1:6379>
```

图 3-129　Reids 连接测试结果

（2）远程连接 Redis 数据库

①绑定 Redis 服务器接收访问请求的访问接口（interface）。

此处绑定 Redis 服务器的内网 IP。在 /etc/redis.conf 配置文件中找到 bind 配置处，替换 127.0.0.1 为 Redis 服务器内网 IP，如图 3-130 所示。

②打开 Protect 模式。

在 redis.conf 配置文件中设置 Protectedmode 为 yes，如图 3-131 所示。

③远程连接 redis。

注意：此处是在 Web 应用服务器上远程连接 Redis 服务器，且 Web 应用服务器上应已安装 Redis 客户端 Redis-cli。

```
############################## NETWORK ##############################
# By default, if no "bind" configuration directive is specified, Redis listens
# for connections from all the network interfaces available on the server.
# It is possible to listen to just one or multiple selected interfaces using
# the "bind" configuration directive, followed by one or more IP addresses.
#
# Examples:
#
# bind 192.168.1.100 10.0.0.1
# bind 127.0.0.1 ::1
#
# ~~~ WARNING ~~~ If the computer running Redis is directly exposed to the
# internet, binding to all the interfaces is dangerous and will expose the
# instance to everybody on the internet. So by default we uncomment the
# following bind directive, that will force Redis to listen only into
# the IPv4 loopback interface address (this means Redis will be able to
# accept connections only from clients running into the same computer it
# is running).
#
# IF YOU ARE SURE YOU WANT YOUR INSTANCE TO LISTEN TO ALL THE INTERFACES
# JUST COMMENT THE FOLLOWING LINE.
# ~~~~~~~~~~~~~~~~~~~~~~~~~~~~~~~~~~~~~~~~~~~~~~~~~~~~~~~~~~~~~~~~~~~~~~~~~
bind 172.16.32.11
```

图 3-130　Redis 配置文件网络接口 IP 的绑定

```
# Protected mode is a layer of security protection, in order to avoid that
# Redis instances left open on the internet are accessed and exploited.
#
# When protected mode is on and if:
#
# 1) The server is not binding explicitly to a set of addresses using the
#    "bind" directive.
# 2) No password is configured.
#
# The server only accepts connections from clients connecting from the
# IPv4 and IPv6 loopback addresses 127.0.0.1 and ::1, and from Unix domain
# sockets.
#
# By default protected mode is enabled. You should disable it only if
# you are sure you want clients from other hosts to connect to Redis
# even if no authentication is configured, nor a specific set of interfaces
# are explicitly listed using the "bind" directive.
protected-mode yes
```

图 3-131　Redis 配置文件中保护模式设置

执行下面脚本测试远程连接 Redis 服务。

```
redis-cli -h 172.16.32.11
ping
```

3.在云服务器上搭建并配置应用服务

注意：本部分操作均在 Web 应用服务器上进行。

1）安装 Web 应用运行环境

（1）安装并运行 Web 服务器软件 Nginx

①运行如下命令，通过 yum 安装 Nginx 软件。

```
yum -y install nginx
```

②运行如下命令，启动 Nginx 软件。

```
systemctl start nginx
```

③访问 Web 首页。

在云服务器的网络信息页面中找到服务器的"主 IPv4 公网 IP"，如图 3-132 所示。

图 3-132　云服务器的网络信息

如图 3-133 所示，在 Nginx 的配置文件 /etc/nginx/nginx.conf 中，默认监听接口为 80。

```
server {
    listen          80 default_server;
    listen          [::]:80 default_server;
    server_name     _;
    root            /usr/share/nginx/html;
```

图 3-133　Nginx 配置文件的监听端口

注意：访问 Web 应用前应确认云服务器"安全组"的出入站规则，是否允许外网通过 80 端口访问本服务器。

故可在浏览器直接通过 http:// 公网 IP/ 访问 Web 应用。在本实训中服务器外网地址为 159.75.204.243，故访问 http://159.75.204.243/，可见 Nginx 默认欢迎页面，如图 3-134 所示。此时说明 Nginx 已能够正常运行。

图 3-134　Nginx 默认欢迎页面

（2）安装 PHP 开发环境

①安装 PHP 及部分扩展模块。

执行下面脚本，安装 PHP 及部分常用的 PHP 扩展模块。

```
 yum -y install php php-fpm php-cli php-common php-gd php-mbstring
php-mysqlnd php-pdo php-devel php-xmlrpc php-xml php-bcmath php-dba php-
enchant
```

②查看 PHP 版本。

执行下面脚本查看 PHP 版本，如能正确显示版本则表明已成功安装 PHP，如图 3-135 所示。

```
php -v
```

```
[root@VM-32-12-centos html]# php -v
PHP 7.2.24 (cli) (built: Oct 22 2019 08:28:36) ( NTS )
Copyright (c) 1997-2018 The PHP Group
Zend Engine v3.2.0, Copyright (c) 1998-2018 Zend Technologies
```

图 3-135　PHP 版本信息

（3）安装 MySQL 客户端

执行下列脚本安装 MySQL 客户端。

```
    wget        https://repo.mysql.com/yum/mysql-5.7-community/el/7/x86_64/
mysql-community-common-5.7.31-1.el7.x86_64.rpm
    wget        https://repo.mysql.com/yum/mysql-5.7-community/el/7/x86_64/
mysql-community-client-5.7.31-1.el7.x86_64.rpm
    wget        https://repo.mysql.com/yum/mysql-5.7-community/el/7/x86_64/
mysql-community-libs-5.7.31-1.el7.x86_64.rpm
    rpm -Uvh mysql-community-common-5.7.31-1.el7.x86_64.rpm
    rpm -Uvh mysql-community-libs-5.7.31-1.el7.x86_64.rpm
    rpm -Uvh mysql-community-client-5.7.31-1.el7.x86_64.rpm
```

2）配置 Web 应用服务环境

（1）Nginx 参数配置

修改 index 起始页。在 location 的 index 项中添加 index.php，如图 3-136 所示。

```
server {
    listen      80 default_server;
    listen      [::]:80 default_server;
    server_name _;
    root        /usr/share/nginx/html;

    # Load configuration files for the default server block.
    include /etc/nginx/default.d/*.conf;

    location / {
        index index.html index.htm index.php;
    }

    error_page 404 /404.html;
        location = /40x.html {
    }

    error_page 500 502 503 504 /50x.html;
        location = /50x.html {
    }
}
```

图 3-136　Nginx 配置文件中起始页的配置

（2）PHP 参数配置

①调整 php-fpm 配置文件。

将 php-fpm 配置文件 /etc/php-fpm.d/www.conf 中的参数 listen.acl_users 及 listen.acl_groups 进行注释，如图 3-137 所示。

```
; When POSIX Access Control Lists are supported you can set them using
; these options, value is a comma separated list of user/group names.
; When set, listen.owner and listen.group are ignored
;listen.acl_users = nginx,nginx
;listen.acl_groups =
```

图 3-137　PHP 配置文件中监听用户和用户组设置

②创建 UNIX 套接字文件夹。

Nginx 通过 UNIX 套接字与 PHP-FPM 建立联系。故需要配置与 /etc/php-fpm.d/www.conf 文件内的 listen 配置一致的文件 /run/php-fpm/www.sock，如图 3-138 所示。先在 /run 路径下创建 php-fpm 文件夹，代码如下。

```
mkdir /run/php-fpm
```

```
; The address on which to accept FastCGI requests.
; Valid syntaxes are:
;   'ip.add.re.ss:port'    - to listen on a TCP socket to a specific IPv4 address on
;                            a specific port;
;   '[ip:6:addr:ess]:port' - to listen on a TCP socket to a specific IPv6 address on
;                            a specific port;
;   'port'                 - to listen on a TCP socket to all addresses
;                            (IPv6 and IPv4-mapped) on a specific port;
;   '/path/to/unix/socket' - to listen on a unix socket.
; Note: This value is mandatory.
listen = /run/php-fpm/www.sock
```

图 3-138　配置文件 www.conf 中指定的套接字文件

③修改套接字文件权限。

因 Nginx 要对上一步骤中所创建的套接字文件进行操作，故将文件所有权交给 Nginx 用户及 Nginx 组，脚本如下。

```
chown nginx:nginx /run/php-fpm/www.sock
```

完成设置后可执行 "ll" 脚本，查看修改后的文件所有者信息，执行过程和结果如图 3-139 所示。

```
[root@VM-32-12-centos php-fpm]# chown nginx:nginx www.sock
[root@VM-32-12-centos php-fpm]# ll
total 4
-rw-r--r-- 1 root  root  7 May 10 15:32 php-fpm.pid
srw-rw---- 1 nginx nginx 0 May 10 15:32 www.sock
```

图 3-139　www.sock 配置文件的文件所有者信息

④修改 PHP 脚本传递 FastCGI 配置。

添加 root 项，路径与 Nginx 中 root 路径一致 "usr/share/nginx/html;"。

修改 fastcgi_pass 项为 "unix:/run/php-fpm/www.sock;"，Nginx 通过 UNIX 套接字与 PHP-FPM 建立联系，该配置与 /etc/php-fpm.d/www.conf 文件内的 listen 配置一致。

将 fastcgi_param SCRIPT_FILENAME 后的 /scripts$fastcgi_script_name; 替换为 "$document_root$fastcgi_script_name;"。

修改完成后如图 3-140 所示。

```
# pass the PHP scripts to FastCGI server
#
# See conf.d/php-fpm.conf for socket configuration
#
index index.php index.html index.htm;

location ~ \.(php|phar)(/.*)?$ {
    fastcgi_split_path_info ^(.+\.(?:php|phar))(/.*)$;
    root /usr/share/nginx/html;
    fastcgi_intercept_errors on;
    fastcgi_index  index.php;
    include        fastcgi_params;
    fastcgi_param  SCRIPT_FILENAME $document_root$fastcgi_script_name;
    fastcgi_param  PATH_INFO $fastcgi_path_info;
    fastcgi_pass   unix:/run/php-fpm/www.sock;
}
```

图 3-140 PHP 脚本传递 FastCGI 配置

⑤启动 PHP-fpm。

执行下面脚本启动 PHP-fpm。

```
service php-fpm start
```

执行以下脚本，结果如图 3-141 所示，表明 PHP-fpm 已正常启动。

```
systemctl status php-fpm
```

```
[root@VM-32-12-centos php-fpm.d]# systemctl status php-fpm
• php-fpm.service - The PHP FastCGI Process Manager
   Loaded: loaded (/usr/lib/systemd/system/php-fpm.service; disabled; vendor preset: disabled)
   Active: active (running) since Mon 2021-05-10 14:21:17 CST; 5min ago
 Main PID: 1049739 (php-fpm)
   Status: "Processes active: 0, idle: 5, Requests: 0, slow: 0, Traffic: 0req/sec"
    Tasks: 6 (limit: 11507)
   Memory: 21.8M
   CGroup: /system.slice/php-fpm.service
           ├─1049739 php-fpm: master process (/etc/php-fpm.conf)
           ├─1049740 php-fpm: pool www
           ├─1049741 php-fpm: pool www
           ├─1049742 php-fpm: pool www
           ├─1049743 php-fpm: pool www
           └─1049744 php-fpm: pool www

May 10 14:21:17 VM-32-12-centos systemd[1]: Starting The PHP FastCGI Process Manager...
May 10 14:21:17 VM-32-12-centos systemd[1]: Started The PHP FastCGI Process Manager.
```

图 3-141 PHP-fpm 服务运行状态信息

⑥验证 PHP 环境配置。

执行以下命令，创建测试文件，调用 Phpinfo。测试文件显示内容为 PHP 的配置信息。

```
echo "<?php phpinfo(); ?>" >> /usr/share/nginx/html/index.php
```

在本地浏览器中访问如下地址，查看环境配置是否成功。

```
http:// 云服务器实例的公网 IP/index.php
```

本实训中的 PHP 配置信息如图 3-142 所示。

PHP Version 7.2.24

System	Linux VM-32-12-centos 4.18.0-193.28.1.el8_2.x86_64 #1 SMP Thu Oct 22 00:20:22 UTC 2020 x86_64
Build Date	Oct 22 2019 08:28:36
Server API	FPM/FastCGI
Virtual Directory Support	disabled
Configuration File (php.ini) Path	/etc
Loaded Configuration File	/etc/php.ini
Scan this dir for additional .ini files	/etc/php.d
Additional .ini files parsed	/etc/php.d/20-bcmath.ini, /etc/php.d/20-bz2.ini, /etc/php.d/20-calendar.ini, /etc/php.d/20-ctype.ini, /etc/php.d/20-curl.ini, /etc/php.d/20-dba.ini, /etc/php.d/20-dom.ini, /etc/php.d/20-enchant.ini, /etc/php.d/20-exif.ini, /etc/php.d/20-fileinfo.ini, /etc/php.d/20-ftp.ini, /etc/php.d/20-gd.ini, /etc/php.d/20-gettext.ini, /etc/php.d/20-iconv.ini, /etc/php.d/20-mbstring.ini, /etc/php.d/20-mysqlnd.ini, /etc/php.d/20-pdo.ini, /etc/php.d/20-phar.ini, /etc/php.d/20-simplexml.ini, /etc/php.d/20-sockets.ini, /etc/php.d/20-sqlite3.ini, /etc/php.d/20-tokenizer.ini, /etc/php.d/20-xml.ini, /etc/php.d/20-xmlwriter.ini, /etc/php.d/20-xsl.ini, /etc/php.d/30-mysqli.ini, /etc/php.d/30-pdo_mysql.ini, /etc/php.d/30-pdo_sqlite.ini, /etc/php.d/30-wddx.ini, /etc/php.d/30-xmlreader.ini, /etc/php.d/30-xmlrpc.ini
PHP API	20170718
PHP Extension	20170718
Zend Extension	320170718
Zend Extension Build	API320170718,NTS
PHP Extension Build	API20170718,NTS
Debug Build	no
Thread Safety	disabled
Zend Signal Handling	enabled
Zend Memory Manager	enabled
Zend Multibyte Support	provided by mbstring
IPv6 Support	enabled
DTrace Support	available, disabled
Registered PHP Streams	https, ftps, compress.zlib, php, file, glob, data, http, ftp, compress.bzip2, phar
Registered Stream Socket Transports	tcp, udp, unix, udg, ssl, tls, tlsv1.0, tlsv1.1, tlsv1.2
Registered Stream Filters	zlib.*, string.rot13, string.toupper, string.tolower, string.strip_tags, convert.*, consumed, dechunk, bzip2.*, convert.iconv.*

图 3-142　本实训中的 PHP 配置信息

（3）连接 MySQL

①在 Web 应用根目录下创建一个 con_mysql.php 文件，内容如下。

```php
<?php
        $con = mysqli_connect("内网IP地址","root","数据库密码",
"tencentcloud");
        if (!$con)
        {
          die('Could not connect: ' . mysql_error());
        }
        $sql="SELECT * FROM test";
        $result=mysqli_query($con,$sql);

        $result_arr = mysqli_fetch_all($result,MYSQLI_ASSOC);
        print_r($result_arr);

        mysqli_free_result($result);
        mysqli_close($con);
  ?>
```

②测试数据库连接。

在浏览器中输入"http:// 云服务器外网 IP/con_mysql.php"，如果能如图 3-143 显示数据库数据内容，则表明连接云数据库成功。

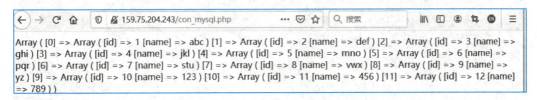

图 3-143 测试 PHP 与数据库连接页面

（4）安装 PHP 的 Redis 扩展

①下载 Go-pear.phar。

执行下面脚本，从 PHP 官方网站下载 Go-pear 的 PHP 文件包，下载成功后页面信息如图 3-144。

```
wget http://pear.php.net/go-pear.phar
```

233

```
[root@VM-32-12-centos redis]# wget http://pear.php.net/go-pear.phar
--2021-05-11 11:43:38--  http://pear.php.net/go-pear.phar
Resolving pear.php.net (pear.php.net)... 109.203.101.62
Connecting to pear.php.net (pear.php.net)|109.203.101.62|:80... connected.
HTTP request sent, awaiting response... 301 Moved Permanently
Location: https://pear.php.net/go-pear.phar [following]
--2021-05-11 11:43:38--  https://pear.php.net/go-pear.phar
Connecting to pear.php.net (pear.php.net)|109.203.101.62|:443... connected.
HTTP request sent, awaiting response... 200 OK
Length: 3621204 (3.5M)
Saving to: 'go-pear.phar'

go-pear.phar                                        100%[===================

2021-05-11 11:43:41 (2.17 MB/s) - 'go-pear.phar' saved [3621204/3621204]
```

图 3-144　成功下载 Go-pear.phar 文件包页面信息

②安装 Pear 命令服务。

成功下载 Go-pear.phar 文件包后，通过下面脚本对其进行安装，执行成功后如图 3-145。

```
php go-pear.phar
```

```
The 'pear' command is now at your service at /usr/bin/pear

** The 'pear' command is not currently in your PATH, so you need to
** use '/usr/bin/pear' until you have added
** '/usr/bin' to your PATH environment variable.

Run it without parameters to see the available actions, try 'pear list'
to see what packages are installed, or 'pear help' for help.

For more information about PEAR, see:

  http://pear.php.net/faq.php
  http://pear.php.net/manual/

Thanks for using go-pear!
```

图 3-145　成功安装 Go-pear.phar 文件包

③安装编译工具。

执行下面脚本安装必要的编译工具，安装成功后如图 3-146 所示。

```
yum -y install gcc gcc-c++  make cmake automake autoconf
```

234

```
Running transaction check
Transaction check succeeded.
Running transaction test
Transaction test succeeded.
Running transaction
  Preparing            :
  Installing           : cmake-rpm-macros-3.11.4-7.el8.noarch
  Installing           : cmake-filesystem-3.11.4-7.el8.x86_64
  Installing           : libuv-1:1.38.0-2.el8.x86_64
  Installing           : cmake-data-3.11.4-7.el8.noarch
  Installing           : cmake-3.11.4-7.el8.x86_64
  Running scriptlet: cmake-3.11.4-7.el8.x86_64
  Verifying            : cmake-3.11.4-7.el8.x86_64
  Verifying            : cmake-data-3.11.4-7.el8.noarch
  Verifying            : cmake-filesystem-3.11.4-7.el8.x86_64
  Verifying            : cmake-rpm-macros-3.11.4-7.el8.noarch
  Verifying            : libuv-1:1.38.0-2.el8.x86_64

Installed:
  cmake-3.11.4-7.el8.x86_64              cmake-data-3.11.4-7.el8.noarch

Complete!
```

图 3-146　编译工具安装成功

④通过 Pecl 安装最新版的 Redis。

```
pecl install redis
```

⑤添加 Redis 扩展模块。

需要注意 Redis 扩展模块依赖于 Json 扩展模块。如在云服务器中添加 Json 扩展模块，需要执行下面脚本进行安装，安装结果如图 3-147 所示。

```
yum install php-json
```

确认 Json 扩展模块正确添加后，则执行以下脚本进行 Redis 扩展模块的添加。

```
vim /etc/php.d/redis.ini
```

在上面创建的 redis.ini 配置文件中添加如下代码。

```
extension = redis.so
```

```
[root@VM-32-12-centos ~]# yum install php-json
Last metadata expiration check: 1:48:22 ago on Tue 11 May 2021 03:04:17 PM CST.
Dependencies resolved.
================================================================================
 Package                             Architecture
================================================================================
Installing:
 php-json                                         x86_64

Transaction Summary
================================================================================
Install  1 Package

Total download size: 73 k
Installed size: 44 k
Is this ok [y/N]: y
Downloading Packages:
php-json-7.2.24-1.module_el8.2.0+313+b04d0a66.x86_64.rpm
--------------------------------------------------------------------------------
Total
Running transaction check
Transaction check succeeded.
Running transaction test
Transaction test succeeded.
Running transaction
  Preparing        :
  Installing       : php-json-7.2.24-1.module_el8.2.0+313+b04d0a66.x86_64
  Running scriptlet: php-json-7.2.24-1.module_el8.2.0+313+b04d0a66.x86_64
  Verifying        : php-json-7.2.24-1.module_el8.2.0+313+b04d0a66.x86_64

Installed:
  php-json-7.2.24-1.module_el8.2.0+313+b04d0a66.x86_64

Complete!
```

图 3-147　添加 Redis 的 Json 扩展模块

查看 PHP 配置信息，如果为图 3-148 所示 Redis 信息，则表示 Redis 扩展模块正确添加进 PHP 中。

Redis Support	enabled	
Redis Version	5.3.4	
Redis Sentinel Version	0.1	
Available serializers	php, json	

Directive	Local Value	Master Value
redis.arrays.algorithm	no value	no value
redis.arrays.auth	no value	no value
redis.arrays.autorehash	0	0
redis.arrays.connecttimeout	0	0
redis.arrays.consistent	0	0

图 3-148　PHP 中的 Redis 信息

4. 数据库 MySQL 与 Redis 的数据同步

1）分布式架构 Gearman 简介

Gearman 是一个分布式的程序调用框架，支持同步、异步任务处理，可完成跨语言的相互调用，适合在后台运行工作任务。通过 Gearman，在 Web 应用中可以将复杂的业务逻辑交给其他更适合的机器或进程，甚至不同的语言进行处理。Gearman 工作原理示意图如图 3-149 所示。

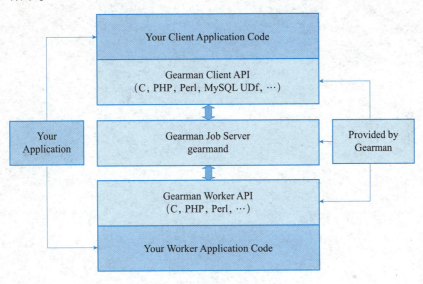

图 3-149　Gearman 工作原理示意图

2）安装 Gearman 并启动服务

注意：此处可单独部署在 Gearman 专用服务器上。本实训中将 Gearman 安装在 MySQL 服务器上。

执行下面脚本安装 Gearmand 及 Libgearman-devel，安装成功后如图 3-150 所示。

```
yum install gearmand libgearman-devel
```

执行下面脚本启动 Gearman 服务。

```
systemctl start gearmand
```

```
Running transaction
  Preparing        :
  Installing       : libgearman-1.1.19.1-1.el8.x86_64
  Installing       : hiredis-0.13.3-13.el8.x86_64
  Installing       : mariadb-connector-c-3.1.11-2.el8_3.x86_64
  Installing       : libpq-12.4-1.el8_2.x86_64
  Installing       : libmemcached-libs-1.0.18-15.el8.x86_64
  Installing       : libevent-devel-2.1.8-5.el8.x86_64
  Installing       : boost-program-options-1.66.0-10.el8.x86_64
  Running scriptlet: boost-program-options-1.66.0-10.el8.x86_64
  Running scriptlet: gearmand-1.1.19.1-1.el8.x86_64
  Installing       : gearmand-1.1.19.1-1.el8.x86_64
  Running scriptlet: gearmand-1.1.19.1-1.el8.x86_64
  Installing       : libgearman-devel-1.1.19.1-1.el8.x86_64
  Running scriptlet: libgearman-devel-1.1.19.1-1.el8.x86_64
  Verifying        : boost-program-options-1.66.0-10.el8.x86_64
  Verifying        : libevent-devel-2.1.8-5.el8.x86_64
  Verifying        : libmemcached-libs-1.0.18-15.el8.x86_64
  Verifying        : libpq-12.4-1.el8_2.x86_64
  Verifying        : mariadb-connector-c-3.1.11-2.el8_3.x86_64
  Verifying        : gearmand-1.1.19.1-1.el8.x86_64
  Verifying        : hiredis-0.13.3-13.el8.x86_64
  Verifying        : libgearman-1.1.19.1-1.el8.x86_64
  Verifying        : libgearman-devel-1.1.19.1-1.el8.x86_64

Installed:
  boost-program-options-1.66.0-10.el8.x86_64        gearmand-1.1.19.
  libgearman-devel-1.1.19.1-1.el8.x86_64            libmemcached-lib

Complete!
```

图 3-150　成功安装 Gearman 相关软件包

3）安装 PHP 的 Gearman 扩展

注意：本部分操作在 Web 应用服务器上进行。

（1）执行下面脚本下载 Gearman 2.1.0 安装包（适用于 PHP 7.0 及以上版本）。

```
wget http://pecl.php.net/get/gearman-2.1.0.tgz
```

执行脚本过程及下载完成信息如图 3-151 所示。

```
[root@VM-32-12-centos ~]# wget http://pecl.php.net/get/gearman-2.1.0.tgz
--2021-05-11 23:19:20--  http://pecl.php.net/get/gearman-2.1.0.tgz
Resolving pecl.php.net (pecl.php.net)... 104.236.228.160
Connecting to pecl.php.net (pecl.php.net)|104.236.228.160|:80... connected.
HTTP request sent, awaiting response... 200 OK
Length: 46483 (45K) [application/octet-stream]
Saving to: 'gearman-2.1.0.tgz'

gearman-2.1.0.tgz                           100%[=====================>]

2021-05-11 23:19:21 (95.0 KB/s) - 'gearman-2.1.0.tgz' saved [46483/46483]
```

图 3-151　执行脚本过程及下载 Gearman 完成信息

（2）安装

执行下面脚本解压 Gearman 2.1.0 安装包，并进入解压后的目录。

```
tar xvf gearman-2.1.0.tgz
cd gearman-2.1.0
```

执行 phpize 脚本，对添加 Gearman 扩展做准备工作，如图 3-152 所示。

```
phpize
```

```
[root@VM-32-12-centos gearman-2.1.0]# phpize
Configuring for:
PHP Api Version:         20170718
Zend Module Api No:      20170718
Zend Extension Api No:   320170718
[root@VM-32-12-centos gearman-2.1.0]#
```

图 3-152　准备添加 Gearman 扩展

接着执行下面脚本进行运行配置，运行配置过程如图 3-153 所示。

```
./configure --with-php-config=/usr/bin/php-config
```

接着执行 make 进行编译，运行结果如图 3-154 所示。

```
make
```

```
checking for inttypes.h... yes
checking for stdint.h... yes
checking for unistd.h... yes
checking for dlfcn.h... yes
checking for objdir... .libs
checking if cc supports -fno-rtti -fno-exceptions... no
checking for cc option to produce PIC... -fPIC -DPIC
checking if cc PIC flag -fPIC -DPIC works... yes
checking if cc static flag -static works... no
checking if cc supports -c -o file.o... yes
checking if cc supports -c -o file.o... (cached) yes
checking whether the cc linker (/usr/bin/ld -m elf_x86_64) supports shared libraries... yes
checking whether -lc should be explicitly linked in... no
checking dynamic linker characteristics... GNU/Linux ld.so
checking how to hardcode library paths into programs... immediate
checking whether stripping libraries is possible... yes
checking if libtool supports shared libraries... yes
checking whether to build shared libraries... yes
checking whether to build static libraries... no
configure: creating ./config.status
config.status: creating config.h
config.status: executing libtool commands
[root@VM-32-12-centos gearman-2.1.0]#
```

图 3-153　添加 Gearman 扩展前的运行配置过程

```
--------------------------------------------------------------
Libraries have been installed in:
   /root/gearman-2.1.0/modules

If you ever happen to want to link against installed libraries
in a given directory, LIBDIR, you must either use libtool, and
specify the full pathname of the library, or use the '-LLIBDIR'
flag during linking and do at least one of the following:
   - add LIBDIR to the 'LD_LIBRARY_PATH' environment variable
     during execution
   - add LIBDIR to the 'LD_RUN_PATH' environment variable
     during linking
   - use the '-Wl,-rpath -Wl,LIBDIR' linker flag
   - have your system administrator add LIBDIR to '/etc/ld.so.conf'

See any operating system documentation about shared libraries for
more information, such as the ld(1) and ld.so(8) manual pages.
--------------------------------------------------------------

Build complete.
Don't forget to run 'make test'.
```

图 3-154　编译后完成 Gearman 扩展的运行结果

最后，执行 make install 安装完成 Gearman 扩展的添加，并完成 Gearman 配置文件的配置。

```
make install
```

运行下面脚本，新建配置文件 /etc/php.d/gearman.ini

```
vim /etc/php.d/gearman.ini
```

运行下面脚本，在新建的配置文件中添加 gearman 扩展模块。

```
extension = gearman.so
```

添加扩展模块后重启 PHP-fpm 服务。查看 PHP 配置信息，如出现图 3-155 所示信息，则说明已为 PHP 成功添加 gearman 扩展模块。

gearman support	enabled
extension version	2.1.0
libgearman version	1.1.19.1
Default TCP Host	localhost
Default TCP Port	4730

图 3-155　PHP 中的 Gearman 扩展模块信息

4）安装 UDF 库函数

注意：本部分操作在 MySQL 服务器上进行。

①执行下面脚本安装 Gearmand 及 Libgearman-devel 包。

```
yum install gearmand libgearman-devel
```

②执行下面脚本安装 Libgearman 包。

```
yum install libgearman
```

③执行下面代码，下载 Gearman-mysql-udf 安装包。

```
wget https://launchpad.net/gearman-mysql-udf/trunk/0.6/+download/
gearman-mysql-udf-0.6.tar.gz
```

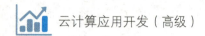

④执行下列脚本解压、编译并安装 Gearman-mysql-udf。

```
tar xvf gearman-mysql-udf-0.6.tar.gz
cd gearman-mysql-udf-0.6
./configure --with-mysql=/usr/bin/mysql_config --libdir=/usr/lib64/
mysql/plugin/
```

执行 make 进行编译。

```
make
```

执行 make install 进行安装。

```
make install
```

未显示异常报错信息，则安装成功。

⑤注册 UDF 函数。登录 MySQL 后执行下面的命令注册 UDF 函数，结果如图 3-156 所示。

```
CREATE FUNCTION gman_do_background RETURNS STRING SONAME 'libgearman_
mysql_udf.so';
CREATE FUNCTION gman_servers_set RETURNS STRING SONAME 'libgearman_
mysql_udf.so';
```

```
mysql> CREATE FUNCTION gman_do_background RETURNS STRING SONAME 'libgearman_mysql_udf.so';
Query OK, 0 rows affected (0.01 sec)

mysql> CREATE FUNCTION gman_servers_set RETURNS STRING SONAME 'libgearman_mysql_udf.so';
Query OK, 0 rows affected (0.00 sec)

mysql> select * from mysql.func;
+--------------------+-----+-------------------------+----------+
| name               | ret | dl                      | type     |
+--------------------+-----+-------------------------+----------+
| gman_do_background |   0 | libgearman_mysql_udf.so | function |
| gman_servers_set   |   0 | libgearman_mysql_udf.so | function |
+--------------------+-----+-------------------------+----------+
2 rows in set (0.00 sec)
```

图 3-156　在 MySQL 中注册 UDF 函数

⑥指定 Gearman 的服务信息。在本实训中，Gearman 服务与 MySQL 部署在同一台服务器上，而 Gearman 服务端口为 4730，所以在 MySQL 中执行下面脚本指定 Gearman 服务，运行结果如图 3-157 所示。

```
SELECT gman_servers_set('127.0.0.1:4730');
```

```
mysql> SELECT gman_servers_set('127.0.0.1:4730');
+------------------------------------+
| gman_servers_set('127.0.0.1:4730') |
+------------------------------------+
| 127.0.0.1:4730                     |
+------------------------------------+
1 row in set (0.00 sec)
```

图 3-157　指定 Gearman 的服务信息

5）实现 Gearman 中的 Worker

注意：本部分操作在 Web 应用服务器上进行。

（1）编写 worker 代码

worker 代码如下：

```
vim /usr/share/nginx/html/redis_worker.php

<?php
        $worker = new GearmanWorker();
        $worker->addServer();
        $worker->addFunction('syncToRedis', 'syncToRedis');

        $redis = new Redis();
        //reids server ip and port
        $redis->connect('172.16.32.11', 6379);

        while($worker->work());

        function syncToRedis($job)
        {
                global $redis;
```

```
            $workString = $job->workload();
            $work = json_decode($workString);
            if(!isset($work->id)){
                    return false;
            }
            $redis->set($work->id, $work->name);
        }
 ?>
```

（2）后台运行 worker 脚本

执行下面代码。

```
nohup php redis_worker.php &
```

6）定义 MySQL 触发器

注意：本部分操作在 MySQL 服务器上进行。

在 MySQL 中定义触发器，当需同步表的数据发生变化时调用 worker 的 syncToRedis 方法同步更新的数据至 Redis 中。触发器脚本如下：

```
DELIMITER $$
CREATE TRIGGER datatoredis AFTER UPDATE ON test FOR EACH ROW BEGIN
     SET @RECV=gman_do_background('syncToRedis', json_object('id',NEW.
 id, 'name',NEW.name));
   END$$
 DELIMITER ;
```

5. 基于 Redis 及 MySQL 的高并发架构效果测试

1）将 MySQL 数据缓存至 Redis

注意：本部分操作在 Web 应用服务器上进行。

（1）创建读取数据 PHP 脚本

在 Nginx 所在的 HTML 目录下创建 /usr/share/nginx/html/getnames.php 文件，其内容如下。

```php
<?php
        $redis = new Redis();
            $redis->connect('172.16.32.11',6379) or die ("could net
connect redis server");
        $query = "select * from test limit 4";

        for ($key = 1; $key < 5; $key++)
        {
                if (!$redis->get($key))
                {
                                $connect = mysqli_connect('172.16.32.3',
'root', 'picture@Q0212', 'tencentcloud');
                        $result = mysqli_query($connect, $query);

                        while ($row = mysqli_fetch_assoc($result))
                        {
                                $redis->set($row['id'],$row['name']);
                                $data[$row['id']] = $row['name'];
                        }
                        $myserver = 'mysql';
                        break;
                }
                else
                {
                        $myserver = "redis";
                        $data[$key] = $redis->get($key);
                }
        }

        echo "Get Data From: ${myserver}";
        echo "<br>";
        echo "<table>";
        for ($key = 1; $key < 5; $key++)
        {
                echo "<tr>";
                 echo "<td>key is <b><font color=#FF0000>$key</font></
b></td>";
                echo "<td>name is <b><font color=#FF0000>$data[$key]</
font></b></td>";
```

```
            echo "</tr>";
        }
        echo "</table>";
    ?>
```

（2）通过浏览器访问 Web 应用服务器

访问 Web 应用服务器的地址如下：

```
http://web 应用服务器 /getnames.php
```

如图 3-158 所示，目前 Redis 中并没有数据缓存，数据来自 MySQL 数据库。

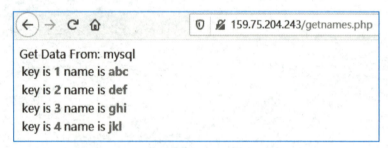

图 3-158　来自 MySQL 的数据

对图 3-158 所示页面进行刷新的结果如图 3-159 所示，此次 Redis 中已经对数据进行缓存。

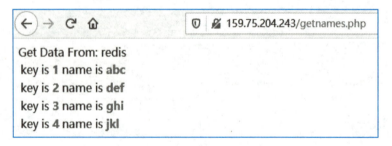

图 3-159　来自 Redis 的数据

2）缓存 Redis 与 MySQL 更新数据的同步

注意：本部分操作在 MySQL 服务器上进行。

（1）更新 MySQL 中的数据

执行下列脚本更新 test 表中的数据，执行过程如图 3-160 所示。

```
update `tencentcloud`.`test` set name = 'cba' where id = 1;
```

```
mysql> update `tencentcloud`.`test` set name  = 'cba' where id = 1;
Query OK, 1 row affected (0.00 sec)
Rows matched: 1  Changed: 1  Warnings: 0
```

图 3-160　更新 MySQL 中的数据

（2）刷新 getnames.php 页面

如图 3-161 所示，该架构已正常运行，在 MySQL 中修改的数据已经同步更新至缓存。

图 3-161　来自 Redis 的已同步的数据

（四）实训报告要求

应用云服务器完成实训项目的搭建和配置，记录操作页面截图，并对本项目实施过程用遇到的问题及解决问题的步骤进行记录和总结，形成文字报告。

（五）项目总结

本项目介绍了基于 Redis 及 MySQL 的高并发访问架构的搭建。该架构可用于高频读、低频写的"热点数据"的读写，应用场景如积分排行榜、点赞数据、商品秒杀等。通过本项目的学习和训练，可以帮助学习者对云服务器及数据库的综合应用能力。

 **项目练习**

（一）选择题

1. 下面不是关系型数据库的是_____。

　　A. MySQL　　　　　　　　　　B. MongoDB

　　C. SQL Server　　　　　　　　D. PostgreSQL

2. 下面是非关系型数据库的是_____。

　　A. MySQL　　　　　　　　　　B. SQL Server

　　C. Redis　　　　　　　　　　　D. PostgreSQL

3. _____不是云数据库的关键技术。

　　A. 智能化运维　　　　　　　　B. 读写分离技术

　　C. 负载均衡技术　　　　　　　D. CRUD 操作

4. _____和_____是腾讯云数据库 Redis 常用的架构。

　　A. 标准架构　　　　　　　　　B. 集群架构

　　C. 副本集架构　　　　　　　　D. 分片集群架构

5. _____和_____是腾讯云数据库 MongoDB 常用的架构。

　　A. 标准架构　　　　　　　　　B. 集群架构

　　C. 副本集架构　　　　　　　　D. 分片集群架构

（二）填空题

1. 腾讯云数据库 MySQL 常用的架构包括_____和_____。

2. 数据库 / 数据表拆分技术是将数据库的数据通过_____和_____的方式将同一个数据库的数据分散到不同的数据库中，通过路由转换访问特定的数据库，从而将访问分散到多台服务器。

3. 云数据库就是一种基于_____的一种稳定可靠、可弹性伸缩的在线数据库服务。

4. 云数据库的优势一般包括：_____、_____、_____和_____。

5. 云数据库关键技术主要包括：_____、_____、_____和_____。

（三）简答题

1. 简述构建一个计分排行系统的主要步骤。

2. 简述构建一个点赞系统的主要步骤。

3. 简述构建一个商品秒杀系统的主要步骤。

项目 4

公有云容器资源管理调用

 学习目标

（一）知识目标

- 掌握容器的概念和原理。
- 掌握 Kubernetes 的概念和原理。
- 掌握 TKE 的概念和原理。
- 了解容器和虚拟化的区别和联系。
- 了解容器的优点和应用场景。

（二）技能目标

- 掌握 Docker 的配置与部署。
- 掌握 Kubernetes 的部署和容器集群的管理。
- 掌握腾讯云容器服务的应用和部署。

（三）素质目标

- 培养容器化应用开发与交付意识。
- 培养技术革新意识。

 项目描述

（一）项目背景及需求

随着云计算技术的发展，各种 Web 应用、后台应用、数据库应用、大数据应用等应用程序大量出现和部署。在传统的应用环境下，开发者需要顾虑从操作系统到中间件到 APP 的兼容性和依赖关系，难以实现高效部署和应用隔离。容器的出现，使得开发者只需考虑应用程序的基础依赖和相关组件，而无须顾虑与其他应用程序的相互影响，提供了良好的隔离和快速的环境部署，迅速得到广泛应用。

本项目要求实现云容器集群的编排管理，进而将真实应用系统迁移上云，并能够在后续通过监控、升级、伸缩等操作实现对容器的生命周期管理。

（二）项目任务

- 任务 1 Docker 的安装与配置。
- 任务 2 Kubernetes 的部署与应用。
- 任务 3 云容器服务的部署与管理。
- 项目实训 业务系统容器集群的部署。

任务 1 Docker 的安装与配置

教学课件 4-1-1

教学课件 4-1-2

教学课件 4-1-3

（一）任务描述

Docker 是一种典型的容器技术和产品，Docker 项目通过容器镜像，直接将一个软件应用运行所需的完整环境打包进去。Docker 项目实际上解决了"软件应该通过什么样的方式进行交付"的问题，在事实上改写了软件交付的方式。通过对本任务的学习，学习者能够更深入地理解 Docker 的概念和原理，掌握 Docker 的安装与配置过程，为应用容器化配置操作做好准备。

（二）问题引导

- 容器技术与虚拟化技术的区别是什么？
- 容器技术的优势和特点有哪些？
- 如何使用和配置 Docker？

（三）知识准备

1. 容器的概念

"容器"（Container）在生活中是一种基础工具，泛指任何可以用于容纳其他物品的工具，小到锅碗瓢盆，大到集装箱、仓库等。容器通过部分或完全封闭的方式，实现容器内外的隔离，被用于容纳、储存和运输物品。物品可以被放置在容器中，而容器则可以隔离和保护容器内的物品。

延伸到计算机领域，容器是一个将软件打包成用于开发、运输和部署的标准化单元。容器打包了特定应用程序代码及其运行所需的所有依赖项，因此应用程序可以从一个计算环境快速可靠地运行到另一个计算环境。因此，计算机领域中的容器实现了软件进程与系统其他部分的隔离。容器一般由编排好的特定镜像来提供应用的所有依赖项，在从开发到测试再到生产的整个过程中，它都具有可移植性和一致性。

下述场景可以帮助学习者理解计算机领域应用容器的缘由。某程序员使用一台笔记本电脑开发一个应用，该应用的开发环境有特定的配置要求，包括笔记本电脑当前配置和某些特定的库、依赖项和文件等。该程序员希望在笔记本电脑上开发的应用能够同时支持其在公司计算机上的开发环境，确保该应用能够在公司的开发环境中运行并通过测试，并且在部署过程中不出现令人头疼的不匹配、不兼容等问题，无须进行重新编写代码和故障修复。

使用容器能够充分满足该程序员的要求，通过容器化部署，可以确保应用拥有必需的库、依赖项和文件能够方便地在使用过程中自如地迁移，无须担心出现任何负面影响。

2. 容器和虚拟机

容器是一种虚拟化技术，与虚拟机类似。虚拟化技术是使用逻辑方式来表示物理资源，从而摆脱物理限制的约束，提高物理资源的利用率。容器和虚拟机，是在计算机不同层面进行的虚拟化。

容器和虚拟机具有相似的资源隔离和分配优势，但功能不同，容器虚拟的是操作系统而不是硬件。虚拟机虚拟的是一整套硬件系统，包括 CPU、内存、外设等。相对虚拟机，容器更便携，更高效，也更小巧，更容易部署。

虚拟机使用户的操作系统（Windows 或 Linux）可同时在单个硬件系统上运行，需要虚拟整个物理硬件平台，典型代表就是我们常见的"VMware Workstation"。容器则可以共享同一个操作系统内核，将应用进程与系统其他部分隔离开。例如，ARM Linux 系统运行 ARM Linux 容器，x86 Linux 系统运行 x86 Linux 容器，x86 Windows 系统运行 x86 Windows 容器。容器具有极佳的可移植性，当然前提是必须与底层系统兼容。容器和虚拟机的对比如图 4-1 所示。

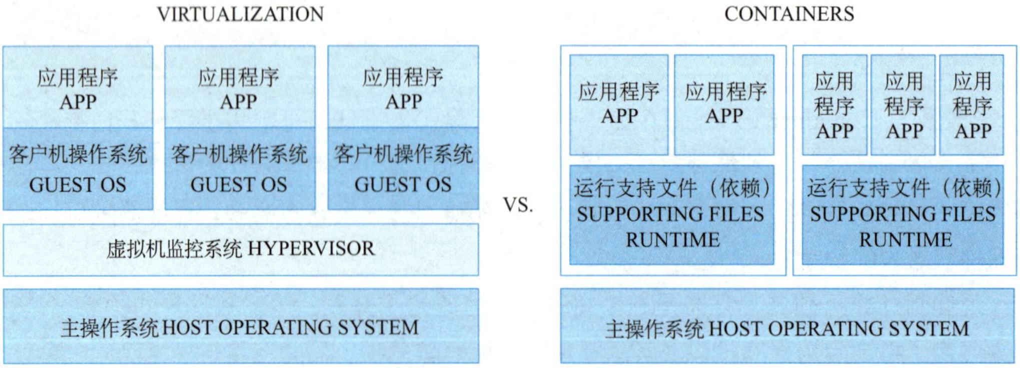

图 4-1　容器和虚拟化的对比

虚拟化会使用虚拟机监控程序（Hypervisor）模拟硬件，从而使多个操作系统能够并行运行，但不如容器轻便。事实上，在仅拥有容量有限的资源时，用户需要进行密集地部署轻量级应用。容器在本机操作系统上运行，与所有容器共享该操作系统，应用和服务能够保持轻巧、并行化快速运行。

3. 容器技术发展历史

容器技术的出现源于"进程隔离"思想，程序员们很早就有"在现有操作系统环境下隔离出一个可供软件进行构建和测试的环境"的想法和实践。2000 年，FreeBSD 操作系统发布了"jail"命令（jail 意为"监狱"，形象地表示出"隔离"的意思），宣布了 FreeBSD Jails 隔离环境的正式发布。隔离出了独立进程环境和用户体系，并为 Jails 环境分配了独立的 IP 地址。

2001 年，LXC（Linux Container，Linux 容器）诞生，容器技术通过 VServer 项目进入了 Linux 领域，这项工作的目的是"在高度独立且安全的单一环境中运行多个通用 Linux 服务器"。

2001 年，Linux 内核新增了 Linux VServer（虚拟服务器），为 Linux 系统提供虚拟化功能。Linux VServer 采取的也是 jail 机制，它能够划分计算机系统上的文件系统、网络地址和内存，并允许一次运行多个虚拟单元。

2004 年，SUN 发布了 Solaris Containers。

2005 年，OpenVZ 发布，类似于 Solaris Containers，它通过对 Linux 内核进行补丁来提供虚拟化、隔离、资源管理和状态检查。

2006 年，Google 开源内部开始使用 Process Container 技术，Process Container 是 Google 工程师眼中"容器"技术的雏形，用来对一组进程进行限制、记账、隔离资源（CPU、内存、磁盘 I/O、网络等）。Process Container 在 2007 年就进入了 Linux 内核主干，并正式更名为 Cgroups，标志着 Linux 阵营中"容器"的概念开始被重新审视和实现。

2008 年，通过将 Cgroups 的资源管理能力和 Linux Namespace（命名空间）的视图隔离能力组合在一起，一项完整的容器技术 LXC（Linux Container）出现在了 Linux 内核中，这就是如今被广泛应用的容器技术的基础。

Docker 容器技术通过 dotCloud 登上了舞台。Docker 技术将 LXC 与经过改进的开发工具结合在一起，从而提高了容器的用户友好度。

2013 年，Docker 项目正式发布，让 Linux 容器技术逐步席卷天下。Docker 最初是一个叫作 dotCloud 的 PaaS 服务公司的内部项目，后来该公司改名为 Docker。Docker 最大的特性就是引入了容器镜像，通过容器镜像将应用程序与运行该程序需要的环境打包放在一个文件里面。运行这个文件，就会生成一个虚拟容器。

2014 年，Google 推出开源的容器编排引擎 Kubernetes。为了适应混合云场景下大规模集群的容器部署、管理等需要，Google 在 2014 年 6 月推出了容器集群管理系统 Kubernetes（简称 K8S）。

2015 年，Docker 推出容器集群管理工具 Docker Swarm。Google 于 2015 年 4 月与 CoreOS 合作发布了首个企业发行版的 Kubernetes Tectonic。从此，容器江湖分为两大阵营，Google 派系和 Docker 派系。两大派系的竞争愈演愈烈，逐渐延伸到行业标准的建立之争。

2015 年 6 月，Docker 联合 Linux 基金会成立 OCI（Open Container Initiative）组织，旨在"制定并维护容器镜像格式和容器运行时的正式规范（OCI Specifications）"，围绕容器格式和运行时制定一个开放的工业化标准。

2015 年 7 月，Google 也联合 Linux 基金会成立 CNCF（Cloud Native Computing Foundation 云原生计算基金会），并将 Kubernetes 作为首个编入 CNCF 管理体系的开源项目，旨在"构建云原生计算——一种围绕着微服务、容器和应用动态调度的、以基础设施为中心的架构，并促进其广泛使用"。

这两大围绕容器相关开源项目建立的开源基金会为推动日后的云原生发展发挥了重要作用，二者相辅相成，制定了一系列行业标准，成为当下最为活跃的开源组织。

4. Docker 的概念

Docker 项目的发布极大地推动了容器的发展，因此很多人以为"容器 =Docker"。"Docker"一词指代了多个概念，包括开源社区项目、开源项目使用的工具、主导支持此类项目的公司 Docker Inc.，以及该公司官方支持的工具。IT 软件中的"Docker"是指容器化技术，目标是创建和使用 Linux 容器。开源 Docker 社区致力于改进 Docker 技术，并免费提供给所有用户，互利共赢。Docker Inc. 公司凭借 Docker 社区产品起家，它主要负责提升社区版本的安全性，并将技术进步与广大技术社区分享。此外，它还专门对这些技术产品进行完善和安全加固，服务于企业客户。本书中"Docker"一般是指 Docker 容器化技术。

借助 Docker，用户可将容器当成轻巧、模块化的虚拟机使用。同时还将获得高度的灵活性，从而可以高效地创建、部署和复制容器，并能将其从一个环境顺利迁移至另一个环境。

Docker 技术使用 Linux 内核和内核功能（Cgroups 和 Namespaces）来分隔进程，以便各进程相互独立地运行，充分发挥基础设施的作用，同时保持各个独立系统的安全性。

Linux 中的 PID、IPC、网络等资源是全局的，NameSpace 机制是一种资源隔离方案，在该机制下这些资源就不再是全局的了，而是属于某个特定的 NameSpace，各个 NameSpace 下的资源互不干扰。

有了 NameSpace 技术可以实现资源隔离，但进程还是可以不受控制地访问系统资源，比如 CPU、内存、磁盘、网络等。为了控制容器中进程对资源的访问，Docker 采用 Control Groups 技术（即 CGroup）。有了 CGroup 就可以控制容器中进程对系统资源的消耗了，比如限制某个容器使用内存的上限、在哪些 CPU 上运行等。

5. Docker 架构

Docker 使用 C/S 架构。Docker 客户端（Docker client）与 Docker 守护进程（Docker daemon）对话，Docker client 负责处理用户输入的各种命令，比如 Docker build、Docker run，真正工作的其实是 Server，也就是 Docker demon；Docker demon 负责构建、运行和分发 Docker 容器的繁重工作。Docker 架构如图 4-2 所示。

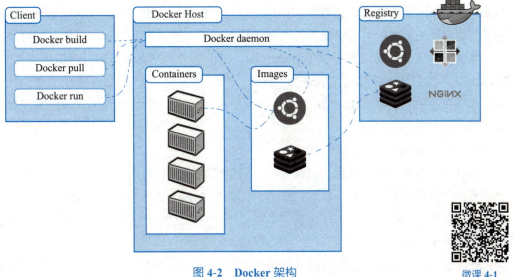

图 4-2　Docker 架构

微课 4-1

Docker 客户端和守护程序可以在同一系统上运行，也可以将 Docker 客户端连接到远程 Docker 守护程序（在不同系统上运行）。一个 Docker 客户端和守护进程使用 REST API、UNIX 套接字或网络接口进行通信。另一个 Docker 客户端是 Docker Compose（容器管家，主要用于单机上的容器编排），它允许用户使用由一组容器组成的应用程序。

下面结合图 4-2 对 Docker 架构及其响应过程进行介绍。

（1）Docker daemon

Docker 守护进程（运行在 Docker Host 上）侦听 Docker API 请求并管理 Docker 对象，

例如 Images（镜像）、Containers（容器）、网络和卷。Docker 守护进程还可以与其他守护进程通信以管理 Docker 服务。

（2）Docker client

Docker 客户端是用户与 Docker 交互的端口。当用户使用诸如 docker run 之类的命令时，客户端会将这些命令发送到 Docker 服务器，后者会执行这些命令。docker 命令使用 Docker API。Docker 客户端可以与多个守护进程通信。

（3）Docker Host

Docker Host 可以看作是 Docker 服务器，是一个物理或者虚拟的机器，用于执行 Docker 守护进程和容器。

（4）Images

镜像是一个只读模板，包含创建 Docker 容器的说明。通常一个镜像是基于另一个镜像的，并带有一些额外的自定义。例如，可以构建一个基于 ubuntu 镜像的镜像，以安装 Apache Web 服务器和其他应用程序，以及获得应用程序运行所需的配置详细信息等。用户可以创建自己的镜像，也可以使用其他人创建并在注册表中发布的镜像。要创建自己的镜像，需要使用简单的语法创建一个 Dockerfile，用于定义创建镜像和运行镜像所需的步骤。Dockerfile 中的每条指令都会在镜像中创建一个层，当更改 Dockerfile 并重建镜像时，只会重建那些更改的层。这是 Docker 与其他虚拟化技术相比，更为灵活、小巧和快速部署的原因。

（5）Containers

Docker 镜像和容器的关系，就像是面向对象程序设计中的类和实例一样，镜像是静态的定义，容器是镜像的可运行实例，用户可以使用 Docker API 或 CLI 创建、启动、停止、移动或删除容器。可以将容器连接到一个或多个网络，为其附加存储，甚至可以根据其当前状态创建新镜像。

默认情况下，容器与其他容器及其主机相对隔离。用户可以控制容器的网络、存储或其他底层子系统与其他容器（或主机）之间的隔离程度。容器由其镜像在创建或启动它时提供给它的配置选项进行定义。当容器被移除时，未存储在持久存储中的对其状态的任何更改都会消失。

（6）Docker Registry

Registry 是注册处、登记处的意思，在 Docker 中是获取容器镜像的地方。Docker Registry 可以想象为一个镜像的仓库，默认的 Registry 是 Docker 官方提供的 Docker Hub。Docker Hub 是一个任何人都可以使用的公共注册中心，Docker 默认配置为在 Docker Hub 上查找镜像。用户也可以运行自己的私有 Registries。

当使用 docker pull 或 docker run 命令时，所需的镜像将从用户配置的镜像仓库中提取。当使用 docker push 命令时，镜像将被推送到私有镜像仓库。

6. Docker 的优势

Docker 技术最初是基于 LXC 技术，但后来它逐渐摆脱了对这种技术的依赖。就轻量级虚拟化这一功能来看，LXC 非常有用，但它无法提供出色的用户体验。除了运行容器之外，Docker 技术还具备其他多项功能，包括简化用于构建容器、传输镜像及控制镜像版本的流程等。Docker 与 LXC 的比较如图 4-3 所示。

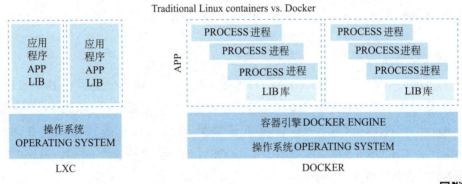

图 4-3　Docker 与 LXC 的比较

微课 4-2

Docker 容器具有如下特点。

（1）模块化

Docker 容器化方法非常注重在不停止整个应用的情况下，单独截取部分应用进行更新或修复的能力。除了这种基于微服务的方法，用户还可以采用与面向服务的架构（SOA）类似的使用方法，在多个应用间共享进程。

（2）层和镜像版本控制

每个 Docker 镜像文件都包含多个层。这些层组合在一起，构成单个镜像。每当镜像发生改变时，就会创建一个新的镜像层。用户每次发出命令（例如 run 或 copy）时，都会创建一个新的镜像层。Docker 重复使用这些层来构建新容器，借此帮助加快流程构建。镜像之间会共享中间变化，从而进一步提升速度、规模以及效率。版本控制是镜像层本身自带的能力。每次发生新的更改时，用户大都会获得一个内置的更改日志，实现对容器镜像的全盘管控。

（3）回滚

回滚也许是层最值得一提的功能。每个镜像都拥有多个层。举例而言，如果不喜欢迭代后的镜像版本，完全可以通过回滚返回之前的版本。这一功能还支持敏捷开发方法，帮助持续实施集成和部署（CI/CD），使其在工具层面成为一种现实。

（4）快速部署

启动和运行新硬件、实施部署并投入使用，这在过去一般需要数天时间，而且投入的心力和成本往往也让人不堪重负。基于 Docker 的容器可将部署时间缩短到几秒。通过为每个进程构建容器，可以快速将这些类似进程应用到新的应用程序中。由于无须启动操作系统即可添加或移动容器，因此大幅缩短了部署时间。得益于这种部署速度，用户可以轻松、经济、高效地创建和销毁容器创建的数据。

（四）任务实施

1. 安装 Docker

目前，Docker 版本分为 Docker ce（社区版）与 Docker ee（企业版）。Docker ee 相对于 Docker ce 增加了额外的支付产品和支持，安全性更好。下面介绍 Docker ce 的安装。

Docker 运行在 Cent OS 7 上时，要求系统为 64 位，系统内核版本为 3.10 以上。Docker 运行在 CentOS 6.5 或更高版本的 Cent OS 上时，要求系统为 64 位，系统内核版本为 2.6.32-431 或者更高。

这里使用的基础环境为 Cent OS-7-x86_64-DVD-2009，最小化安装，系统配置为 64 bits CPU、Linux Kernl 3.10+、Linux Kernl cgroups and amespaces。

注意：系统安装库中必须包含 base 源、extras 源及 updates 源安装包。由于官网速度较慢，这里以 aliyun 镜像库中的 Docker ce 安装为例进行介绍。

一般 Cent OS7 最小化安装后，系统未安装 wget 工具，所以首先要安装 wget。安装 wget 的命令如下：

```
[root@CentOS7 ~]#yum -y install wget
```

接着从阿里云镜像下载 Docker ce 库，具体命令如下，返回信息如图 4-4 所示。

```
[root@CentOS7 ~]#wget https://mirrors.aliyun.com/docker-ce/linux/
centos/docker-ce.repo
[root@CentOS7 ~]#yum repolist
```

```
Loaded plugins: fastestmirror
Loading mirror speeds from cached hostfile
 * base: mirrors.aliyun.com
 * extras: mirrors.aliyun.com
 * updates: mirrors.aliyun.com
docker-ce-stable                                        | 3.5 kB      00:00
(1/2): docker-ce-stable/7/x86_64/updateinfo             |  55 B      00:00
(2/2): docker-ce-stable/7/x86_64/primary_db             |  60 kB      00:00
repo id                               repo name                        status
base/7/x86_64                         CentOS-7 - Base                  10,072
docker-ce-stable/7/x86_64             Docker CE Stable - x86_64           112
extras/7/x86_64                       CentOS-7 - Extras                   476
updates/7/x86_64                      CentOS-7 - Updates                2,189
repolist: 12,849
```

图 4-4 下载 Docker ce 库返回信息

接下来，使用 yum 安装命令 Docker ce，具体如下：

```
[root@CentOS7 ~]#yum install docker-ce -y
```

查看 Docker 版本，具体命令如下，返回信息如图 4-5 所示。

```
[root@CentOS7 ~]#docker version
```

```
Client: Docker Engine - Community
 Version:          20.10.6
 API version:      1.41
 Go version:       go1.13.15
 Git commit:       370c289
 Built:            Fri Apr  9 22:45:33 2021
 OS/Arch:          linux/amd64
 Context:          default
 Experimental:     true

Server: Docker Engine - Community
 Engine:
  Version:          20.10.6
  API version:      1.41 (minimum version 1.12)
  Go version:       go1.13.15
  Git commit:       8728dd2
  Built:            Fri Apr  9 22:43:57 2021
  OS/Arch:          linux/amd64
  Experimental:     false
 containerd:
  Version:          1.4.4
  GitCommit:        05f951a3781f4f2c1911b05e61c160e9c30eaa8e
 runc:
  Version:          1.0.0-rc93
  GitCommit:        12644e614e25b05da6fd08a38ffa0cfe1903fdec
 docker-init:
  Version:          0.19.0
  GitCommit:        de40ad0
```

图 4-5 查看 Docker 版本返回信息

至此，Docker 安装完成。

2. Docker 的启动与停止

启动 Docker，具体命令如下：

```
[root@CentOS7 ~]#systemctl start docker
```

查看是否启动成功，具体命令如下，返回信息如图 4-6 所示。

```
[root@CentOS7 ~]# systemctl status docker
```

```
[root@CentOS7 ~]# systemctl status docker
● docker.service - Docker Application Container Engine
   Loaded: loaded (/usr/lib/systemd/system/docker.service; disabled; vendor preset: disabled)
   Active: active (running) since Fri 2021-05-14 06:59:09 EDT; 1s ago
     Docs: https://docs.docker.com
 Main PID: 20074 (dockerd)
    Tasks: 12
   Memory: 46.7M
   CGroup: /system.slice/docker.service
           └─20074 /usr/bin/dockerd -H fd:// --containerd=/run/containerd/containerd.sock
```

图 4-6 查看 Docker 是否启动成功返回信息

Docker 启动成功后，网卡中将出现一块名称为 Docker0 的虚拟桥接网卡（其信息如图 4-7 所示），用于进行宿主机与 Docker 容器间的通信。

```
[root@CentOS7 ~]# ifconfig
docker0: flags=4099<UP,BROADCAST,MULTICAST>  mtu 1500
        inet 172.17.0.1  netmask 255.255.0.0  broadcast 0.0.0.0
        inet6 fe80::42:78ff:fecb:935f  prefixlen 64  scopeid 0x20<link>
        ether 02:42:78:cb:93:5f  txqueuelen 0  (Ethernet)
        RX packets 5  bytes 376 (376.0 B)
        RX errors 0  dropped 0  overruns 0  frame 0
        TX packets 2  bytes 176 (176.0 B)
        TX errors 0  dropped 0 overruns 0  carrier 0  collisions 0
```

图 4-7 Docker0 虚拟桥接网卡信息

停止 Docker，具体命令如下：

```
[root@CentOS7 ~]#systemctl stop docker
```

重启 Docker，具体命令如下：

```
[root@CentOS7 ~]#systemctl restart docker
```

当 Docker 已经启动时才能查看信息，使用如下命令：

```
[root@CentOS7 ~]# docker info
```

即可查看当前 Docker 相关信息。

3. 测试运行 Hello-world

测试运行 Hello-world 的命令如下，返回信息如图 4-8 所示。

```
[root@CentOS7 ~]#docker search hello-world
```

```
[root@CentOS7 ~]# docker search hello-world
INDEX       NAME                                                DESCRIPTION                                         STARS   OFFICIAL   AUTOMATED
docker.io   docker.io/hello-world                               Hello World! (an example of minimal Docker...      1436    [OK]
docker.io   docker.io/kitematic/hello-world-nginx               A light-weight nginx container that demons...      149
docker.io   docker.io/tutum/hello-world                         Image to test docker deployments. Has Apac...      81                 [OK]
docker.io   docker.io/dockercloud/hello-world                   Hello World!                                        19                 [OK]
docker.io   docker.io/crccheck/hello-world                      Hello World web server in under 2.5 MB              14                 [OK]
docker.io   docker.io/vad1mo/hello-world-rest                   A simple REST Service that echoes back all...       5                 [OK]
docker.io   docker.io/ppc64le/hello-world                       Hello World! (an example of minimal Docker...       2
docker.io   docker.io/ansibleplaybookbundle/hello-world-apb     An APB which deploys a sample Hello World!          1                  [OK]
docker.io   docker.io/ansibleplaybookbundle/hello-world-db-apb  An APB which deploys a sample Hello World!          1                  [OK]
docker.io   docker.io/datawire/hello-world                      Hello World! Simple Hello World implementa...       1                  [OK]
docker.io   docker.io/markmnei/hello-world-java-docker          Hello-World-Java-docker                             1                  [OK]
docker.io   docker.io/rancher/hello-world                                                                           1
docker.io   docker.io/souravpatnaik/hello-world-go              hello-world in Golang                               1
docker.io   docker.io/thomaspoignant/hello-world-rest-json      This project is a REST hello-world API to ...       1
docker.io   docker.io/airwavetechio/hello-world                                                                     0
docker.io   docker.io/burdz/hello-world-k8s                     To provide a simple webserver that can hav...       0                  [OK]
docker.io   docker.io/businessgeeks00/hello-world-nodejs                                                            0
docker.io   docker.io/freddiedevops/hello-world-spring-boot                                                         0
docker.io   docker.io/garystafford/hello-world                  Simple hello-world Spring Boot service for...       0                  [OK]
docker.io   docker.io/infrastructureascode/hello-world          A tiny "Hello World" web server with a hea...       0                  [OK]
docker.io   docker.io/koudaiii/hello-world                                                                          0
docker.io   docker.io/nirmata/hello-world                                                                           0                  [OK]
docker.io   docker.io/strimzi/hello-world-consumer                                                                  0
docker.io   docker.io/strimzi/hello-world-producer                                                                  0
docker.io   docker.io/strimzi/hello-world-streams                                                                   0
```

图 4-8 测试运行 Hello-world 返回信息

使用命令可以搜索包含搜索词的 docker image。

运行 Hello-world 镜像，由于本地没有 Hello-world 这个镜像，所以 Docker 会自动从配置库里下载一个 Hello-world 镜像，并在本容器内运行。下载 Hello-world 镜像的命令如下，返回信息如图 4-9 所示。

```
[root@CentOS7 ~]# docker run hello-world
```

```
[root@CentOS7 ~]# docker run hello-world

Hello from Docker!
This message shows that your installation appears to be working correctly.

To generate this message, Docker took the following steps:
 1. The Docker client contacted the Docker daemon.
 2. The Docker daemon pulled the "hello-world" image from the Docker Hub.
    (amd64)
 3. The Docker daemon created a new container from that image which runs the
    executable that produces the output you are currently reading.
 4. The Docker daemon streamed that output to the Docker client, which sent it
    to your terminal.

To try something more ambitious, you can run an Ubuntu container with:
 $ docker run -it ubuntu bash

Share images, automate workflows, and more with a free Docker ID:
 https://hub.docker.com/

For more examples and ideas, visit:
 https://docs.docker.com/get-started/
```

图 4-9   下载 **Hello-world** 镜像返回信息

这时，本地就有了 hello-world 镜像，可以使用如下命令查看本地已有镜像，返回信息如图 4-10 所示。

```
[root@CentOS7 ~]#docker image ls
```

```
[root@CentOS7 ~]# docker image ls
REPOSITORY               TAG              IMAGE ID           CREATED          SIZE
docker.io/hello-world    latest           d1165f221234       2 months ago     13.3 kB
```

图 4-10   查看本地已有镜像返回信息

4. 配置镜像加速器

从 DockerHub 获取镜像有时速度会很慢甚至无法获取，此时可以配置镜像加速器。Docker 官方和国内很多云服务商都提供了国内加速器服务。例如，Docker 官方提供的中国镜像库 https://registry.docker-cn.com、七牛云加速器 https://reg-mirror.qiniu.com、网易加速器 http://hub-mirror.c.163.com 等。

配置加速器的命令如下：

```
vi /etc/docker/daemon.json
{
" registry-mirrors " :[ " http://hub-mirror.c.163.com " ]
}
```

重启 docker 服务，其命令如下：

```
[root@CentOS7 ~]# systemctl restart docker.service
```

这时输入如下命令重新查看 Docker 信息，就能看到配置的镜像信息，如图 4-11 所示。

```
[root@CentOS7 ~]# docker info
```

```
Registry Mirrors:
 http://hub-mirror.c.163.com/
Live Restore Enabled: false
```

图 4-11　重新查看 Docker 中的配置镜像信息

任务 2　Kubernetes 的部署与应用

(一) 任务描述

教学课件 4-2-1　　微课 4-3　　教学课件 4-2-2

Docker 在最初设计时只关注单一容器如何更好地运行，随后不久，人们便意识到了单一容器本身的管理没有太大价值。也就是说，Docker 的价值在单一的容器中并没有发挥出来，只有当管理大规模容器集群时，其价值才能发挥出来。容器编排系统迅速成为研究热点，这就有了 Docker 容器编排三剑客，即 Docker-Compose、Docker-Machine 和 Docker-Swarm。Google 凭借 Brog 和 Omage 的十几年使用经验开源了 Kubernetes 容器编排技术，迅速占领市场，成为事实上的标准。通过对本任务的学习，学习者能够理解 Kubernetes 的概念和原理，掌握 Kubernetes 的部署与应用，实现容器集群的管理调度。

(二) 问题引导

● 容器编排系统有什么作用？
● Kubernetes 的主要功能有哪些？
● 如何使用 Kubernetes 构建容器集群？

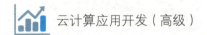

（三）知识准备

1. 容器编排的相关概念

Docker 本身非常适合用于管理单个容器，但随着用户使用越来越多的容器和容器化应用并把容器划分成数百个部分，很快导致管理和编排变得非常困难。用户不得不对容器实施分组，以便跨所有容器提供网络、安全、遥测等服务，容器编排系统应运而生。

（1）Docker-Compose

Docker-Compose 是一个容器管家，主要用于单机上的容器编排。当 Docker 中有成百上千的容器需要启动时，使用 Docker-Compose 只需要编写一个文件，在这个文件里面声明要启动的容器，配置一些参数，执行这个文件，Docker 就会按照声明的配置启动所有容器。但是，Docker-Compose 只能管理当前主机上的 Docker 容器，不能启动其他主机上的 Docker 容器。

（2）Docker Swarm

Docker Swarm 是一款用来管理分布式多主机上 Docker 容器的工具，可以负责启动容器并监控容器状态，如果发现有容器状态不正常便直接启动一个新的容器来提供服务，同时维护服务之间的负载均衡。

（3）Docker Machine

Docker Machine 是 Docker 公司官方开发的，用于在各种平台上快速创建具有 Docker 服务的虚拟机的技术。

（4）Kubernetes

Kubernetes 又称为 K8s（首字母为 K，首字母与尾字母之间有 8 个字符，尾字母为 s，所以简称 K8s）或 kube，是一种可以自动实施 Linux 容器操作的开源平台。Kubernetes 可以帮助用户省去应用容器化过程中的许多手动部署和扩展操作，管理的容器集群可以跨公共云、私有云或混合云部署主机。全面拥抱微服务、超强横向扩展能力等特点使得 Kubernetes 成为容器编排技术的用户首选。

Kubernetes 由 Google 工程师开发和设计。Google 是最早研发 Linux 容器技术的企业之一（组建了 Cgroups），曾公开分享 Google 如何将一切都运行于容器之中（这是 Google 云服务背后的技术）。Google 每周会启用超过 20 亿个容器，全都由内部自用的容器调度平台 Borg 和 Omega 支撑。基于 Borg 和 Omega，Google 开发出开源的 Kubernetes，多年来开发 Borg 的经验教训成了影响 Kubernetes 中许多技术的主要因素。

2. Kubernetes 主要功能

Kubernetes 经过几年的快速发展，形成了一个庞大的生态环境，Google 在 2014 年将

Kubernetes 作为开源项目，更加推动了 Kubernetes 的应用普及。由于能够进行应用的自动化部署和扩缩容，在 Kubernetes 中，会将组成应用的容器组合成一个逻辑单元以更易管理和发现。Kubernetes 的关键特性包括以下几点。

自动化装载：在不牺牲可用性的条件下，基于容器对资源的要求和约束自动部署容器。

自愈能力：当容器失败时，会对容器进行重启；当所部署的 Node 节点有问题时，会对容器进行重新部署和重新调度；当容器未通过监控检查时，会关闭此容器，直到容器正常运行才会对外提供服务。

水平扩容：通过简单的命令、用户界面或基于 CPU 的使用情况，能够对应用进行扩容和缩容。

服务发现和负载均衡：开发者不需要使用额外的机制，就能够基于 Kubernetes 进行服务发现和负载均衡。

自动发布和回滚：Kubernetes 能够程序化地发布应用和相关配置。如果发布有问题，Kubernetes 将能够回滚发生的变更。

保密和配置管理：在不需要重新构建镜像的情况下，可以部署和更新保密和应用配置。

存储编排：自动挂接存储系统，这些存储系统可以来自本地、公共云提供商（如 GCP 和 AWS）、网络存储（如 NFS、iSCSI、Gluster、Ceph 和 Cinder）等。

3. Kubernetes 的整体架构

Kubernetes 属于主从分布式架构，由主节点 Master 和工作节点 Node 组成，还包括客户端命令行工具 Kubectl 和其他附加项，下面结合图 4-12 介绍其整体架构。

教学课件 4-2-3　　微课 4-4

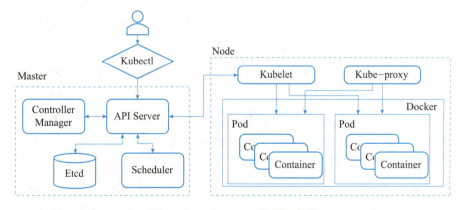

图 4-12　Kubernetes 架构示意图

（1）Master

在 Kubernetes 中，Master 是集群控制节点，有些技术资料上称其为"Master Node"。作为控制节点，Master 对集群进行调度管理，由 API Server、Scheduler、Cluster State Store（图中使用 Etcd）和 Controller Manger 组成。

API Server 主要用来处理 REST 的操作，确保它们生效，并执行相关业务逻辑，以及更新 Etcd（或者其他存储）中的相关对象。API Server 是所有 REST 命令的入口，它的相关结果状态将被保存在 Etcd（或其他存储）中。API Server 的基本功能包括：REST 语义、监控、持久化和一致性保证、API 版本控制、放弃和生效；内置准入控制语义，同步准入控制钩子，以及异步资源初始化；API 注册和发现。另外，API Server 也作为集群的网关。默认情况，客户端通过 API Server 对集群进行访问，客户端需要通过认证，并使用 API Server 作为访问 Node 和 Pod（以及 service）的堡垒和代理 / 通道。

Kubernetes 默认使用 Etcd 作为集群整体存储。Etcd 是一个简单、分布式、一致性 key-value 存储，主要被用来共享配置和服务发现。Etcd 提供了一个 CRUD 操作的 REST API，以及提供了作为注册的接口，以监控指定的 Node。集群的所有状态都存储在 Etcd 实例中，并具有监控功能。因此，当 Etcd 中的信息发生变化时，Kubernetes 就能够快速的通知集群中相关的组件。

Controller Manager 用于执行大部分集群层次的功能，它既执行生命周期功能（如命名空间创建和生命周期、事件垃圾收集、已终止垃圾收集、级联删除垃圾收集、Node 垃圾收集），也执行 API 业务逻辑（如 Pod 的弹性扩容）。

Scheduler 组件为容器自动选择运行的主机。依据请求资源的可用性，服务请求的质量等约束条件，Scheduler 监控未绑定的 Pod，并将其绑定至特定的 Node。Kubernetes 也支持用户自己提供的调度器，Scheduler 负责根据调度策略自动将 Pod 部署到合适的 Node 中。

（2）Node

在 Kubernetes 中，Node 是工作节点，Master 一般有一个，Node 可以有若干个，也称"Worker Node"，在较早的版本中称为"Minion"。

Node 作为工作节点、运行业务应用的容器，包含 Kubelet、Kube-proxy 和 Container Runtime（图中使用 Docker 引擎）。

Kubelet 是在每个 Node 上运行的主要"节点代理"，负责 Pod 对应的容器的创建、启停等任务，同时与 Master 密切协作，实现集群管理的基本功能。它可以使用主机名（Hostname）、覆盖主机名的参数或者某个云提供商的特定逻辑向 API Server 注册。Kubelet 是基于 PodSpec 工作的，每个 PodSpec 是一个描述 Pod 的 YAML 或 JSON 对象。Kubelet 接受通过各种机制（主要是通过 API Server）提供的一组 PodSpec，并确保这些 PodSpec

中描述的容器处于运行状态且运行状况良好。Kubelet 不管理不是由 Kubernetes 创建的容器。

Kube-proxy 是实现集群通信与负载均衡机制的重要组件，负责为 Pod 创建代理服务、引导访问至服务、实现服务到 Pod 的路由和转发、负载均衡等。

每个 Node 都会运行一个 Container Runtime，通常是 Docker 引擎，负责本节点的容器创建和管理工作。Kubernetes 本身并不提供容器运行时的环境，但提供了接口，可以插入所选择的容器运行时所需环境。

Pod 是可以在 Kubernetes 中创建和管理的、最小的可部署的计算单元，是一组（一个或多个）容器，这些容器共享存储、网络，以及怎样运行这些容器的声明。

Kubernetes Pods 有确定的生命周期。例如，当某 Pod 在集群中运行时，Pod 运行所在的节点如果出现致命错误，那么所有该节点上的 Pods 都会失败。Kubernetes 将这类失败视为最终状态，即使该节点后来恢复正常运行，也需要创建新的 Pod 来恢复应用。

（3）Kubectl

Kubectl 是用户通过命令行与 API Server 进行交互的工具，对 Kubernetes 进行操作，实现在集群中进行各种资源的增、删、改、查。

4. Kubernetes 工作负载（Workloads）

可以使用工作负载（Workloads，也称为控制器）资源来创建和管理多个 Pod。控制器能够处理副本的管理、上线，并在 Pod 失效时提供自愈能力。例如，如果一个节点失败，控制器注意到该节点上的 Pod 已经停止工作，就可以创建替换性的 Pod。调度器会将替换的 Pod 调度到一个健康的节点执行。

常见的管理一个或者多个 Pod 的工作负载工具有 Deployment、ReplicaSet、StatefulSet、DaemonSet、Jobs 等。

（1）Deployment

Deployment 用于部署无状态应用。无状态应用实例不涉及事务交互，不产生持久化数据存储，并且多个应用实例对同一个请求响应的结果是完全一致的，例如 nginx、tomcat 等。Deployment 可以用于更新 Pod 和 ReplicaSet，具有上线部署、副本设定、滚动升级、回滚等功能，提供声明式更新。

（2）ReplicaSet

ReplicaSet 的目的是维护一组在任何时候都处于运行状态的 Pod 副本的稳定集合。因此，它通常用来保证给定数量的、完全相同的 Pod 的可用性。然而，Deployment 是一个更高级的概念，它管理 ReplicaSet，并向 Pod 提供声明式的更新及许多其他有用的功能。

因此，Kubernetes 建议使用 Deployment 而不是直接使用 ReplicaSet，除非需要自定义更新业务流程或根本不需要更新。

（3）SatefulSet

StatefulSet 是用来管理有状态应用的工作负载 API 对象。有状态应用是需要数据存储功能的服务或者多线程类型的服务、队列等。例如 MySQL 数据库、Kafka、Redis、Zookeeper 等。

StatefulSet 用来管理某 Pod 集合的部署和扩缩，并为这些 Pod 提供持久存储和持久标识符。

和 Deployment 类似，StatefulSet 管理基于相同容器规约的一组 Pod，但和 Deployment 不同的是，StatefulSet 为每个 Pod 维护了一个有黏性的 ID。这些 Pod 是基于相同的规约来创建的，但是不能相互替换。无论怎么调度，每个 Pod 都有一个永久不变的 ID。

如果希望使用存储卷为工作负载提供持久存储，可以使用 StatefulSet 作为解决方案的一部分。尽管 StatefulSet 中的单个 Pod 仍可能出现故障，但持久的 Pod 标识符使得将现有卷与替换已失败 Pod 的新 Pod 相匹配变得更加容易。

（4）DaemonSet

DaemonSet 确保在全部（或者某些）节点上运行一个 Pod 的副本。当有节点加入集群时，也会为该节点新增一个 Pod。当有节点从集群移除时，这些 Pod 也会被回收。删除 DaemonSet 将会删除它创建的所有 Pod。

DaemonSet 通常会在每个节点上运行集群守护进程、日志收集守护进程、监控守护进程。

（5）Job

Job 用于批处理作业。Job 会创建一个或者多个 Pods，并将继续重试 Pods 的执行，直到指定数量的 Pods 成功终止。随着 Pods 成功结束，Job 跟踪记录成功完成的 Pods 个数。当数量达到指定的成功个数阈值时，任务（即 Job）结束。删除 Job 的操作会清除所创建的全部 Pods。挂起 Job 的操作会删除 Job 的所有活跃 Pod，直到 Job 被再次恢复执行。

Job 分为普通任务（Job）和定时任务（CronJob），普通任务（Job）一次性执行，如离线数据处理、视频解码等业务场景；定时任务（CronJob）像 Linux 的 Crontab 一样可以设置循环定时任务，如通知、备份等应用场景。

（四）任务实施

1. Kubernetes 容器集群环境配置

1）环境准备

集群环境规划表见表 4-1 所示。

表 4-1　集群环境规划表

节点	系统	处理器	内存	IP 地址
Master	CentOS_7.9 2009	2	4096M	172.16.10.101/24
Node1	CentOS_7.9 2009	1	2048M	172.16.10.102/24
Node2	CentOS_7.9 2009	1	2048M	172.16.10.103/24

按照网络规划对所有节点配置 IP 地址，设置静态地址。下面以 Master 节点为例进行介绍。其 IP 地址和静态地址的设置，命令如下：

```
[root@master ~]#vi /etc/sysconfig/network-scripts/ifcfg-eth0
DEVICE=" eth0 "
BOOTPROTO=" static "
ONBOOT=" yes "
IPADDR=172.16.10.101
PREFIX=24
GATEWAY=172.16.10.2
DNS1=8.8.8.8
```

2）配置 Hosts 解析（所有节点）

配置 Hosts 解析的命令如下：

```
[root@master ~]#vi /etc/hosts
172.16.10.100 master
172.16.10.102 node1
172.16.10.103 node2
```

使用 hostnamctl set-hostname 命令对所有节点主机名进行修改，命令如下：

```
hostnamectl set-hostname <主机名>
```

3）所有节点关闭防火墙服务，并禁止其自启动
具体命令如下：

```
[root@master ~]# systemctl stop firewalld && systemctl disable
firewalld
```

4）所有节点临时关闭 swap，并永久关闭 swap 分区
具体命令如下：

```
swapoff -a
sed -ri 's/.*swap.*/#&/' /etc/fstab
```

5）关闭 SELinux，并修改 /etc/sysconfig/selinux 文件禁用 SELinux
具体命令如下：

```
setenforce 0
sed -i " s/enforcing/disabled/g " /etc/selinux/config
```

6）配置时间同步
（1）配置 Master 节点
具体命令如下：

```
[root@master ~]# yum install -y chrony
```

注释默认 NTP 服务器，具体命令如下：

```
[root@master ~]# sed -i 's/^server/#&/' /etc/chrony.conf
```

指定上游公共 NTP 服务器，并允许其他节点同步时间，具体命令如下：

```
[root@master ~]# cat >> /etc/chrony.conf << EOF
server 0.asia.pool.ntp.org iburst
server 1.asia.pool.ntp.org iburst
server 2.asia.pool.ntp.org iburst
server 3.asia.pool.ntp.org iburst
allow all
EOF
```

开启网络时间同步功能，具体命令如下：

```
[root@master ~]#timedatectl set-ntp true
```

重启 Chronyd 服务并设为开机启动，具体命令如下：

```
[root@master ~]# systemctl enable chronyd && systemctl restart chronyd
```

（2）所有 Node 节点
安装 Chrony，具体命令如下：

```
yum install -y chrony
```

注释默认服务器，命令如下：

```
sed -i 's/^server/#&/' /etc/chrony.conf
```

指定内网 Master 节点为上游 NTP 服务器，命令如下：

```
echo server 172.16.10.100 iburst >> /etc/chrony.conf
```

重启服务并设为开机启动，命令如下：

```
systemctl enable chronyd && systemctl restart chronyd
```

所有节点执行 chronyc sources 命令，查看已存在的以 ^* 开头的行（见图 4-13），说明已经与服务器时间同步。

```
[root@node1 ~]# chronyc sources
210 Number of sources = 1
MS Name/IP address       Stratum Poll Reach LastRx Last sample
===============================================================================
^* master                  3    6   377    52  +1705ns[+3365ns] +/-   41ms
```

图 4-13　查看已存在的以 ^* 开头的行

（3）流量转发

在每个节点添加如下的命令：

```
cat > /etc/sysctl.d/k8s.conf << EOF
net.bridge.bridge-nf-call-ip6tables = 1
net.bridge.bridge-nf-call-iptables = 1
net.ipv4.ip_forward = 1
vm.swappiness = 0
EOF
```

（4）加载 br_netfilter 模块

加载 br_netfilter 模块的命令如下：

```
modprobe br_netfilter
```

查看是否加载，命令如下：

```
lsmod | grep br_netfilter
```

生效，命令如下，返回信息如图 4-14 所示。

```
sysctl --system
```

```
[root@node1 ~]# sysctl --system
* Applying /usr/lib/sysctl.d/00-system.conf ...
net.bridge.bridge-nf-call-ip6tables = 0
net.bridge.bridge-nf-call-iptables = 0
net.bridge.bridge-nf-call-arptables = 0
* Applying /usr/lib/sysctl.d/10-default-yama-scope.conf ...
kernel.yama.ptrace_scope = 0
* Applying /usr/lib/sysctl.d/50-default.conf ...
kernel.sysrq = 16
kernel.core_uses_pid = 1
kernel.kptr_restrict = 1
net.ipv4.conf.default.rp_filter = 1
net.ipv4.conf.all.rp_filter = 1
net.ipv4.conf.default.accept_source_route = 0
net.ipv4.conf.all.accept_source_route = 0
net.ipv4.conf.default.promote_secondaries = 1
net.ipv4.conf.all.promote_secondaries = 1
fs.protected_hardlinks = 1
fs.protected_symlinks = 1
* Applying /etc/sysctl.d/99-sysctl.conf ...
* Applying /etc/sysctl.d/k8s.conf ...
net.bridge.bridge-nf-call-ip6tables = 1
net.bridge.bridge-nf-call-iptables = 1
net.ipv4.ip_forward = 1
vm.swappiness = 0
* Applying /etc/sysctl.conf ...
```

图 4-14　生效返回信息

2. Kubernetes 安装

1）配置所有节点 yum 源

配置所有节点 yum 源，命令如下：

```
[root@master ~]#  vi /etc/yum.repos.d/kubernetes.repo
```

添加如下命令，返回信息如图 4-15 所示。

```
[kubernetes]
name=Kubernetes
baseurl=https://mirrors.aliyun.com/kubernetes/yum/repos/kubernetes-
el7-x86_64
enabled=1
gpgcheck=1
repo_gpgcheck=1
gpgkey=https://mirrors.aliyun.com/kubernetes/yum/doc/yum-key.gpg
https://mirrors.aliyun.com/kubernetes/yum/doc/rpm-package-key.gpg
```

```
[root@node1 ~]# yum repolist
. Loaded plugins: fastestmirror
Loading mirror speeds from cached hostfile
 * base: mirrors.cqu.edu.cn
 * extras: mirrors.cqu.edu.cn
 * updates: mirror.lzu.edu.cn
repo id                              repo name                         status
!base/7/x86_64                       CentOS-7 - Base                   10,072
!docker-ce-stable/7/x86_64           Docker CE Stable - x86_64            112
!extras/7/x86_64                     CentOS-7 - Extras                   476
!kubernetes                          Kubernetes                          666
!updates/7/x86_64                    CentOS-7 - Updates                2,189
repolist: 13,515
```

图 4-15　配置所有节点 yum 源返回信息

2）所有节点安装 Kubeadm 和相关工具

命令如下：

```
[root@master ~] # yum install -y {kubelet,kubeadm,kubectl}-1.14.2-0.
x86_64 kubernetes-cni-0.7.5-0.x86_64
```

3）所有节点安装 Docker

命令如下：

```
[root@master ~]#  yum install -y yum-utils device-mapper-persistent-
data lvm2
[root@master ~]#  yum-config-manager --add-repo http://mirrors.aliyun.
com/docker-ce/linux/centos/docker-ce.repo
[root@master ~]#  yum -y install docker-ce-18.06.3.ce-3.el7
```

安装完毕后，为所有节点配置 Docker 镜像加速，命令如下：

```
[root@master ~]# vi /etc/docker/daemon.json
```

添加以下内容并保存。

```
{
  "registry-mirrors" : [ "https://mw927oln.mirror.aliyuncs.com" ]
}
```

所有节点启动 Docker，命令如下：

```
[root@master ~]# systemctl enable docker && systemctl start docker
```

Master 节点启动 Kubelet 服务，并设置为开机自启动，命令如下：

```
systemctl enable kubelet && systemctl start kubelet
```

查看 Docker 版本，命令如下，返回信息如图 4-16 所示。

```
[root@master ~]# docker version
```

```
[root@node1 ~]# docker --version
Docker version 18.06.3-ce, build d7080c1
[root@node1 ~]# docker version
Client:
 Version:           18.06.3-ce
 API version:       1.38
 Go version:        go1.10.3
 Git commit:        d7080c1
 Built:             Wed Feb 20 02:26:51 2019
 OS/Arch:           linux/amd64
 Experimental:      false

Server:
 Engine:
  Version:          18.06.3-ce
  API version:      1.38 (minimum version 1.12)
  Go version:       go1.10.3
  Git commit:       d7080c1
  Built:            Wed Feb 20 02:28:17 2019
  OS/Arch:          linux/amd64
  Experimental:     false
```

图 4-16　查看 Docker 版本返回信息

4）获取镜像并标记标签

具体命令如下：

```
docker pull mirrorgooglecontainers/pause:3.1
docker tag docker.io/mirrorgooglecontainers/pause:3.1   k8s.gcr.io/
pause:3.1
docker pull mirrorgooglecontainers/etcd:3.3.10
```

```
    docker tag docker.io/mirrorgooglecontainers/etcd:3.3.10 k8s.gcr.io/
etcd:3.3.10
    docker pull mirrorgooglecontainers/kube-apiserver:v1.14.0
    docker tag docker.io/mirrorgooglecontainers/kube-apiserver:v1.14.0
k8s.gcr.io/kube-apiserver:v1.14.0
    docker pull mirrorgooglecontainers/kube-scheduler:v1.14.0
    docker tag docker.io/mirrorgooglecontainers/kube-scheduler:v1.14.0
k8s.gcr.io/kube-scheduler:v1.14.0
    docker pull mirrorgooglecontainers/kube-controller-manager:v1.14.0
    docker tag docker.io/mirrorgooglecontainers/kube-controller-
manager:v1.14.0 k8s.gcr.io/kube-controller-manager:v1.14.0
    docker pull mirrorgooglecontainers/kube-proxy:v1.14.0
    docker tag docker.io/mirrorgooglecontainers/kube-proxy:v1.14.0 k8s.
gcr.io/kube-proxy:v1.14.0
    docker pull coredns/coredns:1.3.1
    docker tag docker.io/coredns/coredns:1.3.1 k8s.gcr.io/coredns:1.3.1
    docker pull docker.io/mirrorgooglecontainers/kubernetes-dashboard-
amd64:v1.10.1
    docker tag docker.io/mirrorgooglecontainers/kubernetes-dashboard-
amd64:v1.10.1 k8s.gcr.io/kubernetes-dashboard-amd64:v1.10.1
```

查看镜像，命令如下，返回信息如图 4-17 所示。

```
    docker images
```

```
[root@node1 ~]# docker images
REPOSITORY                                              TAG         IMAGE ID        CREATED        SIZE
nginx                                                   latest      f0b8a9a54136    5 days ago     133MB
weaveworks/weave-npc                                    2.8.1       7f92d556d4ff    3 months ago   39.3M
B
weaveworks/weave-kube                                   2.8.1       df29c0a4002c    3 months ago   89MB
mirrorgooglecontainers/kube-proxy                       v1.14.0     5cd54e388aba    2 years ago    82.1M
B
k8s.gcr.io/kube-proxy                                   v1.14.0     5cd54e388aba    2 years ago    82.1M
B
mirrorgooglecontainers/kube-controller-manager          v1.14.0     b95b1efa0436    2 years ago    158MB
k8s.gcr.io/kube-controller-manager                      v1.14.0     b95b1efa0436    2 years ago    158MB
mirrorgooglecontainers/kube-apiserver                   v1.14.0     ecf910f40d6e    2 years ago    210MB
k8s.gcr.io/kube-apiserver                               v1.14.0     ecf910f40d6e    2 years ago    210MB
mirrorgooglecontainers/kube-scheduler                   v1.14.0     00638a24688b    2 years ago    81.6M
B
k8s.gcr.io/kube-scheduler                               v1.14.0     00638a24688b    2 years ago    81.6M
coredns/coredns                                         1.3.1       eb516548c180    2 years ago    40.3M
B
k8s.gcr.io/coredns                                      1.3.1       eb516548c180    2 years ago    40.3M
B
mirrorgooglecontainers/kubernetes-dashboard-amd64       v1.10.1     f9aed6605b81    2 years ago    122MB
k8s.gcr.io/kubernetes-dashboard-amd64                   v1.10.1     f9aed6605b81    2 years ago    122MB
mirrorgooglecontainers/etcd                             3.3.10      2c4adeb21b4f    2 years ago    258MB
k8s.gcr.io/etcd                                         3.3.10      2c4adeb21b4f    2 years ago    258MB
k8scn/kubernetes-dashboard-amd64                        v1.8.3      fcac9aa03fd6    2 years ago    102MB
mirrorgooglecontainers/pause                            3.1         da86e6ba6ca1    3 years ago    742kB
k8s.gcr.io/pause                                        3.1         da86e6ba6ca1    3 years ago    742kB
```

图 4-17　查看镜像返回信息

将上述镜像打包为 k8s-master.tar 文件（由于镜像文件比较大，打包过程需等待几十秒钟），命令如下。Node 上的 Pod 创建时也需要其中一些镜像，使用打包好的镜像可以避免 Node 重复获取镜像。

```
[root@master ~]# docker save  $(docker images | grep  -v REPOSITORY |
grep -E " k8s "  |awk 'BEGIN{OFS=" : " ;ORS= " \n " }{print $1,$2}') -o
k8s-master.tar
```

提前在对应节点创建目录 data，然后复制文件 k8s-master.tar，命令如下：

```
scp k8s-master.tar root@node1:/data
scp k8s-master.tar root@node2:/data
```

运行如下 kubeadm init 命令，安装 Master，返回信息如图 4-18 所示。

```
kubeadm init --kubernetes-version=1.14.0
```

```
You should now deploy a pod network to the cluster.
Run "kubectl apply -f [podnetwork].yaml" with one of the options listed at:
  https://kubernetes.io/docs/concepts/cluster-administration/addons/

Then you can join any number of worker nodes by running the following on each as root:

kubeadm join 172.16.10.100:6443 --token maxa6x.ln8lc9fkef040jq3 \
    --discovery-token-ca-cert-hash sha256:03398806da419ab4f4182be3ea1c31a9912a87990813c26172f25cdf35661d64
[root@master ~]# kubeadm join 172.16.10.100:6443 --token maxa6x.ln8lc9fkef040jq3 \
```

图 4-18　安装 Master 返回信息

安装完成后复制最后输出的命令（后面加入子节点时会用到）：

```
kubeadm join 172.16.10.100:6443 --token maxa6x.ln8lc9fkef040jq3 \
    --discovery-token-ca-cert-hash sha256:03398806da419ab4f4182be3ea1c
31a9912a87990813c26172f25cdf35661d64
```

设置环境变量使 kubernetes 命令能正常使用，命令如下，返回信息如图 4-19 所示。

```
vim /etc/profile
export KUBECONFIG=/etc/kubernetes/admin.conf  #添加到最后一行，并保存
```

```
        fi
    fi
done

unset i
unset -f pathmunge
export KUBECONFIG=/etc/kubernetes/admin.conf
```

图 4-19　设置变量返回信息

将文件加载进内存：

```
. /etc/profile
```

3. 将 Node 加入 Kubernetes 集群

1）导入镜像

命令如下：

```
[root@node1 /]# docker load -i /data/k8s-master.tar
```

使用下面的命令，加入集群。

```
kubeadm join 172.16.10.100:6443 --token maxa6x.ln8lc9fkef040jq3 \
  --discovery-token-ca-cert-hash  sha256:03398806da419ab4f4182be3ea1c31a9
912a87990813c26172f25cdf35661d64
```

```
[root@node1 data]# kubeadm join 172.16.10.100:6443 --token maxa6x.ln8lc9fkef040jq3 \
    --discovery-token-ca-cert-hash sha256:03398806da419ab4f4182be3ea1c31a9912a87990813c26172f25cdf35661d64
[preflight] Running pre-flight checks
    [WARNING Service-Docker]: docker service is not enabled, please run 'systemctl enable docker.service'
    [WARNING IsDockerSystemdCheck]: detected "cgroupfs" as the Docker cgroup driver. The recommended driver is "systemd". Please follow the guide at htt
ps://kubernetes.io/docs/setup/cri/
[preflight] Reading configuration from the cluster...
[preflight] FYI: You can look at this config file with 'kubectl -n kube-system get cm kubeadm-config -oyaml'
[kubelet-start] Downloading configuration for the kubelet from the "kubelet-config-1.14" ConfigMap in the kube-system namespace
[kubelet-start] Writing kubelet configuration to file "/var/lib/kubelet/config.yaml"
[kubelet-start] Writing kubelet environment file with flags to file "/var/lib/kubelet/kubeadm-flags.env"
[kubelet-start] Activating the kubelet service
[kubelet-start] Waiting for the kubelet to perform the TLS Bootstrap...

This node has joined the cluster:
* Certificate signing request was sent to apiserver and a response was received.
* The Kubelet was informed of the new secure connection details.

Run 'kubectl get nodes' on the control-plane to see this node join the cluster.
```

图 4-20

加入成功，Node2 执行相同操作即可，然后回到 Master 节点。

2）检查集群状态

检查 Pod 状态，命令如下，返回信息如图 4-21 所示。

```
[root@master ~]# kubectl get pods --all-namespaces
```

```
[root@master ~]# kubectl get pods --all-namespaces
NAMESPACE      NAME                                 READY   STATUS    RESTARTS   AGE
kube-system    coredns-fb8b8dccf-px5jk              0/1     Pending   0          3m12s
kube-system    coredns-fb8b8dccf-wxz56              0/1     Pending   0          3m12s
kube-system    etcd-master                          1/1     Running   0          2m26s
kube-system    kube-apiserver-master                1/1     Running   0          2m11s
kube-system    kube-controller-manager-master       1/1     Running   0          2m20s
kube-system    kube-proxy-gklnx                     1/1     Running   0          3m13s
kube-system    kube-proxy-lk4ss                     1/1     Running   0          28s
kube-system    kube-proxy-mzdn9                     1/1     Running   0          20s
kube-system    kube-scheduler-master                1/1     Running   0          119s
```

图 4-21　检查 Pod 状态返回信息

检查 Node 状态，命令如下，返回信息如图 4-22 所示。

```
[root@master ~]# kubectl get nodes
```

```
[root@master ~]# kubectl get nodes
NAME      STATUS     ROLES    AGE    VERSION
master    NotReady   master   7m3s   v1.14.2
node1     NotReady   <none>   4m8s   v1.14.2
node2     NotReady   <none>   4m     v1.14.2
```

图 4-22　检查 Node 状态返回信息

这时 Pod 状态中显示 CoreDNS 还没有正常工作，Node 状态的 STATUS 显示为 NotReady，说明现在集群还不具备网络功能，所以安装网络插件。

4. 安装网络插件 Weave

1）Master 执行命令，安装 Weave 插件

命令如下：

```
[root@master ~]#kubectl apply -f https://cloud.weave.works/k8s/net?k8s-version=$(kubectl version | base64 | tr -d '\n')
```

2）查看集群状态

等待一分钟左右，查看 Pod 状态，返回信息如图 4-23 所示，可以看到 CoreDNS 已经正常运作了。

```
[root@master ~]# kubectl get pods --all-namespaces
NAMESPACE     NAME                                READY   STATUS             RESTARTS   AGE
kube-system   coredns-fb8b8dccf-px5jk             0/1     ContainerCreating  0          10m
kube-system   coredns-fb8b8dccf-wxz56             0/1     ContainerCreating  0          10m
kube-system   etcd-master                         1/1     Running            0          9m34s
kube-system   kube-apiserver-master               1/1     Running            0          9m19s
kube-system   kube-controller-manager-master      1/1     Running            0          9m28s
kube-system   kube-proxy-gklnx                    1/1     Running            0          10m
kube-system   kube-proxy-lk4ss                    1/1     Running            0          7m36s
kube-system   kube-proxy-mzdn9                    1/1     Running            0          7m28s
kube-system   kube-scheduler-master               1/1     Running            0          9m7s
kube-system   weave-net-f5m7l                     2/2     Running            1          62s
kube-system   weave-net-sqvfr                     2/2     Running            1          62s
kube-system   weave-net-zpfd9                     1/2     Running            1          62s
[root@master ~]#
```

图 4-23   查看集群状态返回信息

查看 Node 状态（返回信息见图 4-24），这时三个节点都已经是 Ready 状态了。

```
[root@master ~]# kubectl get nodes
NAME      STATUS   ROLES    AGE      VERSION
master    Ready    master   11m      v1.14.2
node1     Ready    <none>   8m22s    v1.14.2
node2     Ready    <none>   8m14s    v1.14.2
[root@master ~]#
```

图 4-24   查看 Node 状态返回信息

5. 安装 Dashboard 插件

1）下载并安装 Dashboard 插件

下载 Dashboard 的 YAML 文件，命令如下：

```
yum install -y wget
wget http://mirror.faasx.com/kubernetes/dashboard/master/src/deploy/
recommended/kubernetes-dashboard.yaml
```

Kubernetes 有三种外部访问方式：NodePort、LoadBalancer 和 Ingress。修改 YAML 文件，这里通过 NodePort 来对外暴露 Kubernetes Dashboard 服务，修改 kubernetes-dashboard.yaml 文件末尾处 kind: Service 部分（将暴露方式更换为 NodePort）。修改 YAML 文件的命令如下，返回信息如图 4-25 所示。

```
vi kubernetes-dashboard.yaml
```

```
# ------------------ Dashboard Service ------------------ #
kind: Service
apiVersion: v1
metadata:
  labels:
    k8s-app: kubernetes-dashboard
  name: kubernetes-dashboard
  namespace: kube-system
spec:
  ports:
    - port: 443
      targetPort: 8443
  selector:
    k8s-app: kubernetes-dashboard
```

图 4-25　修改 YAML 文件返回信息

添加内容，命令如下，返回信息如图 4-26 所示。

```
type: NodePort
```

```
kind: Service
apiVersion: v1
metadata:
  labels:
    k8s-app: kubernetes-dashboard
  name: kubernetes-dashboard
  namespace: kube-system
spec:
  type: NodePort
  ports:
    - port: 443
      targetPort: 8443
  selector:
    k8s-app: kubernetes-dashboard
```

图 4-26　添加内容返回信息

修改 Image 地址为 k8scn/kubernetes-dashboard-amd64:v1.8.3，返回信息如图 4-27 所示。

```
    k8s-app: kubernetes-dashboard
spec:
  containers:
  - name: kubernetes-dashboard
    image: k8scn/kubernetes-dashboard-amd64:v1.8.3
    ports:
    - containerPort: 8443
      protocol: TCP
    args:
            ...
```

图 4-27　修改 Image 地址返回信息

创建集群资源对象，命令如下，返回信息如图 4-28 所示。

```
kubectl apply -f kubernetes-dashboard.yaml
```

```
[root@master ~]# kubectl apply -f kubernetes-dashboard.yaml
secret/kubernetes-dashboard-certs created
serviceaccount/kubernetes-dashboard created
role.rbac.authorization.k8s.io/kubernetes-dashboard-minimal created
rolebinding.rbac.authorization.k8s.io/kubernetes-dashboard-minimal created
deployment.apps/kubernetes-dashboard created
service/kubernetes-dashboard created
```

图 4-28　创建集群资源对象返回信息

输入如下命令，查看相关 Pod 状态，返回信息如图 4-29 所示，显示 Running 等待中，说明获取镜像需要时间。

```
kubectl get pods -n kube-system| grep dashboard
```

```
[root@master ~]#  kubectl get pods -n kube-system| grep dashboard
kubernetes-dashboard-5c777d5cc5-2bd9z    1/1      Running  0        6s
```

图 4-29　查看 Pod 状态返回信息

这时需要创建用户来访问 Dashboard，创建示例用户 admin-user 并创建 ClusterRoleBinding。这里直接创建 admin-user.yaml 文件，命令行输入如下：

```
vi admin-user.yaml
---
apiVersion: v1
kind: ServiceAccount
metadata:
  name: admin-user
  namespace: kube-system
---
apiVersion: rbac.authorization.k8s.io/v1
kind: ClusterRoleBinding
metadata:
  name: admin-user
roleRef:
```

```
  apiGroup: rbac.authorization.k8s.io
  kind: ClusterRole
  name: cluster-admin
subjects:
- kind: ServiceAccount
  name: admin-user
  namespace: kube-system
---
```

创建集群资源对象，命令如下，返回信息如图 4-30 所示。

```
[root@master ~]#kubectl apply -f admin-user.yaml
```

```
[root@master ~]# kubectl apply -f admin-user.yaml
serviceaccount/admin-user created
clusterrolebinding.rbac.authorization.k8s.io/admin-user created
```

图 4-30　创建集群资源对象返回信息

获取 Token，并复制到剪切板，命令如下。

```
[root@master ~]# kubectl -n kube-system describe secret $(kubectl -n
kube-system get secret | grep admin-user | awk '{print $1}')
Name:         admin-user-token-zlszc
Namespace:    kube-system
Labels:       <none>
Annotations:  kubernetes.io/service-account.name: admin-user
              kubernetes.io/service-account.uid: 38fa71f3-b5f7-11eb-
8237-000c290a2c65


Type:  kubernetes.io/service-account-token

Data
====
ca.crt:     1025 bytes
namespace:  11 bytes
token:
eyJhbGciOiJSUzI1NiIsImtpZCI6IiJ9.eyJpc3MiOiJrdWJlcm5ldGVzL3NlcnZpY2VhY
```

```
2NvdW50Iiwia3ViZXJuZXRlcy5pby9zZXJ2aWNlYWNjb3VudC9uYW1lc3BhY2UiOiJrdWJlLX
N5c3RlbSIsImt1YmVybmV0ZXMuaW8vc2VydmljZWFjY291bnQvc2VjcmV0Lm5hbWUiOiJhZG1
pbi11c2VyLXRva2VuLXpsc3pjIiwia3ViZXJuZXRlcy5pby9zZXJ2aWNlYWNjb3VudC9zZXJ2
aWNlLWFjY291bnQubmFtZSI6ImFkbWluLXVzZXIiLCJrdWJlcm5ldGVzLmlvL3NlcnZpY2VhY
2NvdW50L3NlcnZpY2UtYWNjb3VudC51aWQiOiIzOGZhNzFmMy1iNWY3LTExZWItODIzNy0wMD
BjMjkwYTJjNjUiLCJzdWIiOiJzeXN0ZW06c2VydmljZWFjY291bnQ6a3ViZS1zeXN0ZW06YWR
taW4tdXNlciJ9.CNuW3bTB2YoTPISiOheAexCXusaplven3C09h0jGY6aqzzIMLWtqlwreh5t
a8zfl1EuVL17QMTU0p4Wqjx7kaTF1gjrfh3gQ_oED1bxm5WcSgWxTO9JlaL3xYs32rz7XSi2T
SXJXFdyRUlpO2ayAd6gBrbyvT_aLKT0tDawpfeFsq_99LLzId2Z5YID7xE2wRDGOFOAtk0xqe
0HHBatGVcF1cq2qdGzcPyQm4VloHea7kLXcYkIq8HpwcMpFmHDEYL_6XLTOfq1Fi5yUFs7jDz
l36otN_Of9Ja4DAueghFD6KAMfUlciMp9JrBFD-RztiXPijYgnzi5z9dc-A
```

2）登录 Kubernetes Dashboard

先查看 Dashboard 服务通过 NodePort 方式暴露的端口号，这里对应的是 31854。命令如下，其中 svc 是 service 的缩写，返回信息如图 4-31 所示。

```
[root@master ~]#kubectl get svc -n kube-system | grep kubernetes-
dashboard
```

```
[root@master ~]# kubectl get svc -n kube-system | grep kubernetes-dashboard
kubernetes-dashboard   NodePort   10.111.245.167   <none>   443:31854/TCP   15m
```

图 4-31　查看端口号返回信息

使用 Firefox 浏览器访问 https://172.16.10.100:31854，页面如图 4-32 所示。

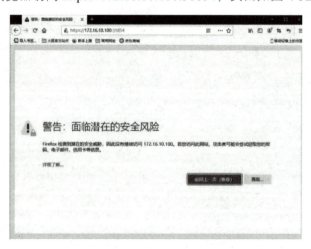

图 4-32　访问 Dashboard 页面

单击"高级"→"接受风险并继续"按钮，出现如图 4-33 所示页面，选择"令牌"，填入 token 值，单击"登录"按钮，进入图 4-34 所示页面。

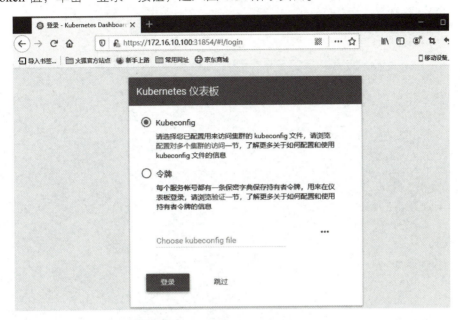

图 4-33　"Kubernetes 仪表板"页面

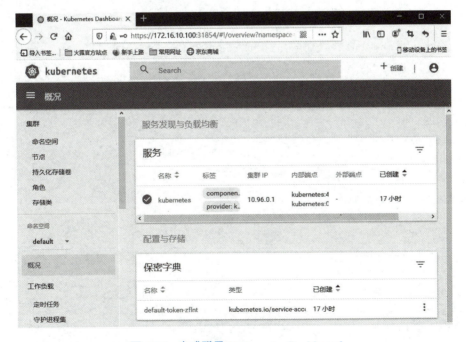

图 4-34　完成登录 Kubernetes Dashboard

至此，Kubernetes 登录成功。

6. 部署测试应用 nginx

写入文件 nginx.yaml，命令如下：

```yaml
apiVersion: apps/v1
kind: Deployment
metadata:
  name: nginx
spec:
  replicas: 2
  selector:
    matchLabels:
      name: nginx
  template:
    metadata:
      labels:
        name: nginx
    spec:
      containers:
        - name: nginx
          image: nginx:latest
          imagePullPolicy: IfNotPresent
          ports:
            - containerPort: 80
---
apiVersion: v1
kind: Service
metadata:
  name: nginx
spec:
  ports:
    - port: 80
      targetPort: 80
      protocol: TCP
  type: NodePort
  selector:
name: nginx
```

启动 nginx，命令如下，返回信息如图 4-35 所示。

```
[root@master ~]# kubectl apply -f nginx.yaml
```

```
[root@master ~]# kubectl apply -f nginx.yaml
deployment.apps/nginx created
service/nginx created
```

图 4-35　启动 nginx 返回信息

查看 Pod 状态，命令如下，返回信息如图 4-36 所示。

```
[root@master ~]# kubectl get pods
```

```
[root@master ~]# kubectl get pods
NAME                     READY   STATUS    RESTARTS   AGE
nginx-6db5458f7d-nz4v4   1/1     Running   0          47s
nginx-6db5458f7d-sq4tq   1/1     Running   0          47s
```

图 4-36　查看 Pod 状态返回信息

查看映射端口，命令如下，返回信息如图 4-37 所示。

```
[root@master ~]# kubectl get svc
```

```
[root@master ~]# kubectl get svc
NAME         TYPE        CLUSTER-IP      EXTERNAL-IP   PORT(S)        AGE
kubernetes   ClusterIP   10.96.0.1       <none>        443/TCP        17h
nginx        NodePort    10.107.251.66   <none>        80:32027/TCP   2m15s
```

图 4-37　查看映射端口返回信息

通过浏览器访问测试页面，如图 4-38 所示。

图 4-38　测试页面

至此 Kubernetes 部署与应用测试成功。

任务 3 云容器服务的部署与管理

教学课件 4-3-1　　教学课件 4-3-2　　教学课件 4-3-3

（一）任务描述

使用腾讯云容器服务（Tencent Kubernetes Engine，TKE）在腾讯云中可以轻松地部署托管的 Kubernetes 集群。TKE 通过将大量管理工作交给腾讯云，来降低管理 Kubernetes 所产生的复杂性和操作开销。腾讯云可以自动处理 Kubernetes 集群运行状况监视和维护等关键任务。通过本任务学习，学习者能够使用腾讯云容器服务完成云容器资源管理调用，实现最优化容器集群管理。

（二）问题引导

● TKE 能够实现什么功能？
● TKE 如何使用，资源如何调度？
● 怎样在 TKE 中运行应用程序？

（三）知识准备

1. 腾讯云容器服务

腾讯云容器服务是腾讯云基于原生 Kubernetes 提供的以容器为核心、高度可扩展的高性能容器管理服务。TKE 完全兼容原生 Kubernetes API，扩展了腾讯云的云硬盘、负载均衡等 Kubernetes 插件，为容器化的应用提供高效部署、资源调度、服务发现和动态伸缩等一系列完整功能，解决用户开发、测试及运维过程的环境一致性问题，提高了大规模容器集群管理的便捷性，帮助用户降低成本，提高效率。目前，TKE 为免费使用，涉及的其他云产品单独计费。

使用腾讯云容器服务，会涉及以下基本概念。

● 集群：是指容器运行所需云资源的集合，包含了若干台云服务器、负载均衡器等云资源。

● 实例（Pod）：由相关的一个或多个容器构成一个实例，这些容器共享相同的存储和网络空间。

● 工作负载：Kubernetes 资源对象，用于管理 Pod 副本的创建、调度及整个生命周期的管理。

● Service：由多个相同配置的实例（Pod）和访问这些实例（Pod）的规则组成的微服务。

● Ingress：用于将外部 HTTP（S）流量路由到服务（Service）的规则的集合。

● 应用：是指腾讯云容器服务集成的 Helm 3.0 相关的功能，包括创建 Helm Chart、容器镜像、软件服务。

● 镜像仓库：用于存放 Docker 镜像（用于部署容器服务）。

TKE 使用流程示意图如图 4-39 所示。

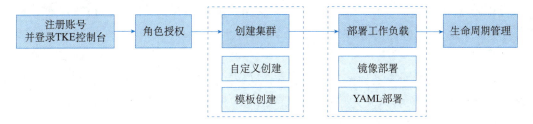

图 4-39　TKE 使用流程示意图

第一步：角色授权。使用 TKE 需要注册并登录 TKE 控制台，完成服务授权，获取相关资源操作权限，方可开始使用容器服务产品。

第二步：创建集群。可自定义新建集群，也可使用腾讯云提供的模板进行新建集群。可以通过购买若干个云服务器组成容器服务集群，容器运行在云服务器中。集群可以建立在私有网络中，集群内主机可以分配在不同可用区域的子网中。

第三步：部署工作负载。支持使用镜像部署、YAML 文件编排两种方式部署工作负载。可以使用负载均衡，自动分配横跨多个云服务实例的客户端请求流量，转发至主机内的容器。

第四步：生命周期管理。完成工作负载创建后，即可通过监控、升级、伸缩等操作实现对 Pod 的生命周期管理。可以使用云监控来监控容器服务集群和容器实例的运行情况并返回统计数据。

2. 弹性容器服务

弹性容器服务（Elastic Kubernetes Service，EKS）是腾讯云推出的无须用户购买节点即可部署工作负载的服务模式。EKS 完全兼容原生 Kubernetes，支持使用原生方式购买及管理资源，按照容器真实使用的资源量计费。EKS 还支持腾讯云的存储及网络等产品，同时确保用户容器的安全隔离，开箱即用。

EKS 具有如下特点。

（1）原生支持

EKS 紧跟社区，支持最新的 Kubernetes 版本及原生的 Kubernetes 集群管理方式。EKS 以插件的形式支持腾讯云系列产品，例如存储、网络、负载均衡等服务，开箱即用。

微课 4-5　　　微课 4-6

（2）无服务器

EKS 是一种全托管的 Kubernetes 服务，意味着用户无须管理任何计算节点。EKS 以 Pod 的形式交付计算资源，支持用户使用 Kubernetes 原生的方式购买、退还及管理云资源。

（3）安全可靠

腾讯云保证用户间弹性容器服务集群的虚拟化隔离和网络隔离，支持用户通过安全组、网络 ACL 等产品为具体服务配置网络策略。

（4）秒级伸缩

通过腾讯云自行研发的轻量虚拟化技术，确保更快的资源创建效率，用户可以在几秒内创建或删除容器服务。EKS 支持设置 Kubernetes 原生 HPA 的方式，可让服务根据实际负载进行自动伸缩。

（5）降低成本

无服务器的形态决定了 EKS 能为用户带来更高的资源利用率和更低的运维成本，灵活高效的弹性伸缩能力保证容器服务仅会使用当前负载需要的资源量。

（6）服务集成

EKS 能够和腾讯云的大部分产品和业务进行高度集成，这些产品和服务包括存储产品云硬盘 CBS、文件存储 CFS 及对象存储 COS、云数据库 TencentDB 系列产品、私有网络 VPC 系列产品等，提供了满足各类业务需求的解决方案。

3. 边缘容器服务

边缘容器服务（Tencent Kubernetes Engine for Edge，TKE Edge）是腾讯云推出的用于从中心云管理边缘云资源的容器系统。边缘容器服务完全兼容原生 Kubernetes，支持在同一个集群中管理位于多个机房的节点、一键将应用下发到所有边缘节点，并且具备边缘自治和分布式健康检查能力。

TKE Edge 的主要应用场景为边缘计算和多云管理。

● 边缘计算。使用边缘容器服务来管理位于边缘的计算资源，可从云端管理资源分配和调度，进行应用部署、升级和销毁等操作，并可在云端完成系统运维工作。

● 多云管理。可使用边缘容器服务统一管理分布在各地、位于多家云厂商或用户自建的计算资源，其便利程度接近中心云管理。

（四）任务实施

1.使用腾讯云容器服务创建容器集群

（1）注册腾讯云账号并登录

首先注册腾讯云账号，可以使用微信扫码方式注册并登录，然后为服务授权。

在腾讯云控制台，在搜索栏输入"容器服务"，如图 4-40 所示，或者在菜单中选择"云产品"→"容器服务"命令，进入容器服务控制台，按照界面提示为容器服务授权。

图 4-40　腾讯云控制台

（2）新建集群

单击"新建"按钮，创建一个标准集群，如图 4-41 所示。

图 4-41　新建集群

在"集群信息"页面，填写集群名称、选择集群所在地域、选择集群网络和容器网络等信息，如图 4-42 所示。

图 4-42　群集信息配置

集群名称：输入要创建的集群名称。这些输入"cqcet"。

运行时组件：可以根据情况选择 docker 或 containerd，这里选择"docker"。

所在地域：选择最近的一个地区，一般地区越近，后续配置 CVM 等组件时费用越低。此处地域选择"重庆"。

集群网络：为集群内的主机分配在节点网络地址范围内的 IP 地址。这里选择已有的

VPC 网络。

容器网络：为集群内的容器分配在容器网络地址范围内的 IP 地址。这里选择可用的容器网络。

操作系统：可选择 Tencent Linux、Ubuntu Server、CentOS。这里选择"Tencent Linux"。

其他选项保持默认设置，单击"下一步"按钮，进入"选择机型"页面。

在"选择机型"页面，确认计费模式，选择可用区及对应的子网，确认节点的机型，如图 4-43 所示。

图 4-43　选择虚拟机机型

节点来源：提供"新增节点"和"已有结点"两个选项。这里选择"新增节点"。

Master 节点：提供"平台托管"和"独立部署"两种集群模式。这里选择"平台托管"。

计费模式：提供"按量计费"和"包年包月"两种计费模式。这里选择"按量计费"。

Worker 配置：该模块下只需选择可用区、对应的子网并确认节点的机型，其他选项保持设置。由于在上一步中选择了可用区为"重庆"，这里"可用区"默认为重庆；"节点网络"选择当前 VPC 网络下的子网；对于"机型"，单击图标 ✎ 则进入机型选择页面，可以根据实际需要和价格选择合适的机型，此处选择"SA1.SMALL1"（标准型 SA1,1 核 1GB）。

其他选项保持默认设置，单击"下一步"按钮，进入"云服务配置"页面。

在"云服务配置"界面，可以看到已选择的集群配置信息，设置容器目录、安全组、登录方式等，如图 4-44 所示。

图 4-44　云服务器配置

登录方式：提供"立即关联密钥"、"自动生成密码"和"设置密码"三种登录方式。这里选择"自动生成密码"。其他选项保持默认设置，单击"下一步"按钮，进入"组件配置"页面。

　　在"组件配置"页面，可配置的组件包括存储、监控、镜像等，可以根据需要进行选择配置。这里暂不选择安装组件，保持默认设置，如图4-45所示。

图4-45　组建配置

　　单击"下一步"按钮，即可进入"信息确认"页面，如图4-46所示。在这个页面，可以看到所有已配置的信息，单击"完成"按钮并进行付费，即可完成集群创建工作。

图4-46　确认配置信息

（3）查看集群

经过数分钟的初始化，集群创建完成。现在在集群列表中就可以查看集群信息。在集群的"基本信息"页面中，用户可查看集群信息、节点和网络信息等，如图4-47所示。

图4-47　查看集群基本信息

2. 使用集群创建 Nginx 服务

（1）创建 Nginx 服务

在集群管理页面，选择需要的集群 ID，进入集群的工作负载"Deployment"页面，单击"新建"按钮，如图4-48所示。

图4-48　Deployment 设置

（2）工作负载设置

在"新建 Workload"页面，设置工作负载的相关参数，如图 4-49 所示。

图 4-49　新建 Workload

工作负载名：输入要创建的工作负载的名称，这里输入 nginx（注意：名称必须以小写字母开头，以小写字母或数字结尾）。

描述：输入工作负载的相关信息。

标签：key = value 键值对，标签默认值为 k8s-app = nginx。

命名空间：根据实际需求进行选择，这里采用默认设置。

类型：根据实际需求进行选择。

数据卷：根据实际需求设置工作负载的挂载卷。

（3）设置实例内容器

参考以下信息设置实例内容器，如图 4-50 所示。

名称：输入实例内容器名称，这里确定名称为 test（注：名称中不能出现大写字母）。

镜像：单击"选择镜像"按钮，在弹出框中选择"Docker Hub 镜像"→"nginx"，并单击"确定"按钮。

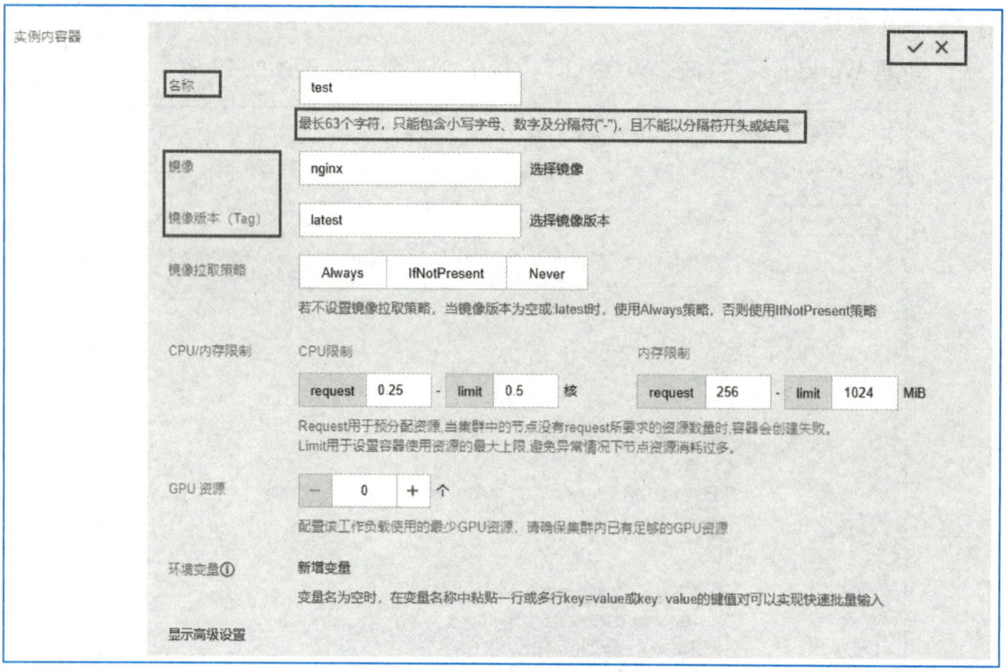

图 4-50　实例内容器设置

镜像版本（Tag）：使用默认值 latest。

镜像拉取策略：提供 3 种策略，可以按需选择。若不设置镜像拉取策略，当镜像版本为空或 latest 时，使用 Always 策略，否则使用 IfNotPresent 策略。

在"实例数量"中，选中"手动调节"单选按钮时，需设置实例（pod）数量，这里选择实例数量为 1；选中"自动调节"单选按钮时，满足任一设定条件，则自动调节实例数量，如图 4-51 所示。

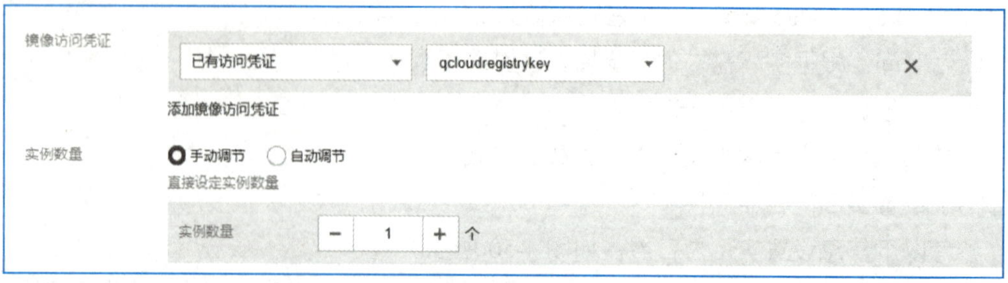

图 4-51　实例数量设置

（4）工作负载访问设置

根据以下提示，进行工作负载的访问设置，如图 4-52 所示。

Service：勾选"启用"复选框。

服务访问方式：选中"公网 LB 访问"单选按钮。

负载均衡器：根据实际需求进行选择，这里选择"自动创建"。

端口映射：协议选择为"TCP"，将容器端口和服务端口都设置为"80"

单击"创建 Workload"，完成 Nginx 服务的创建。

图 4-52　工作负载访问设置

（5）访问 Nginx 服务

通过负载均衡 IP 访问 Nginx 服务。在集群管理页面，单击"服务与路由"，选择"Service"。如图 4-53 所示，在"Service"服务管理页面，复制 Nginx 服务的负载均衡 IP。

图 4-53　"Service"服务管理页面

在浏览器中输入 Nginx 服务的 IPv4 地址 139.186.120.63，即可访问 Nginx 页面，如图 4-54 所示。

图 4-54　访问 Nginx 服务

 项目实训 基于腾讯云容器服务部署个人小说网站系统

（一）实训目的

教学课件 4-4

- 掌握容器镜像制作和上传的方法。
- 掌握公有云镜像仓库的使用方法。
- 掌握基于公有云容器服务部署应用系统的方法。
- 掌握基础 shell 脚本编写方法。

（二）实训内容

- 本地部署并制作 Docker 容器镜像。
- 购买公有云服务器和容器服务。
- 上传容器镜像并在公有云容器服务中使用。
- 使用公有云容器服务管理和运维应用系统。

（三）问题引导

- 怎样利用容器镜像快速实现本地应用系统的公有云部署？
- 容器化部署项目后，如何进行后台管理？

● 怎样利用容器技术将项目容器化？
● 在容器中如何编写脚本使java项目跟随容器自启？

（四）实训步骤

1. 配置环境并下载开源软件包

参考本项目任务1，在本地搭建Docker运行环境，安装Docker编排工具Docker-compose。

下载Docker-compose工具，命令如下：

```
curl -L https://get.daocloud.io/docker/compose/releases/
download/1.29.0/docker-compose-'uname -s'-'uname -m' > /usr/local/bin/
docker-compose
```

赋予权限，命令如下：

```
chmod +x /usr/local/bin/docker-compose
```

版本查看，命令如下，返回信息如图4-55所示。

```
[root@docker ~]# docker-compose -v
```

```
[root@docker ~]# docker-compose -v
docker-compose version 1.29.0, build 07737305
```

图 4-55 查看Docker-compose版本返回信息

访问https://github.com/201206030/novel-plus/releases/tag/v3.5.1，下载项目包novel-plus-install-v3.5.1.zip。下载后使用工具SecureFXPortable将项目包上传到本地Docker环境下。

使用unzip解压项目包后内容如图4-56所示。

```
[root@docker novel-plus-install-v3.5.1]# ls
novel-admin  novel-crawl  novel-front  sql
```

图 4-56 项目包解压信息

2. 申请腾讯云 MariaDB 数据库

（1）选择新建数据库

打开控制台页面，单击"云产品"菜单，选择"关系型数据库"，然后在实例列表中选择新建一个重庆一区的 Mariadb 数据库，如图 4-57 所示。

实例规格：1 核 2G。

硬盘：50GB。

网络类型：私有网络。

数据库版本：Mariadb10.1.9。

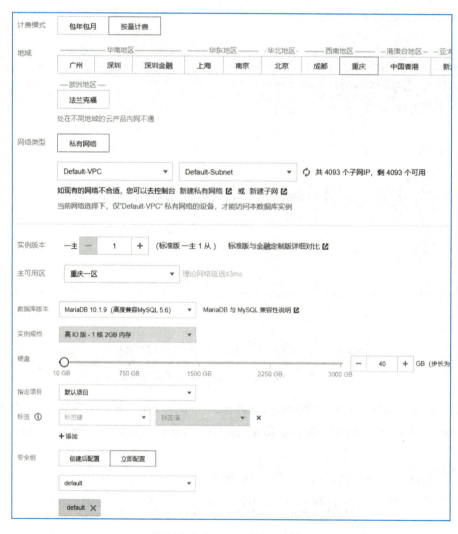

图 4-57　MariaDB 数据库设置

（2）初始化数据库

在图 4-58 页面，单击"更多"后选择"初始化"选项。

图 4-58　数据库列表

选择字符集为"UTF8MB4"，然后单击"确定"按钮，如图 4-59 所示。

图 4-59　初始化选项页面

（3）创建访问账号

打开账号管理页面，如图 4-60 所示。

图 4-60　账号管理页面

单击"创建账号"按钮，进入如图 4-61 所示页面，设置账号名、密码等。

账号示例：用户名：novel；密码：Test123456!。

图 4-61　创建账号

对于新创建的账号在测试环境中不做其他限制，若导入数据库时无权限，则需进行权限修改。如图 4-62 所示，在修改权限的全局特权页面，勾选所有复选框，最后单击"保存设置"按钮。

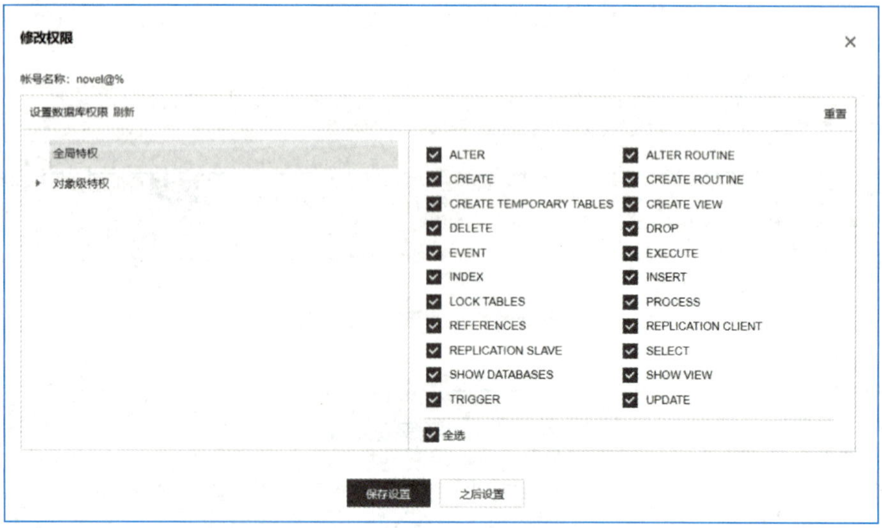

图 4-62　修改账号权限

（4）导入数据库文件

单击页面右上角登录按钮，在弹出的如图 4-63 所示页面中输入账号与密码。

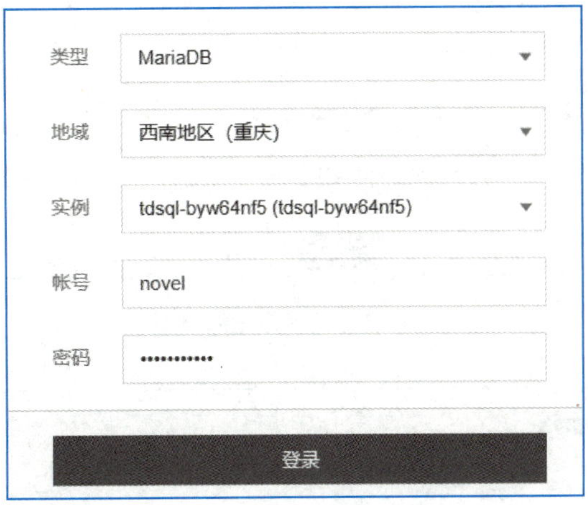

类型	MariaDB ▼
地域	西南地区（重庆） ▼
实例	tdsql-byw64nf5 (tdsql-byw64nf5) ▼
帐号	novel
密码	••••••••••

登录

图 4-63　数据库登录页面

新建数据库 novel_plus。

单击"新建"菜单，选择"新建库"，如图 4-64 所示。

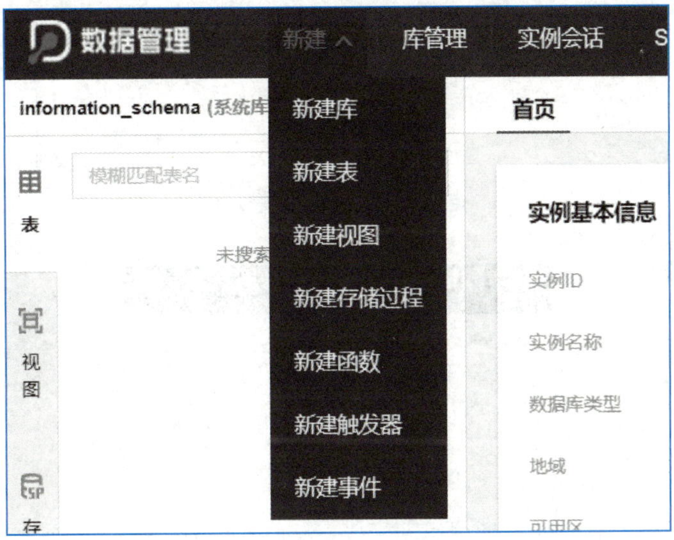

数据管理　　新建 ∧　库管理　实例会话　S

information_schema (系统库

新建库
新建表
新建视图
新建存储过程
新建函数
新建触发器
新建事件

首页

实例基本信息

实例ID
实例名称
数据库类型
地域
可用区

图 4-64　新建库

在新建数据库页面，字符集设置为"utf8mb4"，如图 4-65 所示。

单击数据管理页面中的"数据导入"，打开数据导入页面，选择文件类型为"SQL"，如图 4-66 所示。

单击"开始"按钮，上传数据。完成后，查看数据表，如图 4-67 所示。

图 4-65　新建数据库设置

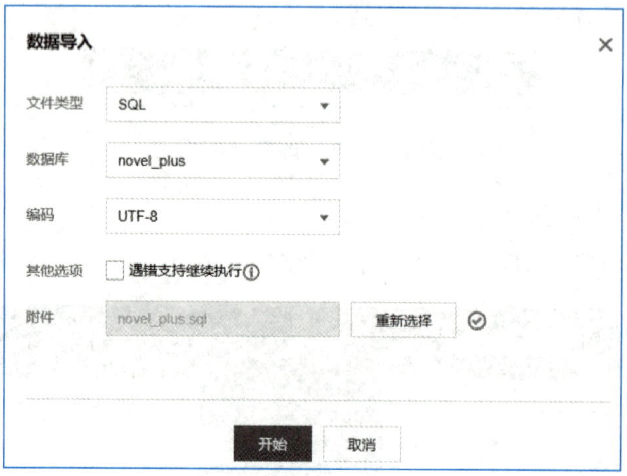

图 4-66　导入数据库文件

图 4-67　查看数据表

回到数据管理页面，可查看数据库内部 IP 地址，此处为 172.30.0.13，如图 4-68 所示。

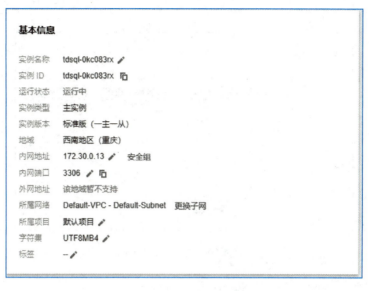

图 4-68　查看数据库内部 IP 地址

至此，数据库配置结束。

3. 申请腾讯云个人镜像仓库

登录腾讯云，在控制台单击"云产品"菜单，选择"容器服务"→"镜像仓库"，创建个人版，如图 4-69 所示。

图 4-69　创建私有仓库

设置密码用于 Docker 登录时验证使用。打开新建命名空间页面，创建命名空间，如图 4-70 所示。

图 4-70　新建命名空间

新建命名空间名称为"novel_app"。

本地 Docker 登录到腾讯云 registry。在终端替换以下命令中的相关信息并执行，登录腾讯云 registry，返回登录成功信息，如图 4-71 所示。

```
docker login --username=[username] ccr.ccs.tencentyun.com
```

username：腾讯云账号 ID，开通腾讯云服务时已注册，可在账号信息页面获取。

```
[root@docker mariadb]# docker login --username=100011965638 ccr.ccs.tencentyun.com
Password:
WARNING! Your password will be stored unencrypted in /root/.docker/config.json.
Configure a credential helper to remove this warning. See
https://docs.docker.com/engine/reference/commandline/login/#credentials-store

Login Succeeded
```

图 4-71　返回登录成功信息

4. 容器化部署项目爬虫后端和项目前端页面

（1）进入项目文件夹内

进入项目文件夹内的返回信息如图 4-72 所示。

```
[root@max novel-plus-install-v3.5.1]# ls
Dockerfile  mariadb  novel-admin  novel-crawl  novel-front  sql  start.sh
```

图 4-72　进入项目文件夹内的返回信息

（2）编写服务启动脚本 start.sh

命令如下:

```
#!/bin/bash
sleep 2
cd /opt/ && nohup setsid java -jar -Dspring.profiles.active=prod
novel-crawl-3.5.1.jar &
sleep 2
cd /home/ && nohup  setsid java -jar -Dspring.profiles.active=prod
novel-front-3.5.1.jar &
sleep 1
while [[ true ]]; do
    sleep 1
done
```

（3）编写 Dockerfile 将爬虫后台和前端页面整合为一个镜像

命令如下，返回信息如图 4-73 所示。

```
FROM centos:latest
MAINTAINER cqcet
RUN yum install java-1.8.0 -y
COPY novel-crawl /opt
COPY novel-front /home
ADD start.sh /opt
RUN chmod +x /opt/start.sh
EXPOSE 8085
EXPOSE 8083
CMD ["sh","-c","/opt/start.sh"]
```

```
[root@max novel-plus-install-v3.5.1]# ls
Dockerfile  mariadb  novel-admin  novel-crawl  novel-front  sql  start.sh
```

图 4-73　编写 Dockerfile 返回信息

（4）修改数据库地址

打开配置文件，命令如下，返回信息如图 4-74 所示。

```
[root@docker novel-front]# vim application-common-prod.yml
```

```
sharding:
  jdbc:
    datasource:
      names: ds0 #,ds1
      ds0:
        type: com.zaxxer.hikari.HikariDataSource
        driver-class-name: com.mysql.cj.jdbc.Driver
        jdbc-url: jdbc:mysql://172.30.0.13:3306/novel_plus?useUnicode=true&characterEncoding=utf-8&useSSL=false&serverTimezone=Asia/Sh
anghai
        username: novel
        password: Test123456!

spring:
  datasource:
    url: jdbc:mysql://172.30.0.13:3306/novel_plus?useUnicode=true&characterEncoding=utf-8&useSSL=false&server
    username: novel
    password: Test123456!
    driver-class-name: com.mysql.cj.jdbc.Driver
```

图 4-74   打开配置文件返回信息

（5）打包项目为容器镜像

命令如下，返回信息如图 4-75 所示。

```
docker build -t crawl:v1.1 .
```

```
[root@docker novel-plus-install-v3.5.1]# docker build -t crawl:v1.1 .
Sending build context to Docker daemon  260.4MB
Step 1/10 : FROM centos:latest
 ---> 300e315adb2f
Step 2/10 : MAINTAINER cqcet
 ---> Using cache
 ---> 8b0de15fce3a
Step 3/10 : RUN yum install java-1.8.0 -y
 ---> Using cache
 ---> 1d836a5d32e1
Step 4/10 : COPY novel-crawl /opt
```

图 4-75   打包项目返回信息

（6）上传镜像到腾讯云个人仓库

命令如下，返回信息如图 4-76 所示。

```
[root@docker novel-crawl]# docker images
[root@docker novel-crawl]# docker tag 4aef59fadfa0 ccr.ccs.tencentyun.
com/novel_app/crawl:v1.1
[root@docker novel-crawl]# docker push ccr.ccs.tencentyun.com/novel_
app/crawl:v1.1
```

```
[root@docker novel-crawl]# docker images
REPOSITORY                                       TAG        IMAGE ID        CREATED            SIZE
ccr.ccs.tencentyun.com/novel_app/crawl           v1.1       4aef59fadfa0    4 minutes ago      488MB
crawl                                            v1.1       4aef59fadfa0    4 minutes ago      488MB
ccr.ccs.tencentyun.com/novel_app/novel-mariadb   v1.1       2620c34bb696    About an hour ago  646MB
novel-mariadb                                    v1.1       2620c34bb696    About an hour ago  646MB
centos                                           latest     300e315adb2f    5 months ago       209MB
[root@docker novel-crawl]# docker tag 4aef59fadfa0 ccr.ccs.tencentyun.com/novel_app/crawl:v1.1
[root@docker novel-crawl]# docker push ccr.ccs.tencentyun.com/novel_app/crawl:v1.1
The push refers to repository [ccr.ccs.tencentyun.com/novel_app/crawl]
21d35f10bd85: Pushed
cedf80febc60: Pushed
ce22b00902f5: Pushed
de1c6b1c99a1: Pushing [====================>                              ]   21.5MB/51.67MB
b6daf0d5d8a7: Pushing [==========>                                        ]   49.26MB/226.9MB
2653d992f4ef: Waiting
```

图 4-76　上传镜像到腾讯云个人仓库返回信息

（7）在腾讯云部署容器化的爬虫后端并使用公网进行访问

在腾讯云控制台，选择→"工作负载"→"Deployment"，单击"新建"按钮，打开新建工作负载页面，如图 4-77 所示。

工作负载名	crawl
	最长40个字符，只能包含小写字母、数字及分隔符("-")，且必须以小写字母开头，数字或小写字母结尾
描述	请输入描述信息，不超过1000个字符
标签	k8s-app = crawl ✕
	新增变量
	只能包含字母、数字及分隔符("-"、"_"、"."、"/")，且必须以字母、数字开头和结尾
命名空间	default
类型	● Deployment（可扩展的部署Pod）
	○ DaemonSet（在每个主机上运行Pod）
	○ StatefulSet（有状态集的运行Pod）
	○ CronJob（按照Cron的计划定时运行）
	○ Job（单次任务）

图 4-77　新建工作负载

镜像选择上传的爬虫端镜像，如图 4-78 所示。

在访问设置（Service）页面设置映射 8085 端口和 8083 端口，如图 4-79 所示。

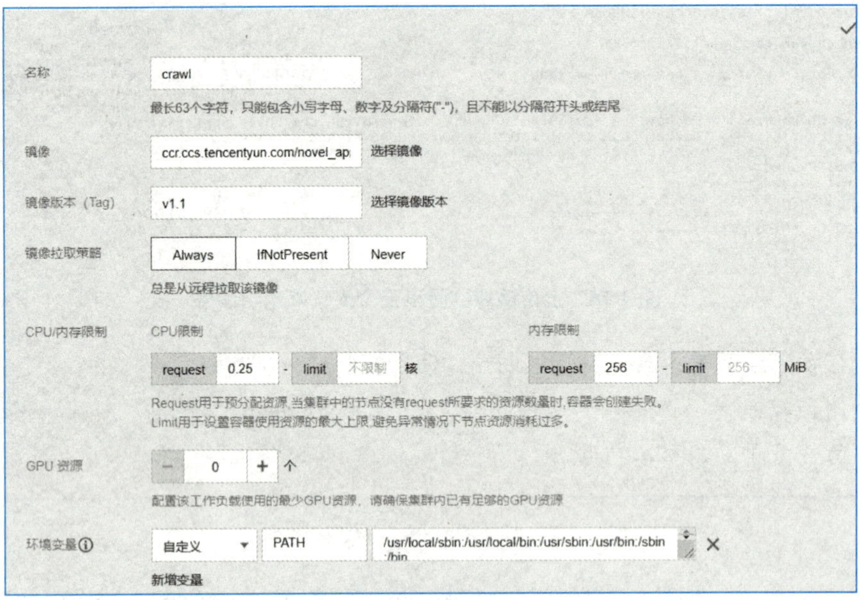

图 4-78　镜像设置

图 4-79　访问设置（Service）

注意：此处将容器内 8085 端口映射为 80 端口，对外提供服务。

（8）安全组开放端口 8083 与 80

依次单击"云服务器"→"实例"→"操作"→"更多"→"安全组"，打开配置安全组页面，在安全组规则中勾选相应规则，如图 4-80 所示。

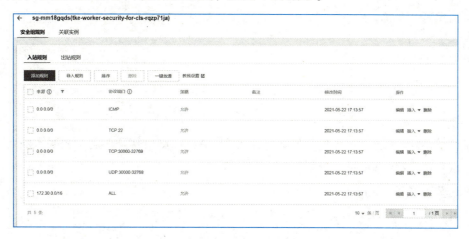

图 4-80　安全组规则设置

添加入站规则，开放 8083 与 80 端口，如图 4-81、图 4-82 所示。

图 4-81　开放 8083 端口

图 4-82　开放 80 端口

（9）访问爬虫端与前端页面

依次单击"服务与路由"→"Service"，在打开的页面中查看服务器地址，如图 4-83 所示。

图 4-83　查看服务器地址

浏览器访问：http:// 对应负载均衡 ipv4 地址 8083 为爬虫登录页面，如图 4-84 所示。

默认登录密码：admin。

默认登录账号：admin。

图 4-84　登录页面

浏览器访问：http:// 对应负载均衡 ipv4 地址 80 为前端页面，登录后的页面如图 4-85 所示。

图 4-85　前端页面

若之前在爬虫管理端开启了爬虫，那么此时的全部作品里会出现小说列表。

5. 容器化部署项目管理后台

在网站能正常提供访问的情况下，还需部署网站的管理后台，让管理员拥有对系统进行日常维护的能力。

（1）进入管理后台查看项目目录

进入管理后台，使用 pwd 命令查看当前项目目录，返回信息如图 4-86 所示。

```
[root@docker novel-admin]# pwd
/root/novel-plus-install-v3.5.1/novel-admin
```

图 4-86 进入管理后台项目目录返回信息

（2）编写服务启动脚本 start.sh

命令如下：

```
[root@docker novel-admin]# vim start.sh
#!/bin/bash
sleep 2
setsid java -jar -Dspring.profiles.active=prod  /opt/novel-admin-
3.5.1.jar
sleep 1
while [[ true ]]; do
    sleep 1
done
```

（3）编写 Dockerfile

命令如下：

```
[root@docker novel-admin]# vim Dockerfile
FROM centos:latest
MAINTAINER cqcet
RUN yum install java-1.8.0 -y
COPY novel-admin /opt
ADD start.sh /opt
RUN chmod +x /opt/start.sh
EXPOSE 8088
CMD ["sh","-c","/opt/start.sh"]
```

（4）修改数据库地址和数据库用户密码

命令如下，返回信息如图 4-87 所示。

```
[root@docker novel-admin]# vim application-prod.yml
```

```
spring:
  datasource:
    type: com.alibaba.druid.pool.DruidDataSource
    driverClassName: com.mysql.cj.jdbc.Driver
    url: jdbc:mysql://172.30.0.13:3306/novel_plus?useUnicode=true&characterEncoding=utf8&useSSL=false&serverTimezone=Asia/Shanghai
    username: novel
    password: Test123456!
    #password:
```

图 4-87　修改数据库地址和数据库用户密码返回信息

（5）打包为容器镜像

命令如下，返回信息如图 4-88 所示。

```
[root@docker novel-admin]# docker build -t admin:v1.1 .
```

```
[root@docker novel-admin]# docker build -t admin:v1.1 .
Sending build context to Docker daemon  66.88MB
Step 1/9 : FROM centos:latest
 ---> 300e315adb2f
Step 2/9 : MAINTAINER cqcet
 ---> Using cache
 ---> 8b0de15fce3a
Step 3/9 : RUN yum install java-1.8.0 -y
 ---> Using cache
 ---> 1d836a5d32e1
Step 4/9 : ADD novel-admin-3.5.1.jar  /opt
 ---> 9345ad382826
Step 5/9 : ADD application-prod.yml /
 ---> 07f641ea7fcd
Step 6/9 : ADD start.sh /opt
 ---> bd36c88878dc
Step 7/9 : RUN chmod +x /opt/start.sh
 ---> Running in 312d6ceaad10
```

图 4-88　打包为容器镜像返回信息

（6）上传到个人仓库

命令如下，返回信息如图 4-89 所示。

```
[root@docker novel-admin]# docker tag ee9fd5071fa2  ccr.ccs.tencentyun.com/novel_app/admin:v1.1
```

```
   [root@docker novel-admin]# docker push   ccr.ccs.tencentyun.com/novel_
app/admin:v1.1
```

```
[root@docker novel-admin]# docker tag ee9fd5071fa2  ccr.ccs.tencentyun.com/novel_app/admin:v1.1
[root@docker novel-admin]# docker push  ccr.ccs.tencentyun.com/novel_app/admin:v1.1
The push refers to repository [ccr.ccs.tencentyun.com/novel_app/admin]
af980453bd73: Pushed
bb50c9473093: Pushed
c6605ed59c2a: Pushed
a88356f00f70: Pushing [=============>                        ]  17.79MB/66.86MB
d330e5580a5d: Mounted from novel_app/crawl
2653d992f4ef: Mounted from novel_app/crawl
```

图 4-89　上传到个人仓库返回信息

（7）在腾讯云部署容器化的管理后端并使用公网进行访问

依次单击"集群"→"工作负载"→"Deployment"单击"新建"按钮，在工作台负载页面设置后台工作负载，如图 4-90 所示。

工作负载名	admin
	最长40个字符，只能包含小写字母、数字及分隔符("-")，且必须以小写字母开头，数字或小写字母结尾
描述	请输入描述信息，不超过1000个字符
标签	k8s-app　=　admin　×
	新增变量
	只能包含字母、数字及分隔符("-"、"_"、"."、"/")，且必须以字母、数字开头和结尾
命名空间	default
类型	⦿ Deployment（可扩展的部署Pod）
	○ DaemonSet（在每个主机上运行Pod）
	○ StatefulSet（有状态集的运行Pod）
	○ CronJob（按照Cron的计划定时运行）
	○ Job（单次任务）
数据卷（选填）	添加数据卷
	为容器提供存储，目前支持临时路径、主机路径、云硬盘数据卷、文件存储NFS、配置文件、PVC，还需挂载到容器的指定路径中。使用指引 ☑

图 4-90　设置工作负载页面

镜像及 CPU 资源设置如图 4-91 所示。

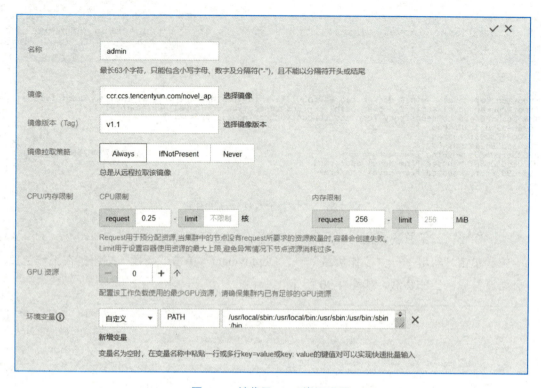

图 4-91　镜像及 CPU 资源设置

在访问设置页面，设置开放公网访问，端口映射设置为 8088，如图 4-92 所示。

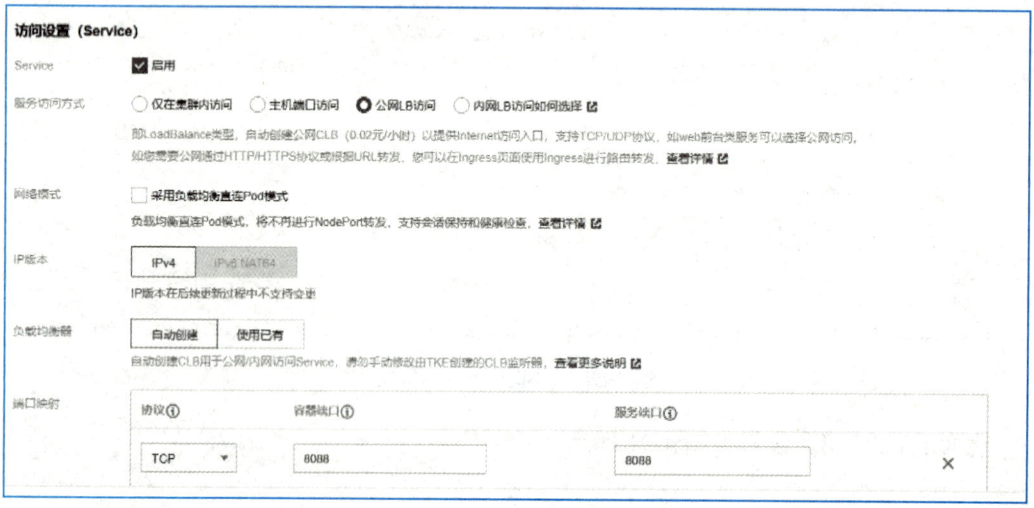

图 4-92　访问设置

设置安全组规则，开放 8088 端口，如图 4-93 所示。

图 4-93　开放 8088 端口

在服务与路由中，打开"Service"，查看公网 IP，如图 4-94 所示。

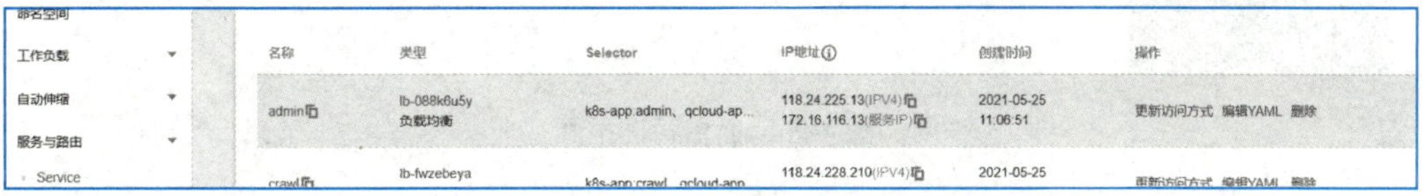

图 4-94　查看公网 IP

使用 IP 地址及 8088 端口访问站点后台，登录页面如图 4-95 所示。

图 4-95　后台登录页面

默认账号：admin。

默认密码 admins。

登录后可以看到，管理后台能对网站进行一些高级管理。后台管理页面如图 4-96 所示。

图 4-96　后台管理页面

到这里，一个基于腾讯云容器服务的个人小说网站系统部署完成。

（五）项目总结

本项目基于腾讯云容器服务部署个人小说网站系统，完整地实施了应用系统的容器化部署全过程。通过本项目的学习和训练，学习者既实践了容器化软件开发完整的流程，又体验了开源应用的使用和部署，可以有效帮助他们深入理解容器的概念、掌握公有云容器服务的应用操作、提高容器化软件开发能力。

容器作为一种先进的虚拟化技术，已然成为了云原生时代软件开发和运维的标准基础支撑，掌握应用的容器化部署能力，可以快速提升软件开发、交付和运维能力，提升软件产品的技术创新性和核心竞争力。

 项目练习

（一）选择题

1. 下列哪一项不属于容器编排的范畴？（　　　）

　　A. Docker-Compose　　　　　　　　B. Docker Swarm

　　C. Kubernetes　　　　　　　　　　　D. Docker daemon

2. 下列说法错误的是？（　　　）

A. 容器启动一般是秒级，虚拟机启动一般是分钟级

B. 单机系统可以支持数百个容器，可以支持几十个虚拟机

C. Namespace 的功能是控制容器进程对系统（CPU、内存等）资源的访问

D. Cgroup 的功能是控制容器进程对系统（CPU、内存等）资源的访问

3. Docker 的核心组件有哪些？（　　　）

A. 镜像   B. 容器

C. 仓库   D. Docker daemon

4. Docker 常用命令中，描述错误的是？

A. docker pull 拉取或者更新指定镜像

B. docker push 将镜像推送至远程仓库

C. docker rm 删除容器

D. docker ps 列出所有镜像

5. 在任何给定的时间点，Docker 容器存在哪几种状态？（　　　）

A. 运行   B. 已暂停

C. 重新启动   D. 已退出

6. 哪个是 Kubernetes 控制器？（　　　）

A. Kubelet   B. Deployment

C. ReplicaSet   D. Master

7. Kubernetes 集群数据存储在哪个组件？

A. Kubelet   B. etcd

C. ssd   D. Kube-API

8. 分布式事务的特征不包括（　　　）

A. 隔离性   B. 原子性

C. 传递性   D. 持久性

9. Kubernetes 的 Master 节点运行哪几个服务？（　　　）

A. Controller Manager   B. etcd

C. API-Server   D. Scheduler

（二）简答题

1. Docker 与虚拟机有何不同？

2. Docker 镜像和 Docker 容器有哪些区别和联系？

项目 5

公有云中间件资源管理调用

学习目标

（一）知识目标

- 了解中间件的概念。
- 了解中间件的分类。
- 了解中间件的使用场景。
- 了解消息队列及消息中间件的概念和使用场景。
- 了解 API 网关的概念。

（二）技能目标

- 理解并掌握分布式消息队列 TDMQ 的配置和调用。
- 理解并掌握分布式消息队列 CKafka 的配置和调用。
- 掌握 API 网关的配置和调用。

（三）素质目标

- 厚植职业精神理念。
- 践行理实一体理念。
- 培养创新能力。

项目描述

（一）项目背景及需求

　　计算机技术和网络技术的不断发展使得客户机 / 服务器体系结构得到蓬勃发展，但是随着应用水平的不断提高及企业应用规模的不断扩大，构建在客户机 / 服务器之上的计算机应用系统的局限性就越发多地暴露出来。在分布式计算模式的环境中，无论是硬件平台还是软件平台都不可能做到完全统一，而大规模的应用软件通常要求在软、硬件各不相同的分布式网络上运行。所以，为了克服这种局限性、更好地开发和应用能够运行在这种异构平台上的软件，迫切需要一种基于标准的、独立于计算机硬件及操作系统的开发和运行环境，中间件技术就此应运而生。

随着云时代来临，传统的架构不断被优化，一套复杂的业务系统往往能拆分成多个不同的模块，分批次地进行业务调整和升级。整体业务上云是未来数年的趋势，而充当传统架构枢纽的中间件也在云原生中间件被提出后，效率有了一个质的飞跃。

（二）项目任务

本项目分为如下三个任务：

- 认识中间件。
- 公有云分布式消息队列。
- 公有云 API 网关。

任务 1　认识中间件

（一）任务描述

教学课件 5-1　　微课 5-1

本任务主要学习以下内容：

- 中间件的起源。
- 中间件的作用。
- 中间件的分类和使用场景。

（二）问题引导

对于中间件的学习，常见的问题是：

- 什么是中间件？
- 中间件发挥的作用是什么？
- 中间件有哪些种类？
- 是否可以自行编写中间件？
- 什么样的场景适合使用中间件？

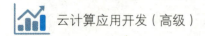

（三）知识准备

1. 中间件的概念

随着各种传统应用的不断升级和新应用的不断增加，企业中各部门面临的问题也越来越多。当多种应用模式并存时，不同硬件平台、网络环境、数据库之间的互操作导致的系统效率降低、传输不可靠、数据加密成本高、软件开发周期长等问题接踵而至。想要解决这些问题，如果单纯依赖传统的系统软件或工具软件已经无法满足要求。而对于用户来说，迫切需要的是一种使用简便、能屏蔽硬件异构和复杂基础技术细节，并使企业的计算机系统开发与管理变得轻松的应用方式。为了能解决诸如此类的问题，人们开始关注中间件，伴随着分布式应用的迅猛发展，中间件这一新兴的软件领域已然崛起。

众所周知，工业革命从 19 世纪的手工式单件生产进化到 20 世纪的大工业生产，其中关键的一步就是标准零部件的出现。无论功能多么复杂的产品都是由大量现成的标准件装配而成的，这就使得生产走向了规模化和分工协作的道路，并且分工越细致、专业生产的程度越高，总体生产效率就越高。软件其实也是一种工业，软件生产构件化技术的发展就是受到了大工业生产分工协作方式的启发，这也是软件技术的一个发展趋势，其意义在于改变软件的生产方式，从个别生产发展到标准化分工协作，从而从根本上提高了软件生产的效率和质量，提高开发大型软件系统尤其是商用系统的效率。中间件是构件化软件的一种表现形式。中间件抽象了典型的应用模式，应用软件开发人员可以基于标准的中间件进行二次开发，开发方式其实质就是软件构件化的具体实现。

2. 中间件的使用场景

中间件是独立的系统级软件，连接操作系统层和应用程序层，将不同操作系统提供的接口标准化、协议统一化，屏蔽具体操作的细节。中间件的一般使用场景如下所述：

（1）通信支持

中间件为其所支持的应用软件提供平台化的运行环境，该环境屏蔽底层通信之间的接口差异以实现互操作，所以通信支持是中间件最基本的功能。早期应用与分布式的中间件交互主要的通信方式为远程调用和消息两种。通信模块中，远程调用通过网络进行通信，通过支持数据的转换和通信服务，从而屏蔽不同的操作系统和网络协议。远程调用是提供给予过程的服务访问，为上层系统提供非常简单的编程接口或过程调用模型，为消息提供异步交互的机制。

（2）应用支持

中间件的作用就是服务上层应用，提供应用层不同服务之间的互操作机制。它为上层应用开发提供统一的平台和运行环境，并封装不同操作系统所提供的同作用 API，向应用提供统一的标准接口，使应用的开发和运行与操作系统无关，实现其独立性。中间件的松耦合结构、标准的封装服务和接口、有效的互操作机制，给应用结构化和快捷开发提供有力的支持。

（3）公共服务

公共服务是对应用软件中共性功能或约束的提取，目的是将这些共性的功能或者约束分类实现且支持复用，并作为公共服务提供给应用程序使用。通过提供标准、统一的公共服务，可减少上层应用的开发工作量，缩短应用的开发时间，并有助于提高应用软件的质量。

由此可知，即便是用户自行编写的软件程序，只要符合规格、能在相应的场景中发挥作用，都可称之为中间件。

3. 中间件的主要分类

软件市场的纷繁复杂，使得中间件的应用越来越广泛，主要的中间件有以下几类。

（1）事务式中间件

事务式中间件又称事务处理管理程序，是当前应用最广泛的中间件之一，其主要功能是提供联机事务处理所需要的通信、并发访问控制、事务控制、资源管理、安全管理、负载平衡、故障恢复和其他必要的服务。事务式中间件支持大量客户进程的并发访问，具有极强的扩展性。由于事务式中间件具有可靠性高、极强的扩展性等特点，主要应用于电信、金融、证券等拥有大量客户的领域。

（2）过程式中间件

过程式中间件又称远程过程调用中间件。过程式中间件一般从逻辑上分为两部分：客户和服务器。客户和服务器是一个逻辑概念，既可以运行在同一计算机上，也可以运行在不同的计算机上，甚至客户和服务器底层的操作系统也可以不同。客户和服务器之间的通信可以使用同步通信，也可以采用线程式异步调用。所以过程式中间件有较好的异构支持能力，简单易用；但由于客户和服务器之间采用访问连接，所以在稳定性和容错方面有一定的局限性。

（3）面向消息的中间件

面向消息的中间件，简称为消息中间件，是一类以消息为载体进行通信的中间件，利用高效可靠的消息机制来实现不同应用间大量的数据交换。按其通信模型的不同，消息中间件的通信模型有两类：消息队列和消息传递。通过这两种消息模型，不同应用之间的通信和网络的复杂性脱离，摆脱对不同通信协议的依赖，可以在复杂的网络环境中高可靠、高效率地实现安全的异步通信。消息中间件的非直接连接特性，支持多种通信规程，使得多个系统之间的数据实现共享和同步。面向消息的中间件是一类常用的中间件。

（4）面向对象中间件

面向对象中间件又称分布对象中间件，是分布式计算技术和面向对象技术的结合，简称对象中间件。分布对象模型是面向对象模型在分布异构环境下的自然拓广。面向对象中间件给应用层提供不同形式的通信服务，通过这些服务，上层应用进行事务处理、分布式数据访问、对象管理等变得更简单易行。OMG（对象管理组织）是分布对象技术标准化方面的国际组织，它制定出了 CORBA 等标准。

（5）Web 应用服务器中间件

Web 应用服务器是 Web 服务器和应用服务器相结合的产物。应用服务器中间件可以说是软件的基础设施，利用构件化技术将应用软件整合到一个确定的协同工作环境中，并提供多种通信机制、事务处理功能及应用的开发管理功能。由于直接支持三层或多层应用系统的开发，应用服务器中间件受到了广大用户的欢迎，是目前中间件市场上竞争的热点，J2EE 架构是目前应用服务器中间件领域的主流标准。

（6）其他

新的应用需求、新的技术创新、新的应用领域促成了新的中间件的出现。如 ASAAC 在研究标准航空电子体系结构时提出的通用系统管理（GSM），属于典型的嵌入式航电系统的中间件；互联网云技术的发展使得云计算中间件、物联网中间件等随着应用市场的需求应运而生。

4. 互联网时代的中间件

到了互联网时代，用户数量爆发增长导致了互联网业务的快速增长，越来越多的应用程序开始部署在分布式的网络环境里。传统中间件以类库和框架的形式来加强应用能力，标准化程度和交互性能亟待提升。由于中间件构件模型类库和架构没有统一的标准，不同节点下的中间件自身在构件描述、发布、调用、互操作协议及数据传输等方面呈现出巨大的差异性。另外，以类库和框架的形式提供功能必然使得中间件与业务应用有极强的耦合度，存在可移植性差、适应性低等问题，进而使得应用在不同分布式节点上的交互变得困难重重。

另一方面，爆发式增长的用户数量带来的巨大流量和产出的巨大数据也冲击着互联网应用，耦合度高的传统中间件难以适配动态多变流量的互联网环境。在设计之初仅考虑支撑当前应用也使得中间件在技术上具有较大的局限性，在复杂的分布式互联场景下无法很好地支撑上层应用系统。与此同时，多变的互联网流量对基础资源灵活配置的需求也史无前例地增大，快速增长的业务与僵化的 IT 基础设施之间的矛盾日益严重。中间件需要在存在多种硬件系统的分布式异构环境中，支撑各种各样的系统软件，以及风格各异的网络协议和网络体系结构。

这些痛点驱动着软件与中间件的技术革新，如何使用中间件技术更好地复用业务，提升 IT 基础设施的业务敏捷性，是互联网时代中间件开发人员应该考虑的关键问题。

（四）任务实施

1. 利用腾讯云社区了解中间件

打开浏览器，搜索腾讯云或输入地址 https://cloud.tencent.com/，进入腾讯云主页，如图 5-1 所示。

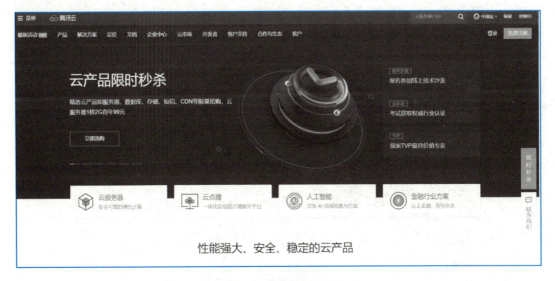

图 5-1 腾讯云主页

将光标移动到"产品"上，在悬浮窗的文本框中输入"中间件"，可看到和中间件相关的产品，如图 5-2 所示。

在页面上方搜索栏中输入"中间件"，单击"搜索"按钮，可看到中间件相关的文章，如图 5-3 所示。

学习相关文章，可加深对中间件的理解。

图 5-2　腾讯云中间件产品搜索

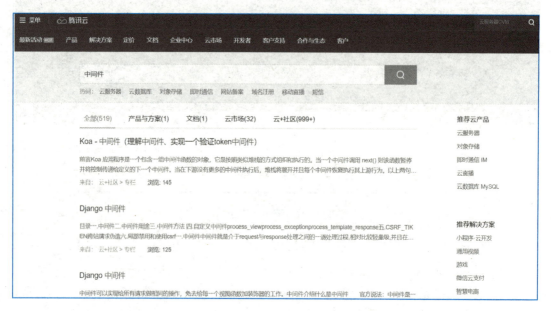

图 5-3　腾讯云文章搜索页

任务 2　公有云分布式消息队列

教学课件 5-2

（一）任务描述

本任务的主要内容如下：
- 了解腾讯云消息队列产品 TDMQ 的概念及使用。
- 了解腾讯云消息队列产品 CKafka 的概念及使用。

（二）问题引导

对于公有云分布式消息队列，常见的问题是：
- 腾讯云消息队列的优势是什么？
- 腾讯云消息队列 CKafka 能实现哪些功能？
- 腾讯云消息队列 CKafka 和 TDMQ 的学习成本高吗？

（三）知识准备

微课 5-2

1. TDMQ 概述

腾讯云消息队列（Tencent Distributed Message Queue，TDMQ）是一款基于 Apache 开源项目 Pulsar 的金融级分布式消息中间件。

计算与存储分离的架构设计，使得 TDMQ 具备很好的云原生和 Serverless 特性，用户按量使用，无须关心底层资源。TDMQ 拥有原生 Java、C++、Python、Go 等多种 API，同时支持 Kafka 协议及 HTTP 协议，可为分布式应用系统提供异步解耦和削峰填谷功能，具备互联网应用所需的海量消息堆积、高吞吐、可靠重试等特性。TDMQ 目前已应用在腾讯计费绝大部分场景，包括支付主路径、实时对账、实时监控、大数据实时分析等方面。TDMQ 简介图如图 5-4 所示。

1）TDMQ 的主要特性
- 具备高一致、高可靠、高并发的特性。
- 采用服务和存储分离架构，支持水平动态扩容。
- 支持百万级消息主题。
- 非常低的消息发布和端到端延迟。
- 支持独占（exclusive）、共享（shared）、灾备（failover）等多种订阅模式。

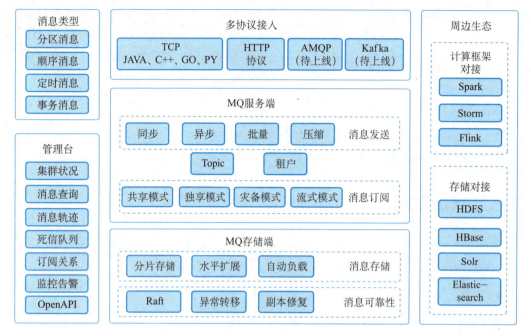

图 5-4   TDMQ 简介图

- 一个 Serverless 的轻量级计算框架 Functions 提供了原生的流数据处理。
- 支持多集群，能够无缝地基于地理位置进行跨集群的备份。

2）TDMQ 产品的优势

（1）数据强一致

TDMQ 采用 BookKeeper 一致性协议实现数据强一致性（类似 RAFT 算法），将消息数据备份到不同物理机上，并且要求是同步刷盘。当某台物理机出故障时，后台数据复制机制能够快速迁移数据，保证用户数据备份可用。

（2）高性能、低延迟

TDMQ 能够高效支持百万级消息生产和消费，海量消息堆积且消息堆积容量不设上限，支撑了腾讯计费所有场景；性能方面，单集群 QPS 超过 10 万，同时在时耗方面有保护机制来保证低延迟，可以轻松满足业务需求。

（3）百万级 Topic

计算与存储架构的分离设计，使得 TDMQ 可以轻松支持百万级消息主题。相比市场上其他 MQ 产品，整个集群不会因为 Topic 数量增加而导致性能急剧下降。

（4）丰富的消息类型

TDMQ 提供丰富的消息类型，涵盖普通消息、顺序消息（全局顺序 / 分区顺序）、分布式事务消息、定时消息，满足各种严苛场景下的高级特性需求。

（5）消费者数量无限制

不同于 Kafka 的消息消费模式，TDMQ 的消费者数量不受限于 Topic 的分区个数，并且会按照一定的算法均衡每个消费者的消息量，业务可按需启动对应的消费者数量。

（6）允许多协议接入

TDMQ 的 API 支持 Java、C++、Go 等语言，并且支持 HTTP 协议，可扩展至接入更多语言，另外还支持原生 Kafka API 协议的接入。如果用户只是利用消息队列的基础功能进行消息的生产和消费，可以不用修改代码就能完成 TDMQ 的迁移。

（7）隔离控制

提供按租户对 Topic 进行隔离的机制，同时可精确管控各个租户的生产和消费速率，保证租户之间互不影响，消息的处理不会出现资源竞争的现象。

（8）全球部署

TDMQ 具有全球部署能力，对于拥有全球业务的企业，可以就近选取地域购买服务。

3）TDMQ 的使用场景

（1）异步解耦

交易引擎作为腾讯计费最核心的系统，每笔交易订单需要被几十个下游业务系统关注，包括物品批价、道具发货、积分、流计算分析等，多个系统对消息的处理逻辑不一致，单个系统不可能适配每个关联业务。此时，消息队列 TDMQ 可实现高效的异步通信和应用解耦，确保主站业务的连续性。

（2）削峰填谷

企业不定时举办的一些营销活动、新品发布上线、节日抢红包等，往往都会带来临时性的流量洪峰，这对后端的各个应用系统考验是十分巨大的，如果直接采用扩容方式应对则会导致一定的资源浪费。TDMQ 此时便可以承担一个缓冲器的角色，将上游突增的请求集中收集，下游可以根据自己的实际处理能力来消费请求消息。

（3）顺序收发

顺序消息的应用出现在业务场景中。例如游戏道具的购买与发放，过程中的订单创建、支付、退款等流程都是严格按照顺序执行的，与先进先出（First In First Out，FIFO）原理类似。TDMQ 提供一种专门应对这种情形的顺序消息功能，保证消息 FIFO。

（4）分布式事务一致性

腾讯计费是支撑腾讯内部业务千亿级营收的互联网计费平台，承载了公司每天数亿收入大盘，解决的核心问题是如何确保钱货一致。使用 TDMQ 与分布式事务应用结合来处理交易事务，可以大大提升处理效率和性能。计费的交易链路通常比较长，出错或者超时的概率比较高，借助 TDMQ 的自动重推和海量堆积能力来实现事务补偿，支付 Tips 通知和交易流水推送可以通过 TDMQ 来实现最终的一致性。

（5）数据同步

如果有多个数据中心存在，需要在多个数据中心之间消费，那么 TDMQ 可以非常方便地实现数据中心之间的同步。

（6）大数据分析

数据在"流动"中产生价值，传统数据分析大多基于批量计算模型，而无法做到实时的数据分析，将 TDMQ 与流式计算引擎相结合，可以很方便地实现业务数据的实时分析。

4）TDMQ 的主要消息类型

（1）普通消息

普通消息是一种基础的消息类型，由生产者投递到指定 Topic 后，被订阅了该 Topic 的消费者所消费。普通消息的 Topic 中无顺序的概念，可以使用多个分区来提升消息的生产和消费效率，在吞吐量巨大时其性能最好。

（2）局部顺序消息

局部顺序消息相较于普通消息类型，多了一个局部有顺序的特性。即同一个分区下，其消费者在消费消息的时候，严格按照生产者投递到该分区的顺序进行消费。局部顺序消息在保证了一定顺序性的同时，保留了分区机制提升性能。但局部顺序消息不能保证不同分区之间的顺序。

（3）全局顺序消息

全局顺序消息最大的特性在于，严格保证消息是按照生产者投递的顺序来消费的。所以其使用的是单分区来处理消息，用户不可自定义分区数。相比前两种消息类型，这种类型消息的性能较低。

（4）死信消息

死信消息是指无法被正常消费的消息。TDMQ 会在创建新的订阅（消费者确定了与某个 Topic 的订阅关系）时自动创建一个死信队列用于处理这种消息。

2. CKafka 概述

消息队列 CKafka（Cloud Kafka）是基于开源 Apache Kafka 消息队列引擎，提供高吞吐性能、高可扩展性的消息队列服务。消息队列 CKafka 完美兼容 Apache Kafka 0.9、Apache Kafka 0.10、Apache Kafka 1.1、Apache Kafka 2.4 版本接口，在性能、扩展性、业务安全保障、运维等方面具有超强优势，使业务人员在享受低成本、超强功能的同时，免除烦琐运维工作。

1）CKafka 的产品特性

（1）收发解耦

消息队列 CKafka 可有效解耦生产者、消费者之间的关系。在确保同样的
接口约束的前提下，允许独立扩展或修改生产者、消费者之间的处理过程。

微课 5-3

（2）削峰填谷

消息队列 CKafka 能够抵挡突增的访问压力，不会因为突发的超负荷的请求而完全崩
溃，有效提升系统的健壮性。

（3）顺序读写

消息队列 CKafka 能够保证一个 Partition 内消息的有序性。和大部分的消息队列一致，
消息队列 CKafka 可以保证数据按照顺序进行处理，极大地提升磁盘效率。

（4）异步通信

在业务无须立即处理消息的场景下，消息队列 CKafka 提供了消息的异步处理机制，
在访问量高时仅将消息放入队列中，在访问量降低后再对消息进行处理，缓解系统压力。

2）CKafka 自身的优势特性

① 100% 兼容开源，轻松迁移。

②消息队列 CKafka 业务系统基于现有的开源 Apache Kafka 代码，无须任何改造，即
可迁移上云。

③高性能。腾讯云消息队列专业团队对服务性能进一步调优，免除复杂的参数配置，
提供更高性能。

④高可用性。依托腾讯多年监控平台的技术积累，对集群全方位、多角度监控，保障
消息队列 CKafka 服务的高可用性。专业版消息队列 CKafka 支持同地域自定义多可用区
部署，提升容灾能力。

⑤高可靠性。磁盘高可靠，即使服务器坏盘达 50% 也不影响业务。消息队列 CKafka
默认为 2 个副本，支持 3 个副本，副本越多可靠性越高。

⑥平行扩展。当集群的流量和磁盘容量超过告警阈值时，后端会及时扩容设备，而客
户端无感知。解决开源 Kafka 长期以来迁移数据的痛点，配置升级无感知。

⑦数据安全。

消息队列 CKafka 提供鉴权与授权机制、主子账号等功能，提供企业级的安全防护；
腾讯云私有网络（VPC）支持腾讯云 VPC 访问，网络环境安全；支持 SASL 鉴权方式，
公网访问更安全；全面支持腾讯云 CAM 主子账号、协作者等功能，实现主子账号之间及
企业间跨账号的授权服务。

消息队列 CKafka 支持与对象存储（COS）、弹性 MapReduce（EMR）等云上服务一

键打通，同时支持基于开源 Kafka Connector 的数据传递服务，两个 Kafka 集群间可互相传递数据。

消息队列 CKafka 广泛应用于大数据领域，如网页追踪、日志聚合、监控、流式数据处理、在线和离线分析等。

3）CKafkad 使用场景

（1）网页追踪

消息队列 CKafka 通过实时处理网站活动（PV、搜索、用户其他活动等），并根据类型发布到 Topic 中，这些信息流可以被用于实时监控或离线统计分析等。

由于每个用户的 Page View 中会生成许多活动信息，因此网站活动跟踪需要很高的吞吐量，消息队列 CKafka 可以完美满足高吞吐、离线处理等要求。

（2）日志聚合

消息队列 CKafka 的低延迟处理特性，易于支持多个数据源和分布式的数据处理（消费）。相比中心化的日志聚合系统，消息队列 CKafka 可以在同样性能的条件下，实现更强的持久化保证及更低的端到端延迟。

消息队列 CKafka 的特性决定它非常适合作为"日志收集中心"；多台主机/应用可以将操作日志"批量""异步"地发送到消息队列 CKafka 集群，而无须保存在本地或者 DB 中；消息队列 CKafka 可以批量提交消息、压缩消息，对于生产者而言，几乎感觉不到性能的开销。此时消费者可以使用 Hadoop 等系统化的存储和分析系统对拉取日志进行统计分析。

（3）大数据场景

在一些大数据相关的业务场景中，需要对大量并发数据进行处理和汇总，此时对集群的处理性能和扩展性都有很高的要求。消息队列 CKafka 在数据分发机制，磁盘存储空间的分配、消息格式的处理、服务器选择及数据压缩等方面的特性，也决定了其适合处理海量的实时消息，并能汇总分布式应用的数据，方便实施系统运维。

在具体的大数据场景中，消息队列 CKafka 能够很好地支持离线数据、流式数据的处理，并能够方便地进行数据聚合、分析等操作。

（四）任务实施

1. TDMQ 的配置

1）新建集群并配置网络

登录 TDMQ 控制台，打开"集群管理"页面，选择目标地域，这里选择"广州"。TDMQ 集群管理页面如图 5-5 所示，TDMQ 集群地域列表如图 5-6 所示。

图 5-5　TDMQ 集群管理页面

图 5-6　TDMQ 集群地域列表

为了方便接下来的操作，这里先介绍 TDMQ 资源层次关系，如图 5-7 所示。

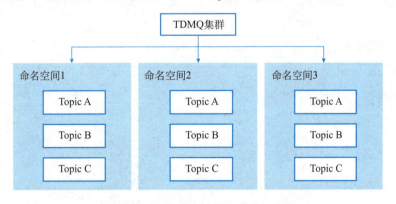

图 5-7　TDMQ 资源层次关系

所以，使用 TDMQ 服务的第一步就是创建 TDMQ 集群。"新建集群"页面如图 5-8 所示。

图 5-8　新建集群页面

在图 5-8 所示页面中，"集群类型"选择默认的"虚拟集群"；"集群名称"一般设置为和业务相关的名称，此处输入"测试集群"；"Topic 数量"默认为"1000"，不可更改；"最长保留时间"是指消息保留时间，默认为"15 天"，无法更改；在"集群说明"文本框中一般输入和业务相关的说明，此处留空；"资源占用费"，公开测试期间不收取任何资源占用费。

以上为虚拟集群的创建过程，若创建专享集群需要先提交申请，待资源就绪后方可创建。一般准备周期为 5～10 个工作日。

TDMQ 测试集群创建成功后的页面如图 5-9 所示。

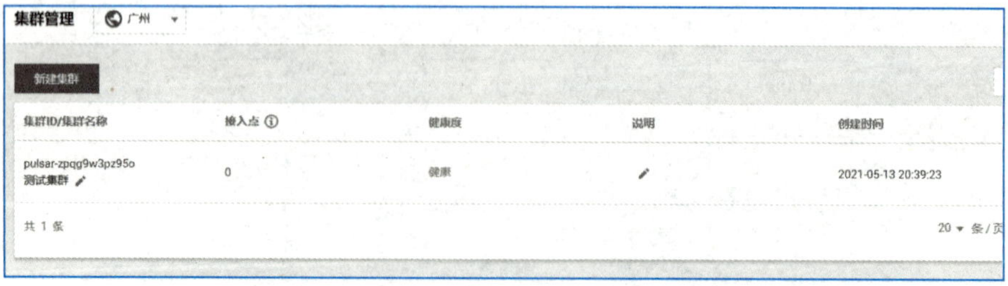

图 5-9　TDMQ 测试集群创建成功页面

下一步是在集群中创建命名空间。单击页面左侧的"命名空间"标签，打开"命名空间"页面，如图 5-10 所示。

图 5-10　TDMQ 测试集群的命名空间页面

单击"新建"按钮，在弹出的页面中填写基础信息，如图 5-11 所示。

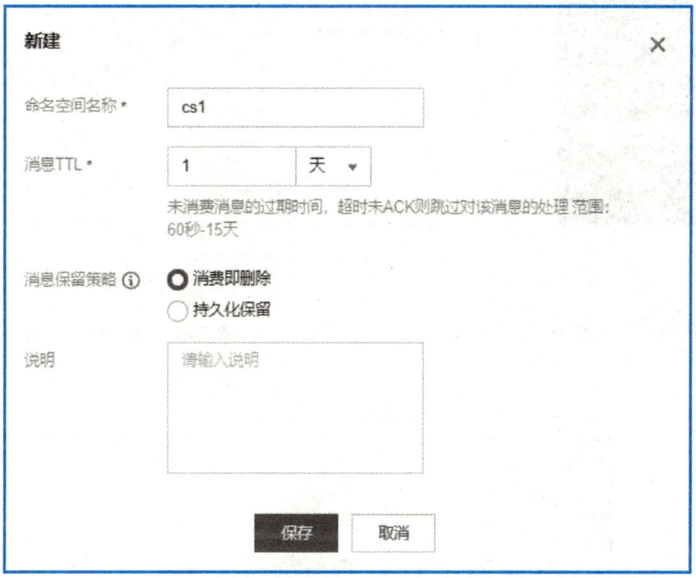

图 5-11　新建命名空间页面

在图 5-11 所示页面中，"命名空间名称"设置为"cs1"；"消息 TTL"即未消费消息的过期时间，选择"1 天"；"消息保留策略"选择"消费即删除"；"说明"文本框一般输入和业务相关的说明，此处留空。填写完成后单击"保存"按钮即可完成创建。

TDMQ 测试集群命名空间创建成功后的页面如图 5-12 所示。

图 5-12　TDMQ 测试集群命名空间创建成功后的页面

2）创建角色并授权

在完成命名空间的创建后，需要创建角色并授予该命名空间的生产消费权限，不然此命名空间无法被使用。单击左侧标签栏中的"角色管理"标签，打开测试集群角色管理页面，如图 5-13 所示。

图 5-13　测试集群角色管理页面

由图 5-13 可知已经默认选择集群，单击"新建"按钮，打开如图 5-14 所示测试集群角色新建页面。

图 5-14　测试集群角色新建页面

在图 5-14 所示页面中，"地域"为测试集群所属地域，此处设置为"广州"；"角色"为想要创建的角色名，此处设置为"user1"；"说明"处留空；单击"保存"按钮，角色新建完成，如图 5-15 所示。

图 5-15 测试集群角色创建成功页面

赋予角色相关命名空间的生产消费权限。选择需要操作的命名空间，单击"配置权限"按钮，如图 5-16 所示。

图 5-16 角色权限配置

在配置权限的页面，单击"添加角色"按钮，如图 5-17 所示。

图 5-17 cs1 配置权限页面

在弹出的"新建"页面中选择刚创建好的用户，并赋予相关权限，设置结果如图 5-18 所示。

图 5-18　给 user1 赋权

单击"保存"按钮，至此，user1 角色在 cs1 命名空间中有了生产消息和消费消息的权限。

3）创建 Topic 和订阅关系

接下来需要创建 Topic，在左侧标签栏单击"Topic 管理"标签，打开 Topic 管理页面，如图 5-19 所示。

图 5-19　Topic 管理页面

单击"新建"按钮，打开 Topic 新建页面，如图 5-20 所示。

在图 5-20 所示页面中，"地域"默认为测试集群所属地域；"命名空间"默认为 Topic 管理页面显示的命名空间；"Topic 名称"一般设置为和业务相关的名称，此处输入"txy"；"类型"选择"普通"；"分区数"选择"1"；"说明"处留空。单击"保存"按钮，Topic 新建完成。

在创建完成名为 txy 的 Topic 后，若想其中的消息被消费，需新增订阅，单击"新增订阅"按钮，打开"新增订阅"页面，如图 5-21 所示。

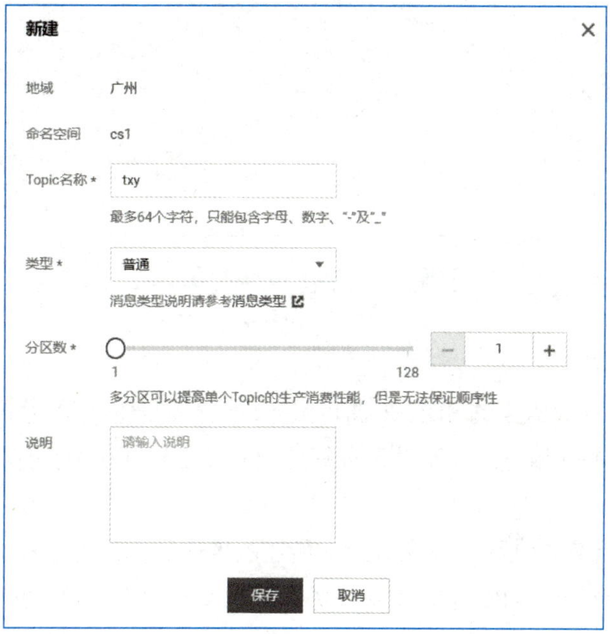

新建   ✕

地域   广州

命名空间   cs1

Topic名称 *   txy

              最多64个字符，只能包含字母、数字、"-"及"_"

类型 *   普通   ▼

              消息类型说明请参考消息类型 ⧉

分区数 *   ○━━━━━━━━━━━━━━━━━━━   ─ 1 +
              1   128

              多分区可以提高单个Topic的生产消费性能，但是无法保证顺序性

说明   请输入说明

              保存   取消

图 5-20　Topic 新建页面

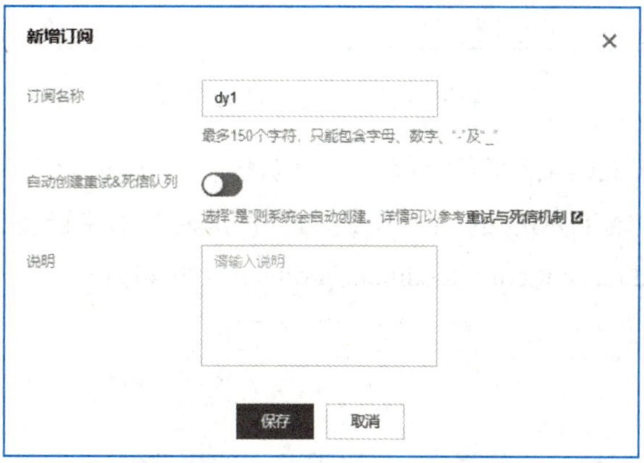

新增订阅   ✕

订阅名称   dy1

                 最多150个字符，只能包含字母、数字、"-"及"_"

自动创建重试 & 死信队列   ⬤○

                 选择"是"则系统会自动创建，详情可以参考重试与死信机制 ⧉

说明   请输入说明

              保存   取消

图 5-21　"新增订阅"页面

图 5-21 所示页面中，"订阅名称"一般设置为和业务相关的名称，此处输入"dy1"；"自动创建重试 & 死信队列"默认设置为"否"；"说明"处留空。单击"保存"按钮，新增订阅创建完成。

在 Topic 管理页面中单击"更多"→"查看订阅"，即可看到刚才新建的订阅，如图 5-22 所示。

图 5-22　查看 Topic 的订阅

2. TDMQ 的使用

TDMQ 提供了 Java 语言的 SDK 来调用服务，进行消息队列的生产和消费。接下来将主要介绍 Java SDK 的使用方式，帮助云计算应用开发工程师快速搭建 TDMQ 客户端工程。

1）确认环境

要想进行搭建客户端试验，在完成上文所述的操作后，还需给集群增加接入点，而接入点是将集群添加至一个 VPC 中，本次任务使用的 VPC 如图 5-23 所示。

ID/名称	IPv4 CIDR ⓘ	子网	路由表	NAT 网关	VPN 网关	云服务器	专线网关
vpc-frqr2o8z middleware-test	10.178.0.0/16	2	1	0	0	2	0

图 5-23　TDMQ 使用的 VPC

该 VPC 拥有包含 Java 1.8 运行环境的云服务器，本次任务使用的云服务器如图 5-24 所示。为了能正确下载 TDMQ 的 SDK，还需要确认云主机中已安装 Maven。下载 SDK 的详细步骤参见 cloud.tencent.com/document/product/1179/44914。

图 5-24　带有 Java 1.8 的云服务器

接下来是为集群添加接入点。在集群管理页面单击测试集群的名称，在打开的集群概览页面单击"接入点"标签页，再单击"新建"按钮，打开创建接入点的页面，如图 5-25 所示。此时注意，子网应为云主机所在的网络。

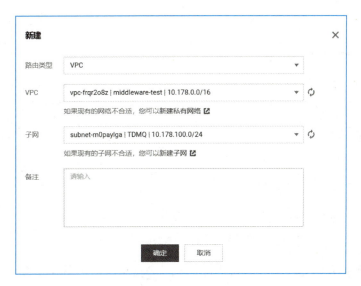

图 5-25　创建接入点的页面

2）安装 TDMQ SDK

首先创建一个文件夹，名称为 TDMQT，在该文件夹中创建一个 Maven 项目，命令如下：

```
mvn archetype:generate -DgroupId=com.cqcet -DartifactId=tdmq_demo
-DarchetypeArtifactId=maven-archetype-quickstart
```

Maven 项目创建成功信息如图 5-26 所示。

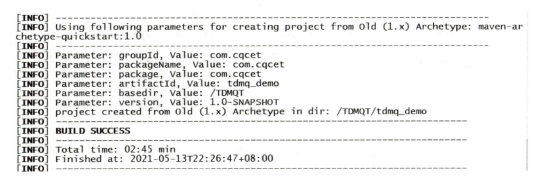

图 5-26　Maven 项目创建成功

3）创建客户端

在安装完成 TDMQ SDK 后，需要记录测试集群下接入点的调用地址和路由 ID，如图

5-27 所示。

图 5-27　测试集群下接入点的调用地址和路由 ID

找到配置好的角色 user1 的密钥。密钥可在"查看密钥"页面中找到，如图 5-28 所示。

图 5-28　"查看密钥"页面

记录名为 txy 的 Topic 地址和订阅名称，如图 5-29 和图 5-30 所示。

图 5-29　txy 的 Topic 地址

图 5-30 txy 的订阅名称

下载官方提供的 demo（下载地址如下），下载后解压到当前目录。

```
https://tdmq-gz-1255613487.cos.ap-guangzhou.myqcloud.com/TDMQ-demo/
tdmq-java-client.zip
```

修改 demo 中关于文件的数据。进入项目并找到文件 SimpleProducerAndConsumer.java，将图 5-31 中画线部分的数据修改为自己环境中的真实数据。

```
/**
 * 简单的生产和消息例子
 *
 */
public class SimpleProducerAndConsumer {

        public static void main(String[] args) throws PulsarClientException {
        invoke();
        }

        private static void invoke() throws PulsarClientException {
        PulsarClient client = PulsarClient.builder()
                .serviceUrl("pulsar://10.178.100.6:6000/")//ip:port 替换成路由ID，位于【集群管理】接入点列表
                .listenerName("custom:pulsar-zpqg9w3pz95o/vpc-frqr2o8z/subnet-m0paylga")//custom:后面替换成>
路由ID，位于【集群管理】接入点列表
                .authentication(AuthenticationFactory.token("eyJrZXlJZCI6InB1bHNhci16cHFnOXczcHo5NW8iLCJhbGc
iOiJIUzI1NiJ9.eyJzdWIi0iJwdWxzYXItenBxZzl3M3B60TVvX3VzZXIxIn0.bGSAUsVyPVkra3NU5x6Rh7raTJwaHAdQvjb7P8iuePk"))
//替换成角色密钥，位于【角色管理】页面
                .build();
        System.out.println(">> pulsar client created.");

        //创建消费者进程
        Consumer<byte[]> consumer = client.newConsumer()
                .topic("persistent://pulsar-zpqg9w3pz95o/cs1/txy")//topic完整路径，格式为persistent://集群（
租户）ID/命名空间/Topic名称
                .subscriptionName("dy1")//需要现在控制台或者通过控制台API创建好一个订阅，此处填写订阅名
                .subscriptionType(SubscriptionType.Exclusive)//声明消费模式为exclusive（独占）模式
                .subscriptionInitialPosition(SubscriptionInitialPosition.Earliest)//配置从最早开始消费，否则
可能会消费不到历史消息
                .subscribe();
        System.out.println(">> pulsar consumer created.");

        //创建生产者进程
        Producer<byte[]> producer = client.newProducer()
                .topic("persistent://pulsar-zpqg9w3pz95o/cs1/txy")//topic完整路径，格式为persistent://集群（
租户）ID/命名空间/Topic名称
                .create();
        System.out.println(">> pulsar producer created.");
```

图 5-31 SimpleProducerAndConsumer 文件配置

在 pom.xml 同级目录下输入命令 mvn clean package 以生成 jar 包，jar 包在 target/ 目录下，如图 5-32 所示。

```
[INFO] Replacing /TDMQT/tdmq_demo/tdmq-java-client/target/tdmq-demo-cloud-1.0.1.jar with /TD
MQT/tdmq_demo/tdmq-java-client/target/tdmq-demo-cloud-1.0.1-shaded.jar
[INFO] -------------------------------------------------------------------------
[INFO] BUILD SUCCESS
[INFO] -------------------------------------------------------------------------
[INFO] Total time: 12.897 s
[INFO] Finished at: 2021-05-14T00:07:55+08:00
[INFO] -------------------------------------------------------------------------
```

图 5-32　生成 jar 包

进入 target/ 目录并运行 jar 包，运行结果如图 5-33 所示。

```
[root@VM-100-7-centos tdmq-java-client]# cd target/
[root@VM-100-7-centos target]# java -jar tdmq-demo-cloud-1.0.1.jar
SLF4J: Failed to load class "org.slf4j.impl.StaticLoggerBinder".
SLF4J: Defaulting to no-operation (NOP) logger implementation
SLF4J: See http://www.slf4j.org/codes.html#StaticLoggerBinder for further details.
>> pulsar client created.
>> pulsar consumer created.
>> pulsar producer created.
deliver msg 1453052:0:0:0,value:my-sync-message-0
deliver msg 1453052:1:0:0,value:my-sync-message-1
deliver msg 1453052:2:0:0,value:my-sync-message-2
deliver msg 1453052:3:0:0,value:my-sync-message-3
deliver msg 1453052:4:0:0,value:my-sync-message-4
receive msg org.apache.pulsar.client.impl.TopicMessageIdImpl@92335e0,value:my-sync-message-0
receive msg org.apache.pulsar.client.impl.TopicMessageIdImpl@92339a1,value:my-sync-message-1
receive msg org.apache.pulsar.client.impl.TopicMessageIdImpl@9233d62,value:my-sync-message-2
receive msg org.apache.pulsar.client.impl.TopicMessageIdImpl@9234123,value:my-sync-message-3
receive msg org.apache.pulsar.client.impl.TopicMessageIdImpl@92344e4,value:my-sync-message-4
[root@VM-100-7-centos target]#
```

图 5-33　jar 包运行结果

从图 5-33 所示运行结果可看到，一共发送了 5 条消息，也消费了 5 条消息。

接下来对文件源码进行部分说明。下面一段代码用于创建一个连接，其中 listenerName 即"custom:"拼接路由 ID（NetModel），在前面的步骤中已查看路由 ID；token 即角色的密钥，在前面的步骤中也已查看角色密钥。

```
PulsarClient client = PulsarClient.builder()
    .serviceUrl("pulsar://*.*.*.*:6000/")
    .listenerName("custom:1300*****0/vpc-******/subnet-********")
    .authentication(AuthenticationFactory.token("eyJh****"))
    .build();
```

创建好 Client 之后，再创建一个 Producer，就可以生产消息到指定的 Topic 中。创建 Producer 的代码如下：

```
Producer<byte[]> producer = client.newProducer().topic("persistent://
```

```
pulsar-****/default/mytopic").create();
    producer.send("My message".getBytes());
```

Topic 名称需要输入完整路径，即"persistent://clusterid/namespace/Topic"，clusterid/namespace/topic 部分可以从控制台 Topic 管理页面直接复制，在前面的步骤中也已记录。

最后创建消费者的代码，代码如下：

```
Consumer<byte[]> consumer = client.newConsumer()
                    .topic("persistent://pulsar-zpqg9w3pz95o/cs1/txy")//topic
完整路径，格式为 persistent:// 集群（租户）ID/ 命名空间 /Topic 名称
                    .subscriptionName("dy1")// 需要从现在控制台或者通过控制台
API 创建好一个订阅，此处填写订阅名
                    .subscriptionType(SubscriptionType.Exclusive)// 声明消费
模式为 exclusive（> 独占）模式
                    .subscriptionInitialPosition(SubscriptionInitialPositi
on.Earliest)// 配置 > 从最早开始消费，否则可能会消费不到历史消息
                    .subscribe();
```

4）验证

进入消息队列 TDMQ 的控制台页面，选择左侧标签栏的"消息查询"标签，在选定 Topic 后，单击"查询"按钮，打开"消息查询"页面，可看到刚才实验中所发送的 5 条消息，如图 5-34 所示。

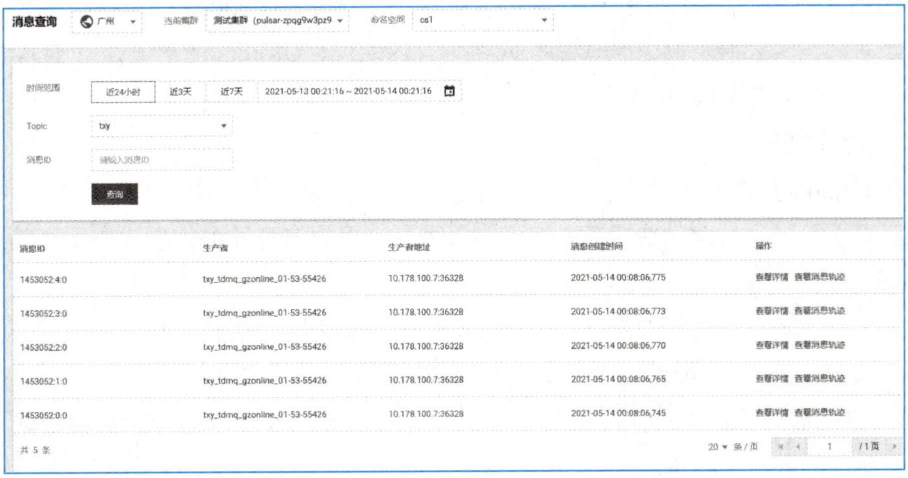

图 5-34　消息查询

单击第一条消息后的"查看详情"，可看到消息的具体信息，包括基本信息、消息体、详细参数等，如图 5-35 所示。

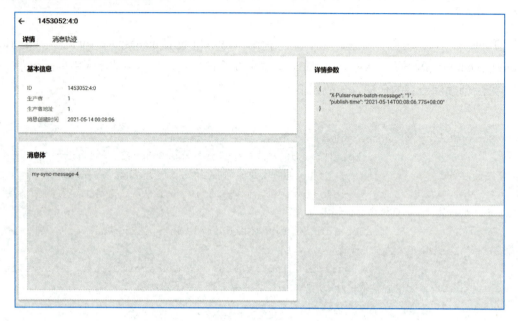

图 5-35　消息详细信息

如 5-35 图所示，该条消息为测试发送的最后一条消息。

3. CKafka 的配置

微课 5-4

1）CKafka 整体操作流程

CKafka 整体操作流程如图 5-36 所示，由图可知，使用 CKafka 的前提条件是：注册腾讯云账号、购买云服务器、创建私有网络。可以发现，CKafka 使用流程与 TDMQ 有部分相似。本次任务以 VPC 接入方式为例。

2）创建实例

登录 CKafka 控制台，页面如图 5-37 所示。在左侧导航栏单击"实例列表"，在"实例列表"页面单击"新建"按钮进入实例购买页面，根据自身业务需求设置购买信息，如图 5-38 所示。

在图 5-38 所示页面中，"计费模式"选择"包年包月"；"规格类型"选择"专业版"，标准版不支持多可用区部署；"地域"选择和部署客户端的资源相近的地域，此处选择"广州"；根据实际业务需求进行产品规格、消息保留等设置。还应注意选择提前创建好的与云主机一致的私有网络。

单击立即"购买"按钮，大约等待 3~5 分钟即可在实例列表页看到创建好的实例。值得注意的是，CKafka 在磁盘容量不足时，将会提前删除旧的消息，以确保服务的可用性。

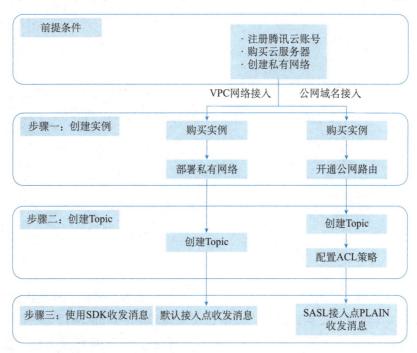

图 5-36　CKafka 整体操作流程

图 5-37　CKafka"实例列表"页面

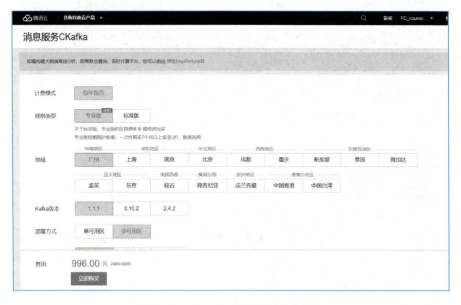

图 5-38　CKafka 的实例购买页面

3）VPC 接入

首先登录 CKafka 控制台，在"实例列表"页面，单击步骤二创建的实例的"ID/ 名称"，进入实例详情页。在实例详情页，单击页面顶部的"Topic 管理"，在打开的 Topic 管理页面单击"新建"按钮，在"新建 Topic"页面设置分区数和副本数等参数，如图 5-39 所示。

图 5-39　新建 Topic 页面

"新建 Topic"页面中的核心参数项说明如下。

分区数：物理上分区的概念。一个 Topic 可以包含一个或者多个 Partition，CKafka 以 Partition 作为分配单位。

副本数：Partition 的副本个数，用于保障 Partition 的高可用。为保障数据可靠性，当前不支持创建单个副本 Topic，默认开启 2 个副本。

副本数也算分区个数，例如客户创建了 1 个 Topic、6 个分区、2 个副本，那么分区额度一共用了 $1 \times 6 \times 2 = 12$ 个。

白名单：开启白名单后，只有白名单中的 IP 才可访问该 Topic，以有效保证数据安全。

4. CKafka 的使用

本次任务以 Java 客户端为例介绍在 VPC 环境下使用 Java SDK 接入消息队列 CKafka 的默认接入点并收发消息。

使用 CKafka 的前提条件是：安装 JDK 1.8 或以上版本、安装 Maven 2.5 或以上版本、下载 Demo。操作步骤如下。

1）添加 Java 依赖库

在 pom.xml 中添加相关依赖，代码如下：

```xml
<dependency>
  <groupId>org.apache.kafka</groupId>
  <artifactId>kafka-clients</artifactId>
  <version>0.10.2.2</version>
</dependency>
```

2）准备配置

创建消息队列 Kafka 版配置文件 kafka.properties，代码如下：

```properties
## 配置接入点，即控制台的实例详情页面显示的接入点。
bootstrap.servers=xxxxxxxxxxxxxxxxxxxxxx
## 配置 Topic，可以在控制台上创建 Topic。
topic=CKafka-topic-demo
## 配置 Consumer Group.
group.id=CKafka-consumer-group-demo
```

创建配置文件加载程序 CKafkaConfigurer.java，代码如下：

```
public class CKafkaConfigurer {
private static Properties properties;
public synchronized static Properties getCKafkaProperties() {
    if (null != properties) {
        return properties;
    }
    // 获取配置文件 kafka.properties 的内容。
    Properties kafkaProperties = new Properties();
    try {
        kafkaProperties.load(CKafkaProducerDemo.class.getClassLoader().
getResourceAsStream("kafka.properties"));
    } catch (Exception e) {
        System.out.println("getCKafkaProperties error");
    }
    properties = kafkaProperties;
    return kafkaProperties;
  }
}
```

3）发送消息

编写生产消息程序 CKafkaProducerDemo.java，代码如下：

```
public class CKafkaProducerDemo {
 public static void main(String args[]) {
    // 加载 kafka.properties。
    Properties kafkaProperties = CKafkaConfigurer.getCKafkaProperties();
     Properties properties = new Properties();
    // 设置接入点，请通过控制台获取对应 Topic 的接入点。
    properties.put(ProducerConfig.BOOTSTRAP_SERVERS_CONFIG, kafkaProperties.
getProperty("bootstrap.servers"));
     // 消息队列 Kafka 版消息的序列化方式，此处 demo 使用的是 StringSerializer。
    properties.put(ProducerConfig.KEY_SERIALIZER_CLASS_CONFIG,
            "org.apache.kafka.common.serialization.StringSerializer");
    properties.put(ProducerConfig.VALUE_SERIALIZER_CLASS_CONFIG,
            "org.apache.kafka.common.serialization.StringSerializer");
    // 请求的最长等待时间。
    properties.put(ProducerConfig.MAX_BLOCK_MS_CONFIG, 30 * 1000);
```

```
        // 设置客户端内部重试次数。
    properties.put(ProducerConfig.RETRIES_CONFIG, 5);
        // 设置客户端内部重试间隔。
    properties.put(ProducerConfig.RECONNECT_BACKOFF_MS_CONFIG, 3000);
        // 构造 Producer 对象。
        KafkaProducer<String, String> producer = new
KafkaProducer<>(properties);
        // 构造一个消息队列 Kafka 版消息。
        StringTopic= kafkaProperties.getProperty("topic"); // 消息所属的
Topic, 请在控制台申请之后, 填写在这里。
    String value = "this is CKafka msg value"; // 消息的内容。
    try {
        // 批量获取 Future 对象可以加快速度, 但批量不要太大。
        List<Future<RecordMetadata>> futureList = new ArrayList<>(128);
        for (int i = 0; i < 10; i++) {
            // 发送消息, 并获得一个 Future 对象。
                ProducerRecord<String, String> kafkaMsg = new
ProducerRecord<>(topic,
                    value + ": " + i);
                Future<RecordMetadata> metadataFuture = producer.
send(kafkaMsg);
            futureList.add(metadataFuture);
        }
        producer.flush();
        for (Future<RecordMetadata> future : futureList) {
            // 同步获得 Future 对象的结果。
            RecordMetadata recordMetadata = future.get();
            System.out.println("produce send ok:"+ recordMetadata.toString());
        }
    } catch (Exception e) {
        // 客户端内部重试之后, 仍然发送失败, 业务要应对此类错误。
        System.out.println("error occurred");
    }
  }
}
```

编译并运行 CKafkaProducerDemo.java 发送消息,运行结果如下:

```
Produce ok:CKafka-topic-demo-0@198
Produce ok:CKafka-topic-demo-0@199
```

在 CKafka 控制台的 Topic 管理页面，选择对应的 Topic，单击"更多"→"消息查询"按钮，在"消息查询"页面查看刚刚发送的消息，如图 5-40 所示。

图 5-40　CKafka 消息查看

4）消费消息

创建单个 Consumer 订阅消息程序 CKafkaConsumerDemo.java，代码如下：

```java
public class CKafkaConsumerDemo {
 public static void main(String args[]) {
    // 加载 kafka.properties。
    Properties kafkaProperties = CKafkaConfigurer.getCKafkaProperties();
    Properties props = new Properties();
    // 设置接入点，请通过控制台获取对应 Topic 的接入点。
    props.put(ProducerConfig.BOOTSTRAP_SERVERS_CONFIG, kafkaProperties.
getProperty("bootstrap.servers"));
    // 两次 Poll 之间的最大允许间隔。
    // 消费者超过该值没有返回心跳，服务端判断消费者处于非存活状态，服务端将消费者从
Consumer Group 中移除并触发 Rebalance，默认 30s。
    props.put(ConsumerConfig.SESSION_TIMEOUT_MS_CONFIG, 30000);
    // 每次 Poll 的最大数量。
```

```
        // 注意该值不能太大，如果 Poll 数量太大，而不能在下次 Poll 之前消费完，则会触发一
次负载均衡，产生卡顿。
        props.put(ConsumerConfig.MAX_POLL_RECORDS_CONFIG, 30);
        // 消息的反序列化方式。
        props.put(ConsumerConfig.KEY_DESERIALIZER_CLASS_CONFIG, "org.apache.
kafka.common.serialization.StringDeserializer");
        props.put(ConsumerConfig.VALUE_DESERIALIZER_CLASS_CONFIG,
                    "org.apache.kafka.common.serialization.
StringDeserializer");
        // 属于同一个组的消费实例，会采用负载均衡策略消费消息。
        props.put(ConsumerConfig.GROUP_ID_CONFIG, kafkaProperties.
getProperty("group.id"));
        // 构造消费对象，即生成一个消费实例。
        KafkaConsumer<String, String> consumer = new KafkaConsumer
<>(props);
        // 设置消费组订阅的 Topic，可以订阅多个。
        // 如果从 kafkaproperty 中读取到的 group.id 是一样的，则订阅的 Topic 也建议设
置成一样。
        List<String> subscribedTopics = new ArrayList<>();
        // 如果需要订阅多个 Topic，则在这里添加即可。
        // 每个 Topic 需要先在控制台创建。
        String topicStr = kafkaProperties.getProperty("topic");
        String[] topics = topicStr.split(",");
        for (StringTopic: topics) {
            subscribedTopics.add(topic.trim());
        }
        consumer.subscribe(subscribedTopics);
        // 循环消费消息。
        while (true) {
            try {
                ConsumerRecords<String, String> records = consumer.poll(1000);
                // 必须在下次 Poll 之前消费完这些数据，且总耗时不得超过 SESSION_TIMEOUT_
MS_CONFIG。
                // 建议开一个单独的线程池来消费消息，然后异步返回结果。
                for (ConsumerRecord<String, String> record : records) {
                    System.out.println(
                            String.format("Consume partition:%d offset:%d",
 record.partition(), record.offset()));
                }
            } catch (Exception e) {
                System.out.println("consumer error!");
            }
```

```
        }
    }
    }
```

编译并运行 CKafkaConsumerDemo.java 消费消息，运行结果如下：

```
Consume partition:0 offset:298
Consume partition:0 offset:299
```

在 CKafka 控制台的 Consumer Group 页面，选择对应的消费组名称，在"主题名称"文本框输入 Topic 名称，单击"查询详情"按钮，消费详情页面如图 5-41。

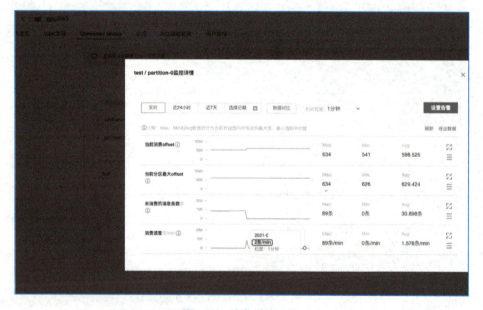

图 5-41　消费详情页面

任务 3　公有云 API 网关

（一）任务描述

教学课件 5-3　　微课 5-5

本任务的主要内容如下：

● 公有云 API 网关的概念。

- 公有云 API 网关的优势。
- 公有云 API 网关的使用场景。

(二) 问题引导

对于公有云 API 网关,常见的问题是:
- 公有云 API 网关的优势是什么?
- 公有云 API 网关的功能是什么?
- 如何使用公有云 API 网关?

(三) 知识准备

1. API 网关概述

"网关"一词最早出现于互联网,是实现不同设备之间互联的网络连接设备。实现两个系统或两个服务的通信,在中间负责 API 的调用,我们把这个网关称为 API 网关(API Gateway)。

API 网关是 API 的全过程的托管服务,提供 API 的完整生命周期管理,包括创建、维护、发布、运行、下线等。可使用 API 网关封装自身业务,将数据、业务逻辑或功能安全可靠地开放出来,用以实现自身系统集成、与合作伙伴的业务连接。

API 网关在系统中具有重要的地位,它既是系统的入口,又是客户端与服务端之间的一层挡板,在整个系统架构中起承上启下的作用。API 网关主要的作用有以下三个方面:

①系统隔离。作为业务系统的边界,负责隔离内部系统与外部访问,从而保障了后台服务的安全性。

②解耦。API 网关能够灵活、高效地调整微服务系统的各方,因为减少了客户端与服务的耦合,所以服务可以独立自由地运行。

③应用基础设施。通过提供的访问地址,对服务请求进行处理,有利于实现应用层面的扩展。

另外,API 网关在减少变更流程、提升访问效率、降低服务开发成本、便于扩展等方面都具有独特的优势。

2. API 网关的优势

腾讯云 API 网关具有的优势如下。

（1）简化管理

API 网关在统一位置完成全部的 API 管理，覆盖 API 的创建、维护、发布全生命周期管理。通过 API 网关，可以对来自 SCF 的无服务器函数、CVM 上的 Web 服务、用户自身的 Web 服务进行统一的封装管理。

（2）仅为使用付费

仅需对 API 网关中的 API 访问和网络出流量付费，无须为 API 的管理、文档维护、SDK 生成、流量控制和权限控制付费。

（3）高性能、高可靠

API 网关充分利用 TGW（Tencent Gateway）的强大功能，依赖其多地域多机分布式集群，提供高性能、高可靠的服务，用于承载大规模、大流量的 API 访问。

（4）安全可控

通过接入多种认证方式，确保用户 API 的访问安全性；通过严格的流量控制，避免用户服务出现过载；通过全面的监控告警，保证用户服务的可用性。

除以上优势外，新开通腾讯云 API 网关服务的用户将享受一定的限时免费额度，在开通 API 网关后的 12 个自然月内，每月可享受一百万次免费调用和 1GB 公网流量。

3. API 网关的使用场景

腾讯云 API 网关的使用场景如下。

微课 5-6

（1）微服务开发

在用户系统为基于微服务架构开发的情况下，可能会出现的状况有：微服务模块数量庞大且每个模块均提供自身的 API 服务接口、地址或负载均衡；某些操作需要多个存在前后关联的 API 进行调用来获取最终数据，但 API 的调用规范、命名方式、参数设计不一定统一，或者每个模块的 API 均需要进行认证和鉴权。

在这种情况下，对 API 的管理和使用，会随着微服务模块的增长而越来越麻烦。通过 API 网关，能很好地解决这些问题。API 网关的功能：完成 API 的统一管理，对于要使用 API 的用户，仅需在一个地方完成 API 使用查询；自动生成文档和 SDK，并可以自动完成测试调用，方便使用者或开发者更快速地使用 API；进行请求流控，不会导致后端模块由于突发性压力而失败；统一 API 的规范、命名、参数调用方式；进行统一的 API 认证和鉴权。

（2）Serverless 开发

使用云函数 SCF 开发 Serverless，在编写函数后，如果是想向外提供 API 服务，以便

App、Web 前端、Client 等访问，则需要有访问途径。

通过使用 API 网关，配置 API 对接后端的 Cloud Function，则对 API 的请求均会触发 Cloud Function 的执行，实现业务功能。对于 Serverless 开发，每次仅对实际请求和执行过程付费。

（3）传统应用的 API 暴露

通过 API 网关，传统应用无须将旧的 API 接口直接暴露在公网上，避免出现服务器漏洞和安全性问题。借助 API 网关内的流量控制，防止过大的突发性请求传递到应用上，保障业务的稳定性。

API 网关结合腾讯云提供的云主机，为不同使用者或客户端提供不同权限的访问控制，满足不同层次用户的使用需求。

（四）任务实施

1. 创建 API 服务

在 API 网关控制台左侧导航栏中单击"服务"，进入"服务"页面，如图 5-42 所示。

图 5-42 API 网关的"服务"页面

可以看到，在广州这个区域，已经建好了 14 个 API 网关。单击"新建"按钮，打开"新建服务"页面，设置相关参数，如 5-43 所示。

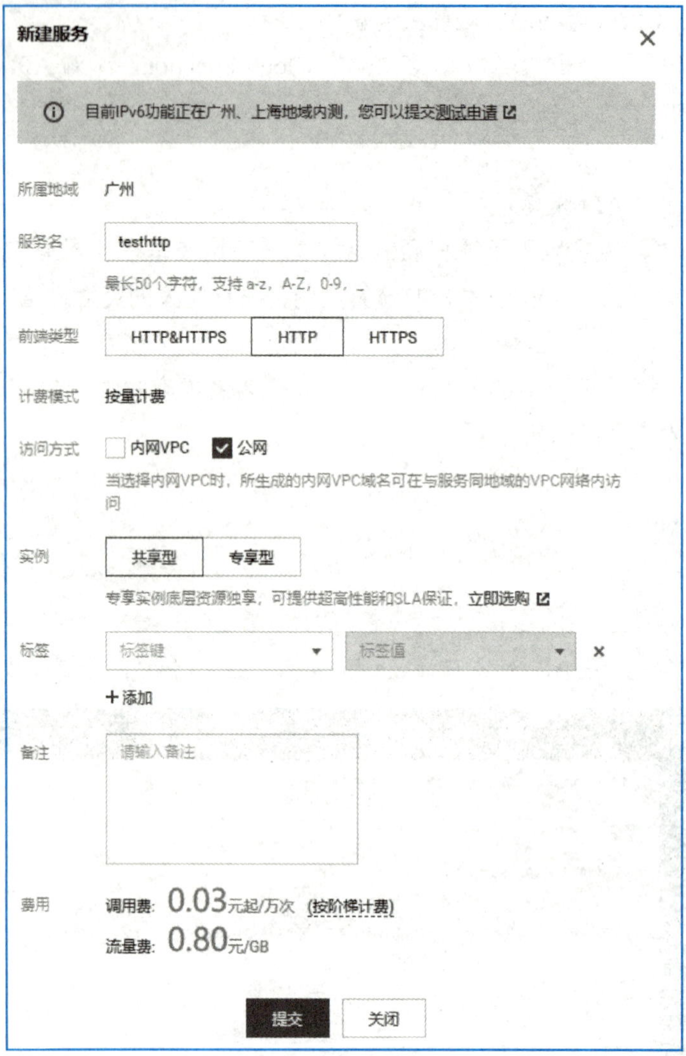

图 5-43　新建 API 网关

在图 5-43 所示页面中，"所属地域"默认为 API 网关"服务"页面中的区域；"服务名"设置为"testhttp"；"前端类型"选择"HTTP"；"访问方式"选择"公网"；"实例"选择"共享型"。单击"提交"按钮，即可完成 API 网关的创建。

2. 创建后端类型为 Mock 的 API

在"服务"页面单击服务名称，进入"服务详情"页面。在"服务详情"页面单击"管理 API"，进入"管理 API"页面，如图 5-44 所示。

图 5-44　"管理 API"页面

　　单击"通用 API"→"新建"按钮，打开 API 的"前端配置"页面，如图 5-45 所示。考虑到不少用户为 API 网关的早期用户，此处新建 API 的页面为旧版页面，新版页面在"项目实训"中会介绍，其区别在于新版页面的"前端类型"中将"HTTP"改为"HTTP&HTTPS"。

图 5-45　API 的"前端配置"页面

在图 5-45 所示页面中，在"API 名称"文本框中输入"tapi"；"前端类型"选择"HTTP"；"路径"设置为 API 的访问路径，此处输入"/"；"请求方法"设置为 API 接受的请求方法，此处选择"GET"；"鉴权类型"支持"免认证""应用认证""OAuth 2.0""密钥对"四种方式，此处选择"免认证"；"支持 CORS"选项用于配置是否支持跨域，此处勾选该复选框；"备注"文本框用于填写此 API 的备注信息，此处输入"测试"；由于没有参数，故"参数配置"处留空。

单击"下一步"按钮，进入"后端配置"页面，如图 5-46 所示。

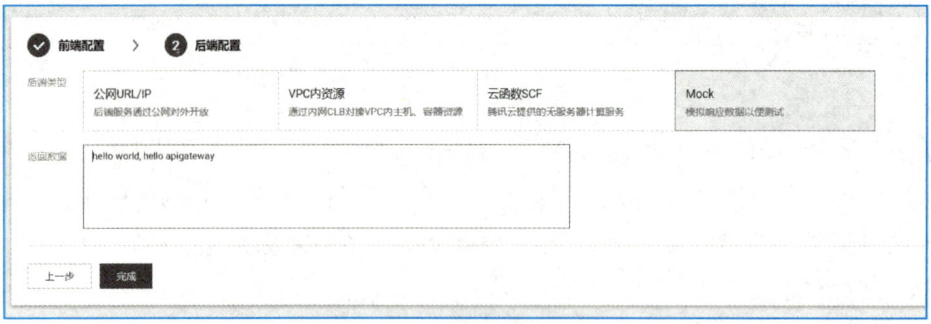

图 5-46 "后端配置"页面

"后端配置"页面中的参数项设置说明如下："后端类型"是此 API 后端服务所属类型，此处选择"Mock"；在"返回数据"文本框中输入"hello world, hello apigateway"。

单击"完成"按钮，弹出如图 5-47 所示页面。由于是测试 API，故直接单击"发布服务"按钮即可。

图 5-47 发布服务页面

3. 调试 API

在 API 网关管理页面找到刚创建的 API，在操作栏中单击"调试"，进入"API 调试"

页面，如图 5-48 所示。"Content-Type"设置为"application/x-www-form-urlencoded"。单击"发送请求"按钮，即可查看本次调试的返回结果。

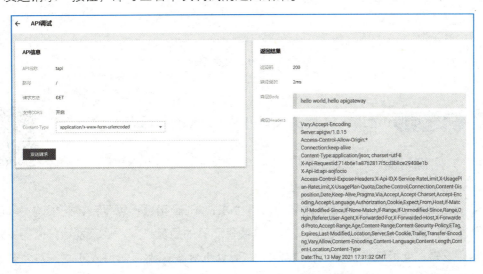

图 5-48　"API 调试"页面

至此，API 调试成功。

4. 公网验证

在 API 网关管理页面找到刚创建的 API，单击 API 名称，进入如图 5-19 所示的"基本信息"页面，找到其默认访问地址。在浏览器的地址栏中输入该地址，若页面显示如图 5-50 所示，则 API 网关发布成功。

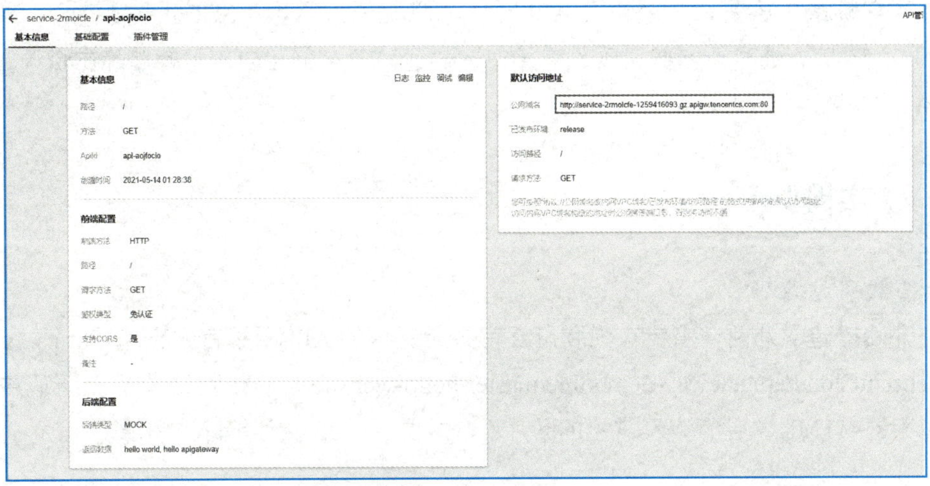

图 5-49　"基本信息"页面

```
< > C ⌂ | ☆  service-2rmoicfe-1259416093.gz.apigw.tencentcs.com
hello world, hello apigateway
```

图 5-50　API 网关验证成功

 **项目实训** 运用 API 网关快速开放 Serverless 服务

（一）实训目的

教学课件 5-4

Serverless 是近年来比较流行的架构，通过 Serverless 函数计算平台，无须购买和管理服务器即可实现网站的后台管理。其核心是替代现有的后台框架，让开发者只需要关注业务的核心逻辑，就能够便捷地运行代码。在 Serverless 模式下，使用 API 网关对外开放服务，可以实现安全防护、流量控制、日志监控、上架云市场、自动生成 SDK 和文档等高级功能。本次实训将结合腾讯云的各个服务来搭建一个不需要后台服务器即可正常运行网站业务的实例，帮助学习者在熟悉腾讯云各个服务的同时也能够掌握无服务器架构思想下的业务部署与处理的解决方案。

（二）实训内容

本次实训的内容是，将腾讯云 API 网关与腾讯云云函数（SCF）高度整合，展示以 API 网关为入口，通过云函数实现动态接口，通过对象存储（COS）存储静态资源，快速搭建 Web 站点。

（三）实训步骤

1. 下载网站源码

在开始搭建网站前，需要在由腾讯云官方所支持的 API 网关官方仓库（https://github.com/TencentCloud/apigateway-demo/tree/master/hello-website）下载网站源码。源码中包含一个骨架的 HTML 文件，以及常见的图片、CSS 文件、JS 文件等静态资源。

打开 API 网关官方仓库网页后，可看到网页上所显示的项目，如图 5-51 所示。

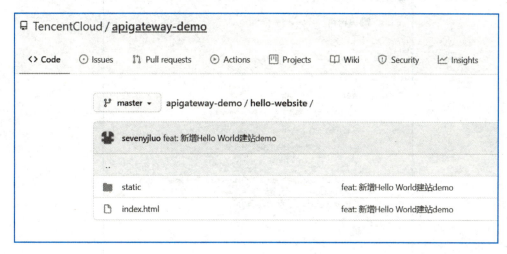

图 5-51　API 网关官方仓库

下载 API 网关官方仓库后文件的目录结构如下：

```
├── client                    // 项目根目录
│   ├── static                // 静态资源
│   │   ├── background.jpg     // 网站背景图片
│   │   ├── favicon.ico        // 网站 icon
│   │   ├── index.js           // 脚本文件
│   │   ├── style.css          // 样式文件
│   ├── index.html            // 网站首页
```

2. 创建 COS 存储桶

登录对象存储控制台，单击"存储桶"，进入"存储桶"页面，单击"创建存储桶"按钮，进入"创建存储桶"页面。

配置存储桶的基本信息，此存储桶名称为"apitest"，"所属地域"选择"中国"的"成都"，将"访问权限"设置为"公有读私有写"，配置的信息如图 5-52 所示，单击"下一步"按钮。

在"高级可选配置"页面保持默认设置，单击"下一步"按钮。在"确认配置"页面（见图 5-53）再次确认配置信息，若无问题则单击"创建"按钮，完成该存储桶的创建。

图 5-52　新建存储桶配置信息

图 5-53　新建存储桶确认页面

在存储桶中，上传网站源码（参考上传对象），目录结构与原文件保持一致，上传成功的页面如图 5-54 所示。

图 5-54　网站源码上传成功页面

3. 创建云函数实现数据接口

登录云函数控制台，单击"新建"按钮，进入云函数的创建页面，选择"自定义创建"。此处的"函数名称"为系统随机生成，"函数类型"选择"事件函数"，"运行环境"选择"Python3.6"，如图 5-55 所示。

图 5-55　云函数创建基础配置

在"函数代码"页面中，选择"在线编辑"，并将代码最后"return"中的字符改为自定义字符，此次实训改为"Hello World APITEST"，如图 5-56 所示。

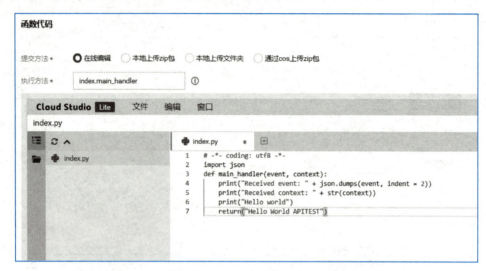

图 5-56　函数代码编辑页面

在完成代码编辑后，直接单击"完成"按钮即可。云函数创建完成后，在"函数管理"页面可看到该云函数的详细信息，如图 5-57 所示。

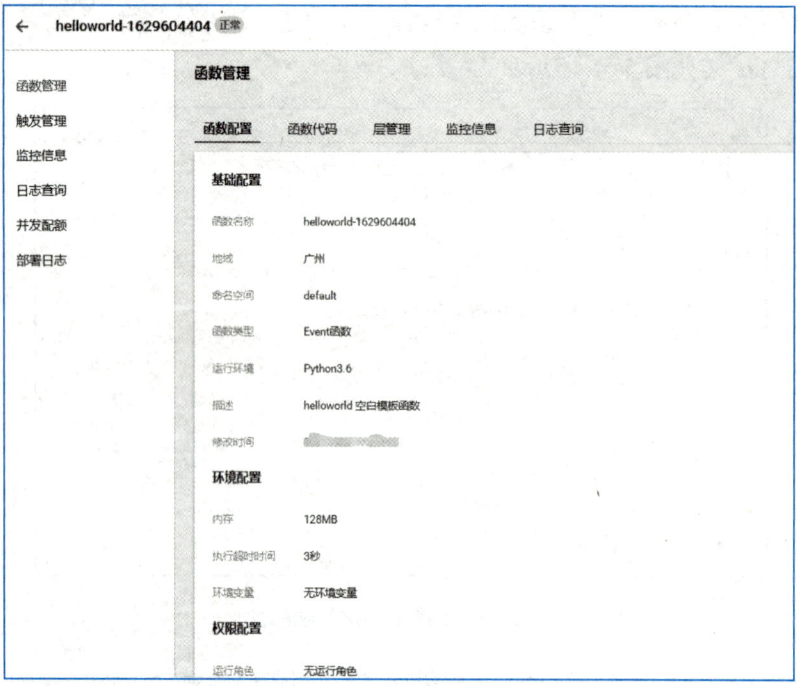

图 5-57　云函数详情

4. 创建 API 网关服务

登录 API 网关控制台，单击左侧导航栏中的"服务"，在"服务"页面单击"新建"按钮，打开"新建服务"页面，根据前文所述方法创建 API 网关服务，如图 5-58 所示。

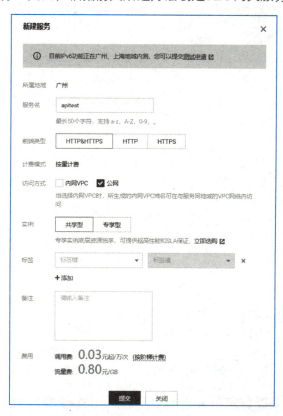

图 5-58　新建 API 网关服务

创建成功后，单击 API 网关服务名称进入"管理 API"页面，如图 5-59 所示。接下来需要创建三个 API，分别指向对应的后端资源。

图 5-59　API 网关的"管理 API"页面

5. 配置三个 API

单击"新建"按钮，创建第一个 API。第一个 API 的作用是获取网站的 HTML 页面。如图 5-60 所示，在"API 名称"文本框中输入"html 页面"，"前端类型"选择"HTTP&HTTPS"，在"路径"文本框中输入"/"，"请求方法"选择"GET"，"鉴权类型"选择"免认证"，单击"下一步"按钮。

图 5-60　第一个 API 的前端配置

第一个 API 的后端配置如图 5-61 所示，选择"后端类型"为"公网 URL/IP"，并在"后端域名"处输入该项目在存储桶中所给的域名，设置"后端路径"为"/index.html"，"请求方法"选择"GET"，单击"下一步"按钮。

在"响应结果"页面不进行任何配置，单击"完成"按钮，在弹出的确认页面中单击"发布服务"按钮，如图 5-62 所示。

创建完成第一个 API 后，再次单击"新建"按钮，创建第二个 API，它的作用是获取静态资源。第二个 API 的前端配置如图 5-63 所示，"API 名称"设置为"静态资源"，"前端类型"选择"HTTP&HTTPS"，"路径"设置为"^~/static"，"请求方法"选择"GET"，"鉴权类型"选择"免认证"，单击"下一步"按钮。

第二个 API 的后端配置如图 5-64 所示，选择"后端类型"为"公网 URL/IP"，并在"后端域名"处输入该项目在存储桶中所给的域名，"后端路径"设置为"/static"，"请求方法"选择"GET"，完成后单击"下一步"按钮。

图 5-61 第一个 API 的后端配置

图 5-62 发布 API 服务确认页面

图 5-63　第二个 API 的前端配置

图 5-64　第二个 API 的后端配置

　　在"响应结果"页面不进行任何配置，单击"完成"按钮，在弹出的确认页面中单击"发布服务"按钮后，该 API 创建完成。

创建完成第二个 API 后，再次单击"新建"按钮，创建第三个 API，它的作用是获取动态数据。第三个 API 的前端配置如图 5-65，"API 名称"设置为"静态资源"，"前端类型"选择"HTTP&HTTPS"，"路径"设置为"/fetchData"，"请求方法"选择"GET"，"鉴权类型"选择"免认证"，单击"下一步"按钮。

图 5-65　第三个 API 的前端配置

　　第三个 API 的后端配置如图 5-66 所示，选择"后端类型"为"云函数 SCF"，并在"云函数"选项组中选择刚刚建立好的云函数，完成后单击"下一步"按钮。

图 5-66　第三个 API 的后端配置

在"响应结果"页面依旧不进行任何配置，单击"完成"按钮，在弹出的确认页面单击"发布服务"按钮后，该 API 创建完成。至此，可在如图 5-67 所示的"管理 API"页面看到刚刚创建好的三个 API。

图 5-67　API 网关管理页面的 API 列表

6. 验证服务

由于 API 网关服务在创建时已选择发布，故可以直接使用。在创建的 API 网关服务的基础配置页面，可找到该 API 的访问路径。如图 5-68 所示，可以看到公网访问地址有 http 和 https 两个。

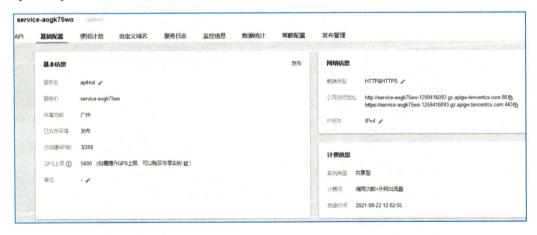

图 5-68　API 的基础配置

此处以 https 的地址为例进行访问。如图 5-69 所示，网站正常打开，css、图片等静态资源打开正常。

图 5-69　https 地址测试

单击"获取数据"按钮，可在开发者管理工具 Network 中找到 fetchData，查看 Response 可找到之前预设的字符串"Hello World APITEST"，结果如图 5-70 所示。

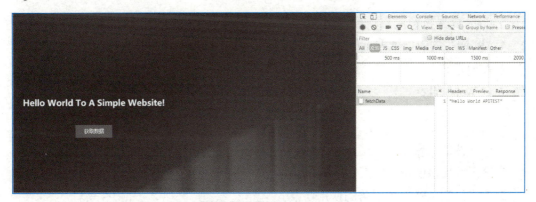

图 5-70　动态数据获取 API 功能测试

至此，运用 API 网关快速开放 Serverless 服务实训已完成。

（四）项目总结

本项目中，将 API 网关服务和对象存储（COS）、云函数（SCF）进行了深度结合。通过本项目的实训，学习者可以建立起无服务器业务运行的思路，对改造当前业务系统为无服务器架构有一个初步的了解。同时，通过对 API 网关的应用，可更深入地理解它在整个架构中所起到的作用，以帮助学习者在认识和经验上更快地从传统架构体系转换到云上架构体系。

 项目练习

（一）选择题

1. 以下不属于中间件的是（　　　）。

　　A. 操作系统　　　　　　　　　B. 消息中间件

　　C. 应用服务器　　　　　　　　D. 事务中间件

2. TDMQ 的消息类型不包括（　　　）。

　　A. 普通消息　　　　　　　　　B. 特殊消息

　　C. 死信消息　　　　　　　　　D. 局部顺序消息

3.（　　　）不是 CKafka 所推荐的使用场景。

　　A. 网页追踪　　　　　　　　　B. 日志聚合

　　C. 大数据场景　　　　　　　　D. 图片缓存

4. API 网关的前端类型不包括（　　　）。

　　A. HTTP　　　　　　　　　　B. HTTPS

　　C. WebSocket　　　　　　　　D. GET

（二）填空题

1. 中间件的主要分类有_____、_____、_____、_____、_____。

2. 腾讯云提供的消息中间件服务主要有_____、_____。

3. 腾讯云的 API 网关服务的使用场景有_____、_____、_____等。

（三）简答题

1. 中间件的使用场景有哪些？

2. 中间件的分类有哪些？

3. 消息中间件的概念是什么？

4. API 网关有哪些优势？

项目 6

微服务平台管理和应用

学习目标

（一）知识目标

- 理解云原生的概念。
- 理解微服务的概念。
- 理解腾讯云微服务平台 TSF 的架构。
- 了解 TSF 的应用场景和特点。

（二）技能目标

- 掌握 TSF 的开发环境部署。
- 掌握 TSF 线上部署的实施方法。

（三）素质目标

- 培养良好的学习习惯。
- 提升职业能力和职业素养。
- 培养创新意识和科学精神。
- 培养团队协作互助意识。

项目描述

（一）项目背景及需求

　　随着云计算的发展，企业市场对混合云、公有云的接受度不断提升，云原生（Cloud Native）的概念应运而生，即应用程序从设计之初即考虑到在云上运行，"原生为云而设计"，在云上以最佳姿势运行。微服务是云原生的重要内容，几乎每个云原生的定义都包含微服务。与整体式架构中所有进程紧密耦合不同，微服务架构将应用程序构建为独立的组件，并将每个应用程序进程作为一项服务运行，服务围绕业务功能构建，每项服务执行一项功能并独立运行，可以针对各项服务进行更新、部署和扩展，以满足对应用程序特定功能的需求。

本项目要求完成腾讯微服务平台的管理和应用，将应用程序"商家买单系统"基于腾讯云 TSF 进行部署和运行。

（二）项目任务

- 任务1 认识微服务平台 TSF。
- 任务2 微服务平台 TSF 环境与资源管理。
- 任务3 微服务平台 TSF 应用部署。
- 项目实训 基于腾讯云 TSF 开发商家买单系统。

任务1 认识微服务平台 TSF

（一）任务描述

教学课件6-1-1　教学课件6-1-2　教学课件6-1-3

微服务已经在云上得到广泛应用，是云原生的一种具体实现。在使用微服务平台部署应用之前，首先要了解云原生的概念，在云原生的背景下认识微服务。在本任务的实施的过程中，将带领学习者了解云原生、微服务、微服务平台的相关概念，认识微服务平台的功能、整体架构和应用场景。

（二）问题引导

- 云原生是什么？包含哪些技术？
- 微服务是什么？微服务平台相对传统应用部署有何区别？

（三）知识准备

微课6-1　　微课6-2

1. 云原生的概念

云原生是一个组合词，即"云（Cloud）+ 原生（Native）"。云是和本地相对的，表示应用程序位于云中，而不是传统的数据中心、本地的服务器；原生表示在开始设计应用的时候就考虑到应用是运行在云环境里面的，要充分利用和发挥云平台弹性和分布式等优势，在云上以最佳姿势运行。

云原生的概念存在有不同的描述，Pivotal 公司的 Matt Stine 于 2013 年首次提出云原生的概念，目前 Pivotal 官网对云原生概括为 4 个要点，即 DevOps、持续交付（Continuous Delivery）、微服务（Micro Services）、容器（LXC）。

CNCF（Cloud Native Computing Foundation，云原生计算基金会）对云原生技术的定义是："云原生技术有利于各组织在公有云、私有云和混合云等现代动态环境中，构建和运行可弹性扩展的应用。云原生的代表技术包括容器、服务网格（Service Mesh）、微服务、不可变基础设施（Immutable Infrastructure）和声明式 API（Declarative APIs）。这些技术能够构建容错性好、易于管理和便于观察的松耦合系统。结合可靠的自动化手段，云原生技术使工程师们能够轻松地对系统做出频繁、可预测的重大变更。"

下面对云原生中的代表技术进行简要介绍。

（1）容器

容器是与系统其他部分隔离开的一系列进程，运行这些进程所需的所有文件都由另一个镜像提供，这意味着从开发到测试再到生产的整个过程中，容器都具有可移植性和一致性。因而，相对于依赖重复传统测试环境的开发渠道，容器的运行速度要快得多。容器比较普遍也易于使用，因此也成了 IT 安全方面的重要组成部分。

Docker 是应用最广的容器工具，容器化为微服务提供了实施保障，起到应用隔离作用。Kubernetes 是容器编排系统，用于容器管理，是整个云原生的基石，云原生的整个生态体系都是依靠 Kubernetes 建立起来的。

（2）微服务

几乎每个云原生的定义都包含微服务，微服务架构实现了服务解耦，可以针对单一业务的大量请求单独扩展该业务，而无须进行系统整体扩展。微服务内聚更强，变更更易，灵活度更高。

（3）服务网格

服务网格是一个基础设施层，用于处理服务与服务之间的通信。云原生应用有着复杂的服务拓扑，服务网格保证请求在这些拓扑中可靠地穿梭。在实际应用当中，服务网格通常是由一系列轻量级的网络代理组成的，它们与应用程序部署在一起，但对应用程序透明。

Istio 是目前广为人知的一款服务网格架构。服务网格的出现，弥补了 Kubernetes 在微服务的连接、管理和监控方面的短板，为 Kubernetes 提供更好的应用和服务管理。

（4）不可变基础架构

不可变基础架构可以实现基础架构中更高的一致性和可靠性，以及更简单、更可预测的部署过程。它可以缓解或完全防止可变基础架构中常见的问题，例如配置漂移和雪花服务器。随着虚拟化技术及建立在虚拟化技术之上的云计算基础设施的引入，极大地降低了获取标准化基础设施的成本。同时，容器技术的引入也可以方便地打包构建应用及其运行时的依赖环境，从而可以方便地构建不可变的、可版本化管理的基础设施（包括了标准化实例、运行环境及应用服务）。

在构建云原生时，通过如下工作来实现不可变基础架构：使用云端虚拟化基础设施作为构建基础；通过容器技术来打包及整体构建服务运行环境；实现容器镜像的自动化构建及版本化管理；通过持续部署系统，进而实现自动化部署。

（5）声明式 API

在命令式 API 中，可以直接发出服务器要执行的命令，如运行容器、停止容器等。在声明式 API 中，声明系统要执行的操作，系统将不断向该状态驱动。

通俗地说，命令式编程类似"第一人称"，即我要做什么、我要怎么做。操作系统最喜欢这种编程范式了，操作系统几乎不用"思考"，只要一对一地将代码翻译成指令就可以了。

而声明式编程则类似于"第二人称"，也就是你要做什么。好像产品经理和开发者之间的关系，产品经理只负责提需求，而开发者怎么实现的，他并不关心。

声明式 API 使系统更加健壮，在分布式系统中，任何组件都可能随时出现故障。当组件恢复时，需要弄清楚要做什么，使用命令式 API 时，处理起来就很棘手。但是使用声明式 API，组件只需查看 API 服务器的当前状态，即可确定它需要执行的操作。

（6）DevOps

DevOps 是一组过程、方法与系统的统称，用于促进开发、技术运营和质量保障（QA）部门之间的沟通、协作与整合。DevOps = Development + Operations，简单地说就是开发和运维合体，实际上还包括测试。DevOps 是一个敏捷思维，是一个沟通文化，也是组织形式，为云原生提供持续交付能力。

（7）持续交付

持续交付可以让软件交付变得更快更频繁，即随时都可以发布，它的目标是让软件的构建、测试与发布变得更快、更频繁。持续交付是不误时开发、不停机更新，是反传统瀑布式开发模型，要求开发版本和稳定版本并存，需要很多流程和工具支撑。

2. 微服务的概念

微服务是一种开发软件的架构和组织方法，其中软件由通过明确定义的 API 进行通信的小型独立服务组成。这些服务由各个小型独立团队负责，微服务具有如下特点。

解耦（Decoupling）：系统内的服务很大程度上是分离的，因此整个应用可以被轻松构建、修改和扩展。

组件化（Componentization）：微服务被视为可以被轻松替换和升级的独立组件。

业务能力（Business Capabilities）：微服务非常简单，专注于单一功能。

自治（Autonomy）：开发人员和团队可以相互独立工作，从而提高效率。

持续交付（ContinousDelivery）：允许频繁发布新版本，通过系统自动化完成对软件的创建、测试和审核。

责任（Responsibility）：微服务不把程序作为项目去关注，相反，将程序视为自己负责的产品。

分散治理（Decentralized Governance）：没有任何标准化模式或者技术模式，开发人员可以自由选择最合适的工具来解决自己的问题，重点是用正确的工具去做正确的事。

敏捷性（Agility）：微服务支持敏捷开发，任何新功能都可以快速开发并被再次丢弃。

3. 微服务架构

微服务架构使应用程序更易于扩展和更快地开发，从而加速创新并缩短新版本的上市时间。比较整体式架构（传统的单体架构）与微服务架构的区别，有助于理解微服务架构的概念。在整体式架构环境中，所有进程紧密耦合，并作为单项服务运行。当应用程序的一个进程达到需求峰值需要扩展时，必须扩展整个架构方可满足需求。随着代码库的增长，添加或改进应用程序功能会变得更加复杂，这种复杂性会限制试验的可行性，并使增加新内容变得困难。此外，整体式架构还增加了应用程序可用性的风险，单个进程故障会影响许多相互依赖且紧密耦合的进程，从而影响整个系统的可用性。

使用微服务架构，将应用程序构建成独立的组件，每个应用程序进程作为一项服务运行，每项服务执行一项业务功能。这些服务使用轻量级 API 通过明确定义的接口进行通信。由于它们是独立运行的，因此可以针对各项服务进行独立更新、部署和扩展，以满足对应用程序特定功能的需求。

这里借用 Martin Fowler 的文章 "Microservices" 中的图来说明微服务和整体式架构的区别，如图 6-1 所示。

微服务架构具有如下特性。

（1）自主性

用户可以对微服务架构中的每个组件服务进行开发、部署、运营和扩展，而不影响其他服务的功能，这些服务不需要与其他服务共享任何代码或设施，各个组件之间的任何通信都是通过明确定义的 API 进行的。

在整体式架构中，模块应用程序将其所有功能都放在一个进程中，并通过在多台服务器上复制它们进行扩展

微服务架构将每个功能元素放在一个单独的服务中，并根据需要通过跨服务器复制这些服务进行分布式扩展

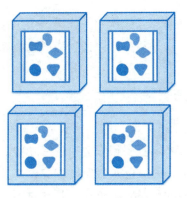
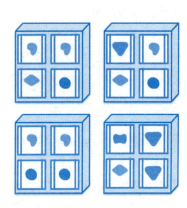

图 6-1　微服务和整体式架构的区别

（2）专用性

每项服务都是针对一组功能而设计的，并专注于解决特定的问题。如果开发人员逐渐将更多代码增加到一项服务中并且这项服务变得复杂，那么可以将其拆分成多项更小的服务。

微服务架构的优势主要有以下几点。

（1）敏捷性，独立开发

微服务架构方便团队组建多个开发小组，每个小组负责自己的服务，在小型且易于理解的环境中行事，实现更独立、更快速地工作，可以缩短开发周期。

（2）灵活扩展

通过微服务，用户可以独立扩展各项服务以满足其功能需求。这使得团队能够适当调整基础设施需求，准确衡量功能成本，并在服务需求激增时弹性扩展，保持可用性。

（3）轻松、独立部署

微服务支持持续集成和持续交付，可以轻松尝试新想法，并支持在无法正常运行时回滚。由于微服务故障成本较低，因此可以大胆试验，可轻松地更新代码，并缩短新功能的上市时间。

（4）混合技术栈，技术灵活

微服务架构不遵循"一刀切"的方法。团队可以自由选择最佳工具来解决他们的具体问题。因此，构建微服务的团队可以为每项作业选择最佳工具。

（5）可重复使用的代码

将软件划分为小型且明确定义的模块，让团队可以将功能用于多种目的。专为某项功能编写的服务可以用作另一项功能的构建块。这样应用程序就可以自行引导，因为开发人员可以创建新功能，而无须从头开始编写代码。

（6）弹性，故障隔离

服务独立性增加了应用程序应对故障的弹性。在整体式架构中，如果一个组件出现故障，可能导致整个应用程序无法运行。通过微服务，应用程序可以通过降低功能而不导致整个应用程序崩溃来处理总体服务故障。

4. 腾讯微服务平台

腾讯微服务平台（Tencent Service Framework，TSF）是一个围绕着应用和微服务的 PaaS 平台，提供全生命周期管理、数据化运营、立体化监控和服务治理等功能。TSF 的整体架构如图 6-2 所示。TSF 拥抱 Spring Cloud 、Service Mesh 微服务框架，帮助企业客户解决传统集中式架构转型的困难，打造大规模高可用的分布式系统架构，实现业务、产品的快速落地。微服务平台 TSF 以腾讯云中间件团队多款成熟的分布式产品为核心基础组件，提供秒级推送的分布式配置服务、链路追踪等高可用稳定性组件。此外，TSF 与腾讯云 API 网关和消息队列打通，让企业轻松构建大型分布式系统。

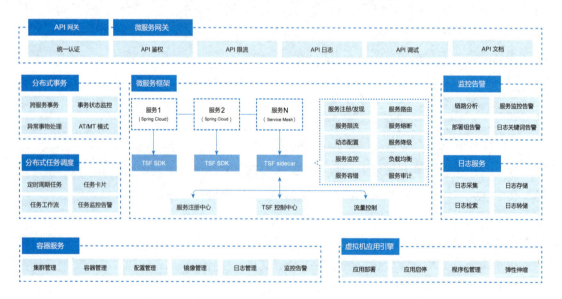

图 6-2 TSF 的整体架构

TSF 提供全面的服务治理能力，可在 TSF 控制台上配置服务路由、服务限流、服务监控、服务容错、服务审计等规则；微服务网关提供路由转发和 API 管理等功能，用户可以配置权重标签的形式进行细粒度的流量控制，实现灰度发布、就近路由、部分账号内测、流量限制、访问权限控制等功能；提供虚拟机、容器、Serverless 三种部署方式，满足不同客户的使用需求；通过 CI/CD 的全流程一站式解决方案，打通从开发到运维的各个环节；提供多项应用监控数据来帮助客户进行数据化运营，提供日志与监控分析功能，分析服务间的调用情况。

　　TSF 的主要特性有如下几点。

　　（1）拥抱开源社区

　　拥抱 Spring Cloud 和 Istio 开源社区，提供高可用、可扩展、灵活的微服务技术平台商业版支持。支持原生 Spring Cloud 应用无须修改直接接入并获得服务注册发现、服务治理、可观测性能力。支持通过 Service Mesh 模式无需修改直接接入不同语言应用。

　　（2）应用全生命周期管理

　　提供从创建应用到运行应用的全生命周期管理，支持创建、部署、回滚、扩容、下线、启动和停止应用。提供虚拟机和容器两种部署方式，满足不同客户的使用需求。

　　（3）细粒度服务治理

　　提供服务和 API 级别的服务治理能力，支持在控制台上配置服务路由、服务限流、服务鉴权规则，支持分布式配置管理。

　　（4）分布式事务

　　集成了分布式事务能力，支持 TCC 模式分布式事务管理功能，解决跨数据库和跨服务的事务问题。

　　（5）灵活运维

　　支持日志服务、调用链、服务依赖拓扑图、基于监控的弹性伸缩功能，满足不同纬度的运维需求。

　　（6）跨可用区高可用

　　支持同城跨可用区容灾和就近路由，规避单可用区可能存在的不可抗力风险，提高服务的高可用性和容灾能力。

5. TSF 的功能

　　TSF 提供多种强大功能，用于构建、部署和运维可扩展、高可用的微服务。下面简要介绍其主要功能。

1）服务开发框架

（1）兼容 Spring Cloud 开发框架

提供基于 Spring Cloud 的功能 SDK，覆盖服务注册发现、服务限流、服务鉴权、服务路由、调用链、API 上报、分布式配置等功能。

原生 Spring Cloud 应用直接接入 TSF，即可使用服务注册发现、服务治理、应用监控、调用链跟踪等功能，无须修改代码，无须重新编译和打包。

（2）兼容 Istio 开发框架

提供完全兼容 Istio 的 Service Mesh 微服务架构的能力，支持服务注册发现、服务限流、服务鉴权、服务路由、调用链、API 上报等功能。

（3）兼容 Dubbo 开发框架

TSF 为其他应用提供服务注册中心，Dubbo 应用可通过依赖 jar 包的方式接入该项服务。TSF 支持 Dubbo 应用的 Dubbo 服务注册、Dubbo 服务调用、调用链、监控等功能。

2）服务治理

（1）服务注册发现

支持服务注册到服务注册中心，服务通过注册中心发现其他服务。微服务平台提供高可用服务注册中心，用户无须关心注册中心的运维。开发者无须关心注册中心地址，服务注册由 TSF 提供的 SDK 自动完成。

（2）服务限流

支持服务级别和 API 级别的服务限流，通过标签来精准匹配目标 API。通过限流功能保护微服务免受流量冲击。

（3）服务路由

支持通过配置、权重标签的形式进行细粒度的流量控制，实现灰度发布、就近路由、部分账号内测、流量限制、访问权限控制等功能。

（4）服务鉴权

服务鉴权提供了微服务之间相互访问的权限解决方案。服务提供者通过配置中心下发的鉴权规则来判断是否处理服务消费者的请求。TSF 支持黑名单和白名单两种鉴权方式。

（5）API 上报

支持服务 API 上报，查看服务提供的 API 列表和 API 详情。API 可用于服务鉴权、服务限流、服务路由等功能。

（6）服务熔断原理

支持可视化熔断规则管理，支持设置服务、实例、API 三种隔离级别的熔断规则。

3）应用生命周期管理

（1）虚拟机和容器部署应用

支持虚拟机和容器集群，用户可以选择使用虚拟机或者容器作为 IaaS 层资源。

（2）滚动发布

支持立即更新和滚动发布两种发布模式，其中滚动更新确保流量平滑迁移到目标版本的服务上。

（3）弹性伸缩

支持弹性伸缩功能，根据 CPU 利用率、内存利用率、请求量、响应时间动态调整服务实例数量，灵活应对流量高峰和低谷，降低突发故障和运营成本。

（4）配置管理

支持分布式配置、文件配置、配置模板等多种配置工具，支持配置版本管理、配置发布、配置历史查询等功能，帮助开发者管理线上业务的配置信息。

4）Serverless 微服务平台

（1）微服务的应用托管平台

主要支持东西向微服务框架（如 Spring Cloud 和 Service Mesh）。

（2）精益成本，不为闲置资源付费

无须提前为业务峰值准备资源，按需使用、按量计费，无须为闲置资源付费。

（3）完善的微服务平台能力

提供应用全生命周期管理（支持创建、部署、回滚、扩容、下线、启动和停止应用）、细粒度微服务治理（支持服务路由、服务限流、服务鉴权规则，支持分布式配置管理）、分布式事务等功能。

5）分布式组件

（1）微服务网关

微服务网关作为后台架构的入口，提供路由转发、API 管理、访问过滤器等功能，是微服务架构中的重要组件。TSF 中的微服务网关基于 Spring Cloud 中的 Zuul 实现，提供了符合微服务体系的灵活可自定义的网关功能。

（2）分布式事务

TSF 具有金融级别高可用分布式事务处理能力，保证大规模的分布式场景下业务的一致性。TSF 框架下的分布式事务基于 TCC（Try、Confirm 和 Cancel 的简称）模式，支持跨数据库、跨服务的使用场景，为金融、制造业、互联网等行业客户保驾护航。

（3）分布式任务调度

分布式任务调度实现了与 TSF 框架的无缝集成，用户仅需要引用 SDK，按照规范编写并配置任务，即可实现任务触发、执行、停止等多种管理操作。

6）数据化运营

（1）调用链

支持采集调用链数据并生成调用链层次关系图，帮助开发者定位慢调用和失败调用。调用链查询用来查询和定位具体某一次调用的情况。使用者可以通过具体的服务、接口定位、IP等来查询具体的调用过程，查询调用过程所需要的时间和运行情况。

（2）服务依赖拓扑

服务依赖拓扑包含了查询服务之间相互依赖调用的拓扑关系，查询特定集群特定命名空间下服务之间调用的统计结果等功能。

7）监控和日志

（1）应用监控

支持请求数、最大响应时间、平均响应时间、成功请求数、失败请求数的监控指标查看。

（2）日志服务

支持日志规则创建，支持应用日志采集、存储和检索，支持实时日志查看。

（3）操作记录

支持查看用户在微服务平台上进行的所有操作，便于回溯操作人和操作行为等信息。

6. 微服务的应用场景

（1）构建分布式服务系统

单体应用转变为分布式系统后，实现系统间的可靠调用是关键问题之一，涉及路由管理、序列化协议等技术细节。TSF 提供了 RESTful 调用方式和高性能的 RPC 框架，能够构建高可用、高性能的分布式服务系统，如图 6-3 所示。TSF 系统地考虑了分布式服务发现、路由管理、安全、负载均衡等细节问题。同时，TSF 将在未来打通消息队列、API Gateway 等服务，满足用户多样化的需求。

（2）应用发布和管理

相对于传统的应用发布需要运维人员登录到每台服务器进行发布和部署，TSF 针对分布式服务系统的应用发布和管理（见图 6-4），提供了简单易用的可视化控制台。用户通过控制台可以发布应用，包括创建、部署、启动应用，也支持查看应用的部署状态。除此之外，用户可以通过控制台管理应用，包括回滚应用、扩容、缩容和删除应用。

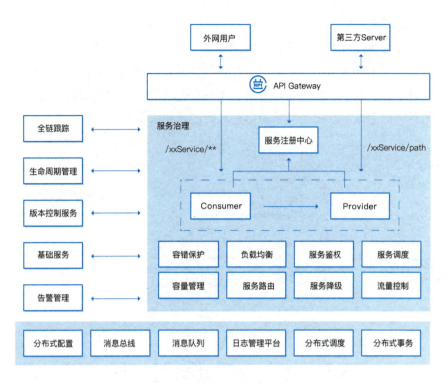

图 6-3 构建分布式服务系统

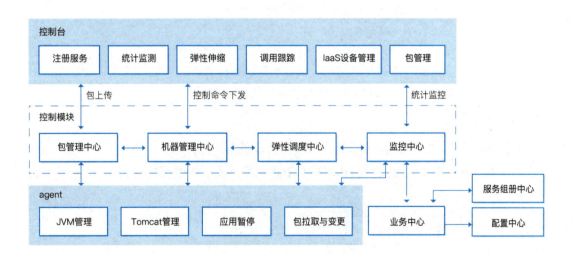

图 6-4 应用发布和管理

（3）数据化运营

通过对日志埋点的收集和分析，可以得到一次请求在各个服务间的调用链关系，有助于梳理应用的请求入口与服务的调用来源、依赖关系。当遇到请求耗时较长的情况，可以通过调用链分析调用瓶颈，快速定位异常。图 6-5 表示 TSF 提供的服务依赖拓扑，可以直观地了解服务与服务之间、服务与下游组件之间的调用关系。

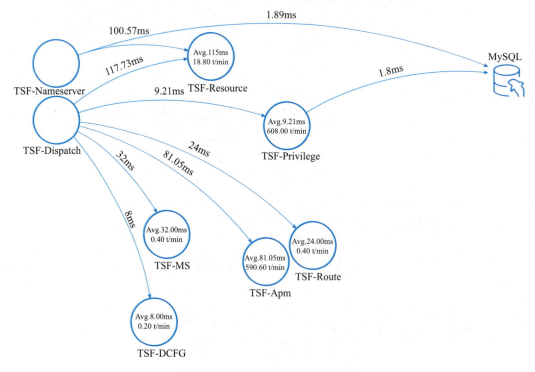

图 6-5　TSF 提供的服务依赖拓扑

（4）服务治理

如图 6-6 所示，TSF 具有 API 级别的服务治理能力，包括服务路由、服务限流、服务鉴权等功能。服务路由功能支持将请求按权重路由到不同版本的服务上。

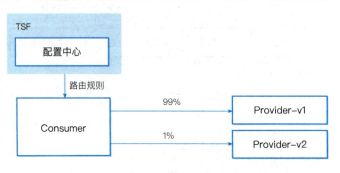

图 6-6　服务治理

7. TSF 常用词汇

TSF 常用词汇解释如下。

（1）集群

集群是计算资源的管理维度，TSF 中的集群分为虚拟机集群和容器集群。使用虚拟机或者容器计算资源时，用户需要提前将云主机导入集群中，才能进行应用的部署。

（2）命名空间

命名空间对微服务之间的调用起到隔离作用，同一命名空间下，微服务可以直接相互调用。不同命名空间中运行的微服务不能直接相互调用，需要通过公网或者网关来相互连通。

通常情况下，命名空间可以起到环境隔离（如隔离开发、测试环境）或服务分组的作用。

（3）应用

这里是指用户的业务应用，通过应用可以对用户的程序包及应用配置进行管理。

（4）服务

这里是指用户线上运行的微服务，一个应用注册到注册中心后，会成为一个（Spring Cloud 或者 Mesh）或多个（Dubbo）微服务。TSF 通过用户应用程序包中声明的服务名来注册微服务。

（5）部署组

部署组是状态相同的节点的最小集合，同一个部署组运行了相同的程序包、相同的配置、使用相同的启动参数。

用户在某个应用下创建部署组，使用应用下的某个程序包，使用集群中的云主机或者容器资源，将应用部署在某个环境（命名空间）中。

（6）节点、实例、服务实例

在 TSF 中，节点、实例、服务实例都是指一台虚拟机或者一个容器的 Pod。

集群、命名空间、部署组三者之间的关系如图 6-7 所示。

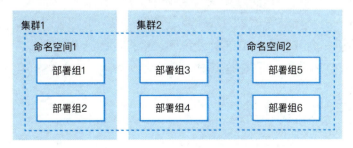

图 6-7　集群、命名空间、部署组三者关系图

（四）任务实施

1. 登录腾讯云找到 TSF 产品

微课 6-3

使用浏览器登录腾讯云官网，置于"产品"菜单处，在出现的悬浮窗口搜索栏输入"tsf"即可看到"微服务平台 TSF"，如图 6-8 所示，单击"微服务平台 TSF"即可进入 TSF 产品信息页面。

图 6-8　查找微服务平台

在 TSF 产品信息页面，当前页是"微服务平台 TSF 概览"，如图 6-9 所示，可以查看 TSF 简介、特性、应用场景等信息；在"产品详细信息"页，可以查看 TSF 较详细的功能介绍；在"定价"页可以了解 TSF 计费说明、价格信息、优惠信息等；在"入门"页，可以浏览 TSF 入门指导；在"文档与资源"页，可以查看到所有 TSF 相关文档。

图 6-9　TSF 产品信息页面

2. 查看 TSF 产品文档

在"文档与资源"页面，如图 6-10 所示，单击"TSF 产品文档总览"，即可查看 TSF 相关文档信息，包括产品动态、产品简介、新手指引、快速入门、开发指南、操作指南等内容。通过阅读产品文档，可以对 TSF 有更深入的了解。

图 6-10　"文档与资源"页面

3. 获取访问权限

由于微服务平台需要访问其他云产品的 API（例如 TKE），所以需要授权 TSF 创建服务角色，否则无法在 TSF 平台上部署应用。

在 TSF 产品文档总览页面的左侧导航栏中，单击"快速入门"→"获取访问授权"，可以看到"主账号获取访问授权"和"子账号获取访问授权"两个指导文档，如图 6-11 所示。根据指导文档，结合自身情况，对账号（主账号或子账号）进行授权，为下一步实训任务的开展做好准备工作，这里的授权指引很完善，具体过程此处不做赘述。

图 6-11　获取访问权限指引页面

任务 2　微服务平台的应用部署

（一）任务描述

教学课件 6-2-1　　教学课件 6-2-2

微服务架构使应用程序可以被方便地开发、部署和扩展，本任务要求完成应用程序在微服务平台上以容器方式部署，通过应用部署，可以体验微服务架构部署应用的便捷性，更好地了解和应用 TSF。

（二）问题引导

应用程序如何快速在 TSF 上部署？

（三）知识准备

1. 应用部署方式

TSF 主要支持虚拟机和容器两种方式进行应用部署，第三种方式 Serverless 部署已完成腾讯云平台内测，目前处于公测阶段。虚拟机部署是通过程序包部署在云服务器上，容器部署是通过镜像部署在 Docker 容器中，Docker 应用部署时。将在云服务器上创建多个 Docker 容器实例。

三种部署场景的比较见表 6-1 所示。

表 6-1　三种部署场景比较

部署场景	虚拟机部署	容器部署	Serverless 部署
应用托管方式	一台云服务器部署一个应用	使用 Docker 部署应用，一台云服务器可以部署多个应用	无须关心托管方式，开箱即用
使用场景	传统部署场景	对容器运行环境需要定制和希望提升资源利用率的场景	免运维，弹性扩容的高效部署场景
集群类型	虚拟机集群	容器集群	—
部署方式	Jar 包、zip 压缩包、tar.gz 压缩包	镜像	JAR 包、zip 包、.tar.gz
应用举例	Spring Boot、Dubbo	Spring Boot、Dubbo、MySQL、WordPress	Express、Koa、Egg

2. 应用部署操作流程

虚拟机和容器两种部署方式的流程图如图 6-12 所示。

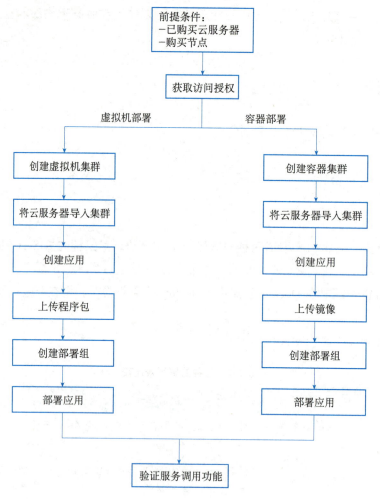

图 6-12　虚拟机和容器部署的流程图

（四）任务实施

本任务以容器化应用部署为例，在 TSF 上部署微服务。任务实施前，需完成如下前置工作：已获取 TSF 访问其他产品的授权；已购买云服务器；已购买节点。如果未购买云服务器，需要在任务实施过程中完成云服务器购买和节点配置。

1. 新建容器集群

如图 6-13 所示，登录腾讯云控制台，在搜索栏输入"tsf"，选择"微服务平台 TSF"进入微服务平台 TSF。

图 6-13　控制台页面

在左侧导航栏中，单击"集群"，进入集群列表页面，如图 6-14 所示。

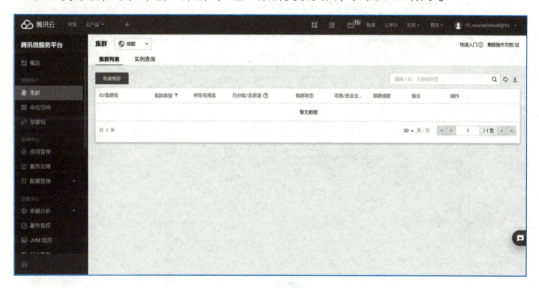

图 6-14　集群列表页面

在集群列表页面的左上方，单击"新建集群"按钮，进入新建群集设置页面，如图 6-15 所示。

设置集群的基本信息如下。

集群类型：选择"容器集群"。

新建类型：选择"直接创建"。

Kubernetes 版本：选择"1.16.3"。

集群名：输入集群名称。

标签：用于分类管理资源，可不选。

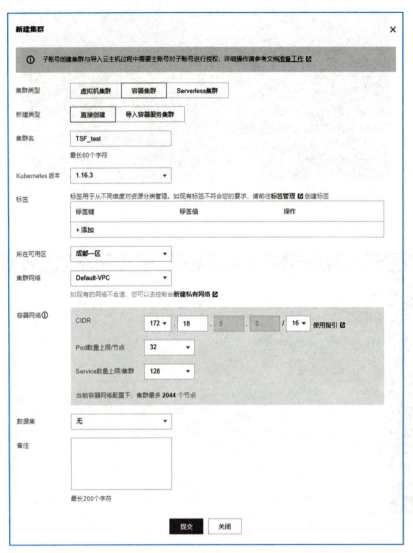

图 6-15　新建集群设置页面

所在可用区：确定一个可用区，保证云服务器等在同一个可用区，这里选择"成都一区"。

集群网络：选择与已有云服务器相同的 VPC 网络，用来保证后续导入集群的云服务器属于同一 VPC。也可以单击"新建私有网络"，创建新的网络，须确保与后续创建的云服务器 VPC 网络相同。

容器网络：为集群内容器分配在容器网络地址范围内的 IP 地址。

数据集：选择"无"。用户可以通过数据集管理配置不同的子账号和协作者使用不同资源的权限。

备注：填写备注，选填。

单击"提交"按钮，等待几分钟后集群状态变（见图6-16）为运行中即可进行后续导入云服务器操作。

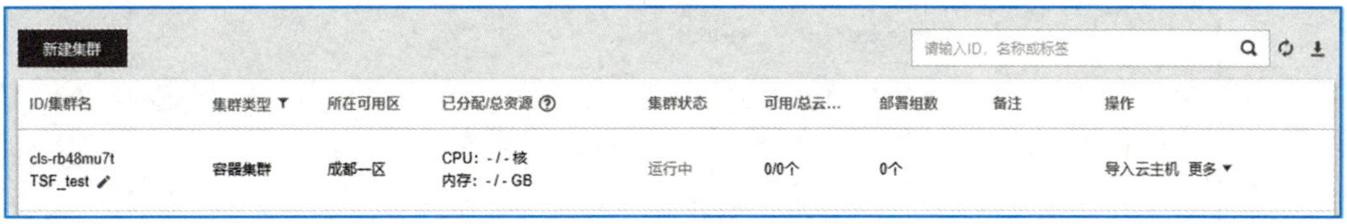

图6-16　群集状态1

2. 导入云主机

在集群列表页面，在刚刚创建好的集群操作栏单击"导入云主机"，进入导入云主机页面，如图6-17所示。从集群所在VPC的云服务器列表中，选择需要添加到集群的主机，单击"下一步"按钮。（如果当前无可用云主机，可用单击"新建云主机"，在云主机选购页面根据情况选购。）

图6-17　导入云主机—选择云主机页面

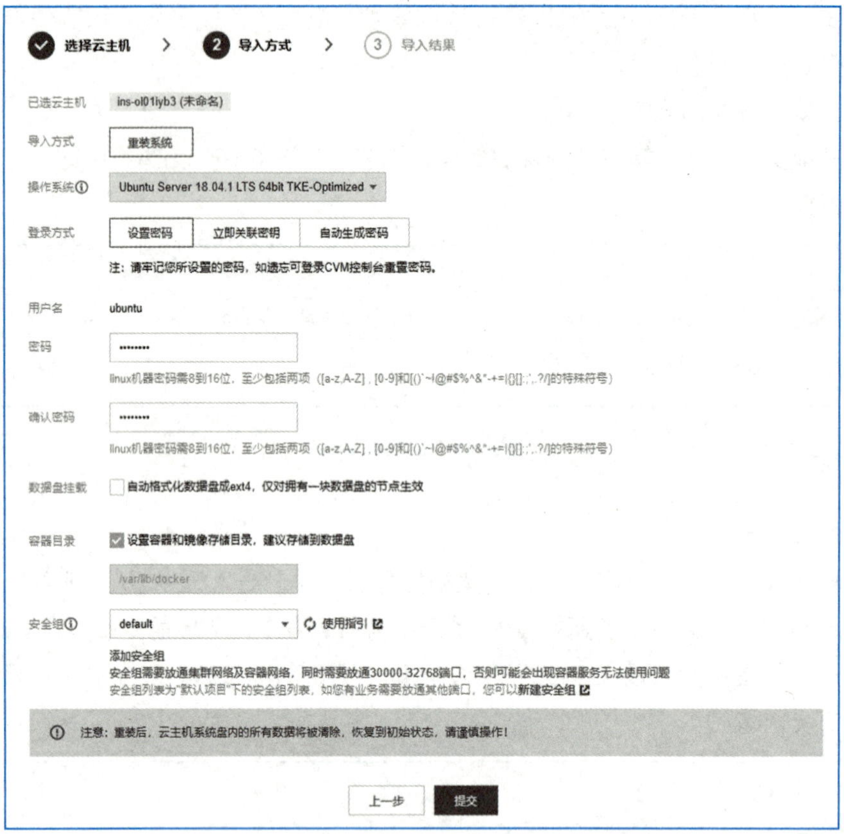

图 6-18　导入云主机—导入方式页面

系统进入导入云主机—导入方式页面，目前仅支持重装系统导入方式，选择操作系统版本为"Ubuntu Server 18.04.1 LTS 64bit TKE-Optimized"。

登录方式选择"设置密码"。如果选择"自动生成密码"，系统将生成一个复杂密码，并将该密码发送到用户的站内信中，但有时会延迟。

安全组选择"default"。设置完成后，单击"提交"按钮。

在集群列表页面，云主机数量将由 0 变为 1，如图 6-19 所示（如果不为 1，等待主机状态变为可用之后即可显示为 1）。

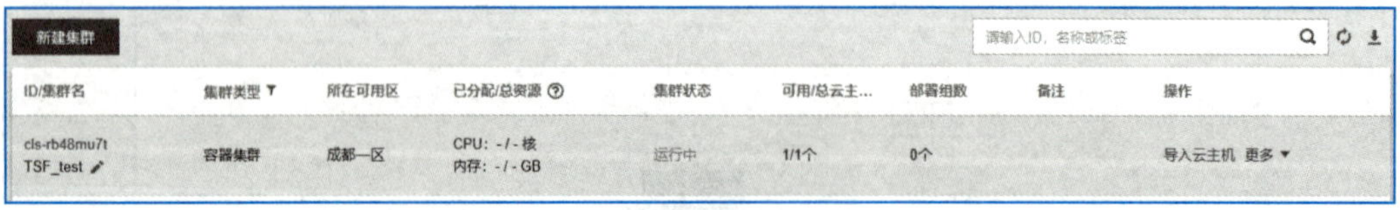

图 6-19　集群状态 2

单击集群的"ID/集群名",打开云主机列表,等待几分钟后,云主机的状态将变为"可用",如图 6-20 所示。

图 6-20 云主机信息

3. 创建应用

前面准备工作完成后,接下来在 TSF 控制台创建一个应用。

在控制台左侧导航栏,单击"应用管理",进入应用列表页面,在单击"新建应用"按钮,进入新建应用页面如图 6-21 所示。

图 6-21 新建应用页面

设置应用信息，应用名设置为"provider_tsf"，部署方式选择"容器部署"，业务类型选择"业务应用"，开发语言选择"JAVA"，开发框架选择"Spring Cloud"，应用类型选择"普通应用"。

设置完成后，单击"提交"按钮，在弹出的"是否前往上传镜像"提示页面中单击"确认"按钮，上传镜像并部署应用。

4. 上传镜像或程序包

支持上传镜像或程序包两种方式完成应用部署，这里选择上传 JAR 程序包的方式完成部署。需提前准备好程序包，程序包的地址为 https://tsf-doc-attachment-1300555551.cos.ap-guangzhou.myqcloud.com/%E5%85%AC%E6%9C%89%E4%BA%91/%E5%BF%AB%E9%80%9F%E5%85%A5%E9%97%A8/demo-tsf-rongqi.zip

在左侧导航栏单击"应用管理"，单击目标应用的 ID/ 应用名，进入应用详情页面。在该页面，打开镜像标签页，单击"上传程序包 / 镜像"按钮，如图 6-22 所示。

图 6-22　镜像标签页

在上传程序包页面选择"JAR 包部署"，如图 6-23 所示。

图 6-23　JAR 包部署应用

单击"选择文件"，选择提前下载好的 Demo 中的 provider 的 JAR 程序包，"选择文件"将变为"重新上传"。

单击"上传程序包并制作镜像"按钮，系统将自动制作镜像并上传到镜像仓库。

任务完成后，在镜像标签页的镜像列表中可看到已上传的镜像，如图 6-24 所示。

图 6-24　镜像标签页显示已有镜像

5. 部署应用

在控制台右侧导航栏中单击"部署组"，接着在部署组页面单击"新建部署组"，进入如图 6-25 所示页面，设置部署组相关信息。

图 6-25　新建部署组

组名设置为部署组的名称，这里设置为"provider"，集群选择前面步骤中创建的集群，命名空间选择集群关联的默认命名空间。

日志配置项用于采集应用的业务日志数据，此处可选择"无"，也可设置为默认配置。设置完成后，单击"保存 & 下一步"按钮，进入部署应用页面，如图 6-26 所示。

图 6-26　部署应用界面

选择镜像中上传程序生成的镜像版本，资源配置中可以根据需要设置应用容器的 CPU 和内存限制，此处采用默认设置，实例数量设置为"1"。

单击"提交"按钮，完成应用部署。应用部署成功后，部署组中已启动/总机器数的数值发生变化，如图 6-27 所示。

图 6-27 部署组状态信息

打开服务治理页面，选择地域和应用关联的命名空间后（此处地域设置为"成都"，所属命名空间设置为"TSF_test_default"），可以看到服务实例显示在线状态，表示服务注册成功，如图 6-28 所示。

图 6-28 微服务状态

6. 验证服务调用

使用前面第 2 步到第 5 步相同的流程在同一个集群和命名空间下部署一个 Consumer 服务，接着使用一台新的云主机；然后创建新的应用 Consumer；随后上传前面下载好的 Demo 中的 consumer 的 JAR 程序包；最后完成 Consumer 应用部署。

完成后，将在部署组页面看到两个运行中的部署组，如图 6-29 所示。

图 6-29 更新后的部署组状态信息

在服务治理页面，选择区域和命名空间后，可以看到 Provider 和 Consumer 服务的运行状况，如图 6-30 所示。

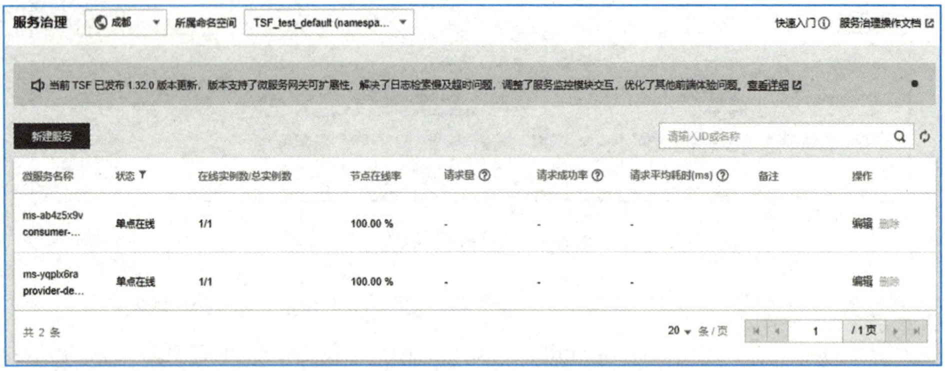

图 6-30　更新后的微服务状态

在集群列表页面，单击集群的"ID/集群名"，进入云主机列表页面，如图 6-31 所示。

单击 Consumer 服务所在云服务器操作栏的"登录"，在登录页面输入登录密码，登录云服务器。

图 6-31　云主机列表页面

接下来在 Consumer 服务容器中访问 Provider 服务。

执行如下命令查看容器 ID，返回信息如图 6-32 所示。

sudo docker ps # 查找容器 ID

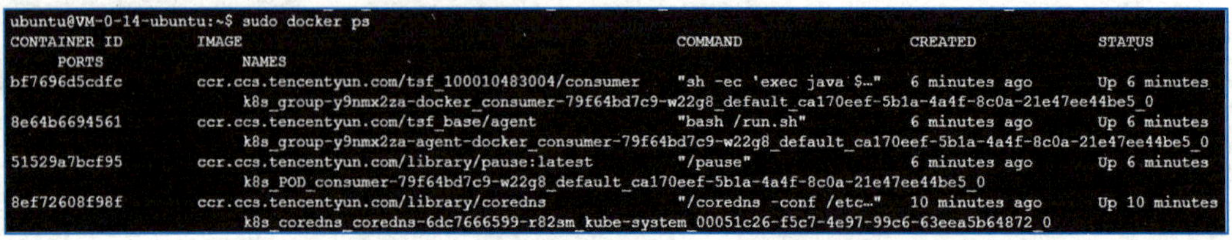

图 6-32　查看容器 ID

执行如下命令，进入容器内部，此处容器 id 是 bf7696d5cdfc。

```
sudo docker exec -it <容器 id> /bin/bash　＃进入容器内部
```

执行如下 curl 命令调用 Provider 服务，调用结果如图 6-33 所示。

```
curl localhost:18083/echo-rest/test
```

```
[root@consumer-79f64bd7c9-w22g8 app]# curl localhost:18083/echo-rest/test
request param: test, response from echo-provider-default-name[root@consumer-79f64bd7c9-w22g8 app]#
```

图 6-33　调用 Provider 的结果

在服务治理页面，单击 Provider 服务的微服务名称，进入服务详情页面，可以看到两个服务的依赖关系，如图 6-34 所示。

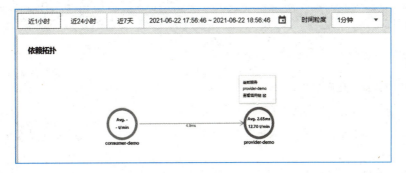

图 6-34　服务依赖拓扑

图 6-34 所示服务依赖拓扑的说明：在选中的时间范围内，Consumer-demo 调用了 Provider-demo 服务，调用成功比例为 100%。其中，平均每次调用耗时 2.65ms，请求频率为每分钟 12.70 次。

任务 3　微服务平台 TSF 环境与资源管理

（一）任务描述

教学课件 6-3-1

教学课件 6-3-2

微课 6-4

公有云上任何资源的运行都会产生开销，合理购买和分配资源非常重要。本次任务是实现对部署好的集群和应用的资源进行管理，以及进行关联命名空间等操作。

（二）问题引导

在微服务平台上，服务与服务之间如何关联？怎样删除集群释放资源？

（三）知识准备

1. 集群管理

集群是微服务平台云资源管理的集合，包含了运行应用的云主机等资源。集群包括虚拟机集群、容器集群和 Serverless 集群三种类型。TSF 只支持 VPC 内的集群。

（1）集群生命周期

集群生命周期中包含创建中、运行中、删除中、异常、闲置中等状态，各状态说明见表 6-2 所示。

表 6-2　集群生命周期期

状态	说明
创建中	集群正在创建，正在申请云资源
运行中	集群正常运行
删除中	集群在删除中
异常	集群中存在异常，如节点网络不可达等
闲置中	容器集群内没有云主机，处于完全不可用状态，通过导入云主机方式唤醒集群

（2）集群网络与容器网络

网络是集群中容器、节点之间，以及与集群外其他服务资源之间通信的基础，集群网络与容器网络是集群的基本属性，通过设置集群网络和容器网络可以规划集群的网络划分。

集群网络为集群内主机分配在节点网络地址范围内的 IP 地址，用户可以选择私有网络中的子网用于集群的节点网络。

容器网络为集群内容器分配在容器网络地址范围内的 IP 地址，用户可以自定义三大私有网段作为容器网。根据集群内服务数量的上限，自动分配适当大小的 CIDR 段（掩码少于 24 位）用于 Kubernetes Service，同时容器网络自动为集群内每台云主机分配一个 24 位的网段用于该主机分配 Pod 的 IP 地址。

在分配集群网络与容器网络的时候需要注意，集群网络和容器网络的网段不能冲突；同一 VPC 内，不同集群的容器网络的网段不能冲突；容器网络和 VPC 路由冲突时，优先在容器网络内转发。

微服务部署后需要与其他资源通信，集群网络能够实现微服务集群与腾讯云其他资源的通信要求。集群内容器与容器之间直接互通，集群内容器与节点之间直接互通，集群内容器与腾讯云数据库 TencentDB、云数据库 Redis、云数据库 Memcached 等资源在同一VPC 内网中互通。

（3）安全组设置

安全组是一种有状态的包过滤功能的虚拟防火墙，它用于设置单台或多台云服务器的网络访问控制，是重要的网络安全隔离手段。安全组只对外开放最小权限，但对内需要开通一些访问权限，以便实现各项资源间的相互访问，例如，开通容器网络和集群节点网络之间的通信等。

集群节点间的正常通信需要开通部分端口，为避免绑定无效安全组造成客户创建集群失败，一般公有云服务都会提供默认的安全组规则。例如，腾讯云容器服务中节点默认安全组规则如表 6-3 所示。

图 6-3　默认安全组入站和出站规则（示例）

入站规则				
协议规则	端口	来源	策略	备注
ALL	ALL	容器网络 CIDR	允许	开通容器网络内 Pod 间通信
ALL	ALL	集群网络 CIDR	允许	开通集群网络内节点间通信
TCP	22	0.0.0.0/0	允许	开通 SSH 登录端口
TCP	30000～32768	0.0.0.0/0	允许	开通 Master 与 Worker 节点间通信
UDP	30000～32768	0.0.0.0/0	允许	开通 Master 与 Worker 节点间通信
ICMP	—	0.0.0.0/0	允许	开通 ICMP 协议，支持 Ping 操作
出站规则				
ALL	ALL	0.0.0.0/0	允许	

此外，如果从 API 网关访问容器集群中的微服务，则根据具体情况在安全组中增加服务相应的监听端口。例如，Provider-demo 服务的监听端口是 8081，需要新增入站规则如表 6-4 所示。

表 6-4　增加入站规则（示例）

协议	端口号	网段	是否允许
TCP	8081	0.0.0.0/0	允许

2. 命名空间管理

命名空间是对一组资源和对象的抽象集合，用于对服务相互访问的隔离，在网络连通性的前提下，同一命名空间内的服务可以相互发现和相互调用。

（1）命名空间的分类

命名空间有三种类型，详见表 6-5。

表 6-5　命名空间的类型

类型	个数限制	作用
系统命名空间	创建每个集群时会自动创建一个	命名规则是 <cluster-name>_default，不支持绑定到其他集群
非全局命名空间	每个用户可以创建多个	非全局命名空间内的服务之间不能相互调用
全局命名空间	每个用户在每个地域下只能创建一个	非全局命名空间内的服务可以调用全局命名空间内服务；全局命名空间内服务支持相互调用，不支持调用非全局命名空间内的服务

（2）命名空间的使用场景

下面介绍命名空间三种典型使用场景，以帮助理解命名空间的作用。

①使用场景 1：一个集群划分两个环境。

用户希望在一个集群上部署两个环境，即一套开发环境和一套测试环境，两套环境支持部署同一个应用的不同版本的程序包，该场景示意图如图 6-35 所示。

图 6-35　一个集群划分两个环境示意图

具体实现：创建两个非全局命名空间（Dev-env 和 Test-env）分别作为开发环境和测试环境；创建一个虚拟机集群，并绑定 Dev-env 和 Test-env 命名空间；创建应用（如 Promotion），并创建 2 个部署组（Dev-promotion 和 Test-promotion），分别选择 Dev-env 和 Test-env 命名空间。

在这个场景中，如果用户希望开发和测试环境的部署资源是隔离的，也可以使用两个集群来分别部署开发和测试环境。

②使用场景2：服务跨集群访问。

在网络连通的前提下，同一命名空间内的服务可以相互发现和调用。不同集群的两个服务，可以通过关联相同的命名空间来实现相互发现和调用。

如图6-36所示，有2个集群分别是Cluster-1和Cluster-2，两个集群内实例网络互通（如在同VPC内），并且都关联了命名空间Test-namespace。要实现跨集群访问，需要确保在创建部署组Provider-group和Consumer-group时，使用相同的命名空间Test-namespace。

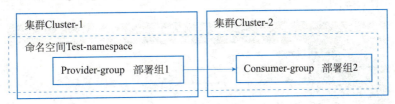

图6-36　服务跨集群访问

③使用场景3：部署公共服务。

在电商场景中，订单业务和物流业务都希望访问用户信息服务。此时可以使用不同命名空间来划分业务领域，将相对独立的业务（如订单和物流业务）部署在非全局命名空间中，将公共服务（如用户信息服务）部署在全局命名空间。

如图6-37所示，创建两个非全局命名空间Order-biz和Logistics-biz作为订单和物流的业务领域；创建全局命名空间Common-biz作为公共服务的业务领域；将订单业务的服务部署在Order-biz命名空间内，将物流的服务部署在Logistics-biz命名空间内，将用户信息服务部署在Common-biz全局命名空间内。Order-biz和Logistics-biz命名空间内的服务可以访问Common-biz内的用户信息服务。

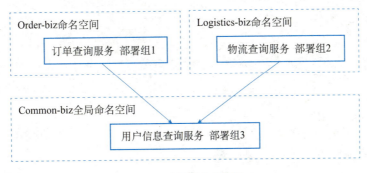

图6-37　部署公共服务

（四）任务实施

微服务平台环境与资源管理主要包括集群管理和命名空间管理，下面通过对集群和命名空间的一系列操作，熟悉和掌握相关集群和命名空间的管理工作。

1. 新建命名空间

在创建集群时，系统会自动为集群创建一个默认的命名空间。在控制台左侧导航栏单击"命名空间"，切换到开启集群的区域，如图 6-38 所示，在成都区可以看到已有两个集群对应的默认命名空间。

图 6-38　命名空间列表

单击"新建命名空间"，在如图 6-38 所示的页面，输入命名空间的名称，选择是否为"全局命名空间"，根据需要添加标签、设置数据集、填写备注信息，设置完成后单击"提交"按钮。

图 6-39　新建命名空间页面

新建的命名空间在列表中就可以看到，如图 6-40 所示，系统自动为该命名空间分配了 ID，用户可以手动设置其 code，图中设置命名空间"tsf-try"的 code 为"tsf"，该命名空间目前没有关联的集群。

图 6-40　更新后的命名空间列表

2. 关联命名空间

单击左侧导航栏中的"集群"，进入集群页面，如图 6-41 所示，目前在成都区有一个容器集群和一个虚拟机集群。

图 6-41　集群列表

单击容器集群的名称"cls-rb48mu7t"，进入该集群，切换到"命名空间"选项卡，看到当前该集群的命名空间为"TSF_test_default"，是自动生成的命名空间，如图 6-42 所示。

图 6-42　集群 cls-rb48mu7t 的命名空间信息

单击"关联命名空间"，关联刚刚新建的非全局命名空间"tsf-try"，如图 6-43 所示。

图 6-43　关联命名空间

现在，容器集群的命名空间已经变成了两个，如图 6-44 所示，用同样的方法，将虚拟机集群"cluster-6ymdr65y"也关联到命名空间"tsf-try"，如图 6-45 所示。

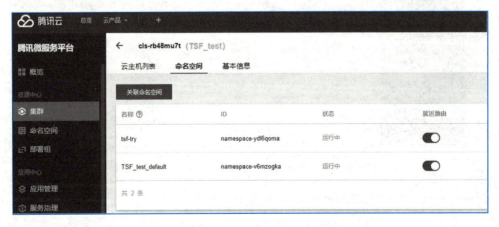

图 6-44　集群 cls-rb48mu7t 的命名空间信息

图 6-45　集群 cluster-6ymdr65y 的命名空间信息

在控制台左侧导航栏单击"命名空间"，在命名空间页面将看到"tsf-try"的关联集群变成了 2 个，如图 6-46 所示。现在，在集群网络与容器网络互通的前提下，两个集群部署的应用可以实现互通了。

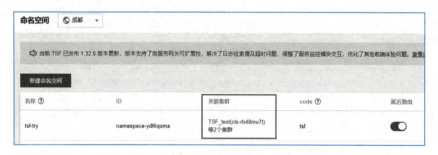

图 6-46　命名空间 tsf-try 信息列表

3. 删除集群释放资源

集群应用不再使用时，要及时释放资源，避免产生持续开销。进入集群列表，在"更多"选项的下拉列表中，发现"删除"无法使用，提示信息"先清除集群内部署组，再删除或解绑集群"，如图 6-47 所示。

选择"查看部署组"，进入对应的部署组页面，在"更多"选项的下拉列表中选择"删除"，如图 6-48 所示，即可删除该部署组。

重新进入集群列表，在"更多"选项的下拉列表中，选择"删除"，如图 6-49 所示。

在弹出提示页面单击"确认"按钮，会看到提示"集群下存在非默认命名空间"，需要接触关联的非默认命名空间，如图 6-50 所示。

图 6-47　尝试删除集群

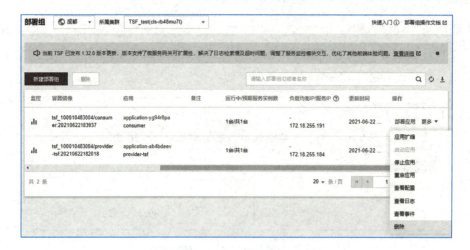

图 6-48　删除部署组

图 6-49　删除集群

图 6-50　删除提示

进入集群，在"命名空间"选项卡单击"解除绑定"，将关联的命名空间"**tsf-try**"解除绑定，如图 6-51 所示。

图 6-51　解除命名空间绑定

在"云主机列表"选项卡将该集群中的两台云主机删除，如图 6-52 所示，在弹出的"是否将云主机移出集群"提示页面单击"确认"按钮。

图 6-52　集群的云主机列表

重新回到集群列表页面，进行删除集群操作，即可顺利删除该容器集群，如图 6-53 所示。

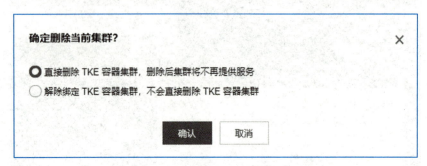

图 6-53　确定删除当前集群

可见需要删除部署组、删除云主机、解除关联的非默认命名空间绑定，才可以删除集群。

4. 删除命令空间

解除关联的集群后，命名空间也可以手动删除。如图 6-54 所示，单击"删除"，在弹出的确认页面单击"确定"按钮即可删除命名空间。

图 6-54　删除命名空间

 项目实训 基于 TSF 容器部署图书管理系统微服务

教学课件 6-4

在 TSF 上基于容器部署图书管理系统微服务，包含三个独立的服务，即图书目录管理、图书库存管理和借阅管理。

图书目录管理（Book）：功能主要为管理图书编号和图书名称，通过上架和下架操作对图书类目进行管理，提供查询及更新功能。

图书库存管理（Repertory）：功能主要为管理图书的库存，需要调用图书目录的查询功能，对已存在的书籍通过入库和出库操作进行书籍数量的更新，并提供库存查询功能。

借阅管理（Order）：功能主要为管理书籍的借阅，包括借阅和归还，通过调用库存管理查询书籍库存，如库存充足则可借阅，如果库存不足，则提示"书籍已经全部被借出"。

（一）实训目的

基于 TSF 完成图书管理系统的应用部署（容器方式），掌握应用程序在 TSF 平台部署的操作技能。

（二）实训内容

- 基于 TSF 创建容器集群。
- 创建容器应用。
- 创建服务镜像并推送镜像到仓库。
- 创建部署组，完成三个微服务部署
- 测试应用。

（三）实训步骤

1. 准备工作
开通腾讯微服务平台（TSF）权限。获取本书配套提供的实训用 Demo，使用 TSF 容器部署微服务实训用 Demo——micorservice-tbook。

2. 创建容器集群
登录 TSF 控制台（https://console.cloud.tencent.com/tsf/index），新建容器集群，设置集群的基本信息，为容器集群规划好集群网络和容器网络。

3. 导入云主机
在云服务器产品中购买 3 台云服务器，服务器所在可用区选择与刚刚创建的容器集群相同，服务器配置 1 核 2GB 即可，操作系统可以选择任意版本的 Linux。

在集群列表页面中，将创建好的容器集群中导入购买的 3 台云主机，以重装系统的方式导入，设置好密码、安全组等。

4. 创建容器应用

在 TSF 控制台，进入应用管理页面，新建 3 个应用，分别命名为 Book、Repertory 和 Order。

部署方式选择"容器部署"，应用类型选择"普通应用"。

5. 初始化镜像仓库

首次使用镜像仓库时，需要进行初始化操作，设置登录仓库的密码，如果不是首次使用，跳过此步骤。

6. 创建镜像和推送镜像到仓库

（1）创建 Provider-demo 应用镜像

在已经安装好 Docker 环境的服务器中创建目录 /opt/tsf-demo/book，文件夹中内容如图 6-55 所示。

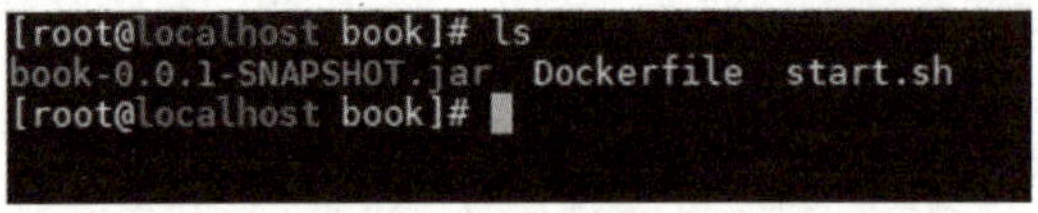

图 6-55　文件夹的内容

Dockerfile 内容如下（需根据实际对应的包进行修改）：

```
FROM centos:7
RUN yum update -y && yum install -y java-1.8.0-openjdk
COPY book-0.0.1-SNAPSHOT.jar /data/tsf/
COPY start.sh /data/tsf/
GMT+8 for CentOS
RUN /bin/cp /usr/share/zoneinfo/Asia/Shanghai /etc/localtime
RUN echo "Asia/Shanghai" > /etc/timezone
start.sh
CMD "sh", "-c", "cd /data/tsf; sh start.sh book-0.0.1-SNAPSHOT.jar /data/tsf"
```

在 Dockerfile 最后一行的 CMD 命令中，执行了 start.sh 脚本。start.sh 脚本有如下作用：
①启动 jar 包。
②读取通过 TSF 控制台设置的 JVM 启动参数。
③将 stdout 数据记录到文件中，用于 TSF 控制台展示。

start.sh 不是必需的文件，如果用户不需要通过控制台来设置 JVM 启动参数或者显示 stdout 日志，可以不使用 run.sh 脚本。

run.sh 内容如下：

```bash
#!/bin/bash
default_log_path="/data/tsf_default"
stout_log_path="/data/tsf_std/stdout/logs"
stout_log="$stout_log_path/sys_log.log"
echo "para1 is"$1
echo "para2 is"$2
echo $stout_log_path
echo $stout_log
mkdir -p $stout_log_path
if ! -n "$2" ;then
echo "you have not input logpath!"
else
mkdir -p $default_log_path
cd $2
cp $1 $default_log_path
sleep 5
cd $default_log_path
fi
java ${JAVA_OPTS} -jar $1 > $stout_log 2>&1
```

使用 Dockerfile 创建 Book 应用的镜像，在 Dockerfile 所在目录执行如下 build 命令，终端显示如图 6-56 所示。

```
docker build -t ccr.ccs.tencentyun.com/tsf_<账号 ID>/book:v0.0.1 .
```

```
[root@localhost book]# docker build -t ccr.ccs.tencentyun.com/tsf_10      9329/book:v0.0.1 .
Sending build context to Docker daemon  49.01MB
Step 1/7 : FROM centos:7
 ---> 75835a67d134
Step 2/7 : RUN yum update -y && yum install -y java-1.8.0-openjdk
 ---> Using cache
 ---> 7584e0db2135
Step 3/7 : COPY book-0.0.1-SNAPSHOT.jar /data/tsf/
 ---> 76cc3c045495
Step 4/7 : COPY start.sh /data/tsf/
 ---> c3574a2c709c
Step 5/7 : RUN /bin/cp /usr/share/zoneinfo/Asia/Shanghai /etc/localtime
 ---> Running in cc9c031ff392
Removing intermediate container cc9c031ff392
 ---> 0e6befd23fc8
Step 6/7 : RUN echo "Asia/Shanghai" > /etc/timezone
 ---> Running in eb6e350cc002
Removing intermediate container eb6e350cc002
 ---> a6949fa0eb94
Step 7/7 : CMD ["sh", "-c", "cd /data/tsf; sh start.sh book-0.0.1-SNAPSHOT.jar /data/tsf"]
 ---> Running in 2531cf3e347f
Removing intermediate container 2531cf3e347f
 ---> 8b8f471e0460
Successfully built 8b8f471e0460
Successfully tagged ccr.ccs.tencentyun.com/tsf_100003049329/book:v0.0.1
[root@localhost book]#
```

图 6-56　执行 **build** 命令后的终端显示

（2）按照同样的方式创建 Repertory 和 Order 应用的镜像，创建完成后通过 docker images 命令可以查看到对应的镜像。

镜像创建完毕后，执行 docker images 命令后终端显示如图 6-57 所示。

```
[root@localhost order]# docker images
REPOSITORY                                          TAG       IMAGE ID       CREATED          SIZE
ccr.ccs.tencentyun.com/tsf_100003049329/order       v0.0.1    364e69ccb225   10 seconds ago   497MB
ccr.ccs.tencentyun.com/tsf_100003049329/repertory   v0.0.1    6e84378b468f   2 minutes ago    495MB
ccr.ccs.tencentyun.com/tsf_100003049329/book        v0.0.1    8b8f471e0460   3 minutes ago    495MB
```

图 6-57　执行 **docker images** 命令后终端显示

（3）通过 docker push 命令把对应的三个镜像推送到 TSF 平台，对应的终端显示分别如图 6-58 至图 6-60 所示。

```
[root@localhost book]# docker build -t ccr.ccs.tencentyun.com/tsf_10      9329/book:v0.0.1 .
Sending build context to Docker daemon  49.01MB
Step 1/7 : FROM centos:7
 ---> 75835a67d134
Step 2/7 : RUN yum update -y && yum install -y java-1.8.0-openjdk
 ---> Using cache
 ---> 7584e0db2135
Step 3/7 : COPY book-0.0.1-SNAPSHOT.jar /data/tsf/.
 ---> 76cc3c045495
Step 4/7 : COPY start.sh /data/tsf/
 ---> c3574a2c709c
Step 5/7 : RUN /bin/cp /usr/share/zoneinfo/Asia/Shanghai /etc/localtime
 ---> Running in cc9c031ff392
Removing intermediate container cc9c031ff392
 ---> 0e6befd23fc8
Step 6/7 : RUN echo "Asia/Shanghai" > /etc/timezone
 ---> Running in eb6e350cc002
Removing intermediate container eb6e350cc002
 ---> a6949fa0eb94
Step 7/7 : CMD ["sh", "-c", "cd /data/tsf; sh start.sh book-0.0.1-SNAPSHOT.jar /data/tsf"]
 ---> Running in 2531cf3e347f
Removing intermediate container 2531cf3e347f
 ---> 8b8f471e0460
Successfully built 8b8f471e0460
Successfully tagged ccr.ccs.tencentyun.com/tsf_100003049329/book:v0.0.1
[root@localhost book]#
```

图 6-58　终端显示 1

```
[root@localhost order]# docker images
REPOSITORY                                          TAG         IMAGE ID        CREATED          SIZE
ccr.ccs.tencentyun.com/tsf_100003049329/order       v0.0.1      364e69ccb225    10 seconds ago   497MB
ccr.ccs.tencentyun.com/tsf_100003049329/repertory   v0.0.1      6e84378b468f    2 minutes ago    495MB
ccr.ccs.tencentyun.com/tsf_100003049329/book        v0.0.1      8b8f471e0460    3 minutes ago    495MB
```

图 6-59　终端显示 2

```
[root@localhost order]# docker push ccr.ccs.tencentyun.com/tsf_100003049329/book:v0.0.1
The push refers to repository [ccr.ccs.tencentyun.com/tsf_100003049329/book]
949bb8466e2c: Pushed
4f361lcd031b: Pushed
6d11b87fd7bb: Pushed
b2a486d75e0c: Pushed
19f7f8a34fae: Mounted from tsf_100003049329/order
f972d139738d: Mounted from tsf_100003049329/order
v0.0.1: digest: sha256:ff8f87f26bfa6e1ce91e1854227d7a4e9821c99a44bdd287fb2863a0163c80a0 size: 1574
```

图 6-60　终端显示 3

在 TSF 控制台应用管理的应用列表页面单击应用可查看该应用的使用指引。

根据如图 6-61 所示使用指引，把 3 个镜像推送到 TSF 应用镜像中。推送成功后可以在应用的镜像标签中查看推送的镜像。

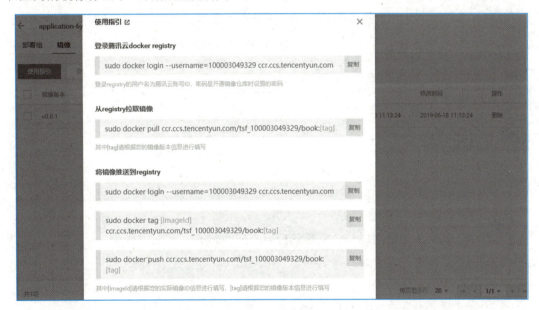

图 6-61　使用指引

7. 创建部署组并部署应用

在 TSF 控制台，进入部署组页面，新建 3 个分别名为 Book、Repertory 和 Order 的部署组，分别使用刚刚推送的 3 个对应镜像。

部署组设置时，分配给单个实例使用的 CPU 核数设置为 0.4 核、内存资源上限值设置为 1024MB；实例数量设置为 1；网络访问方式选择"公网"，Book、Repertory 和 Order 的端口分别设置为 8001、8002、8003。

● 部署组全部正常部署后，可以在部署列表中找到对应的负载均衡 IP。

● 通过 Book 服务的负载均衡 IP 访问书籍列表，可以获取对应的书籍信息。

● 通过 Repertory 服务的负载均衡 IP 可以访问到对应书籍的库存信息。例如，查询所有的库存信息，可以获取对应书籍的库存量。

● 通过 Order 服务的负载均衡 IP 可以进行借阅操作（发送的是 POST 请求，需要通过 Postman 等工具构建 POST 请求），传入对应参数后可以借阅成功。

到这里，已经完成本项目所有配置要求。

（四）项目总结

随着云原生的提出和兴起，IT 架构师纷纷拥抱云原生，作为云计算专业技术人员也要及时理解和掌握云原生相关的微服务、容器等部署和应用，提升技术和技能实力，锤炼职业岗位能力。本项目基于 TSF 容器部署图书管理系统微服务，包含三个独立的服务，即图书目录管理（Book）、图书库存管理（Repertory）和借阅管理（Order）。通过项目实施，掌握微服务平台上部署服务的操作技能，提高对微服务、云原生的理解和应用。

 项目练习

（一）选择题

1. 以下哪项不是微服务的特征？（　　　）

A. 由一组小的服务组成一个完整的应用（或网站）

B. 服务之间通过轻量级的通信机制互相沟通

C. 完全去中心化

D. 所有服务必须在一起，且同时部署

2. 服务发现指的是（　　　）。

A. 服务提供方要注册通告服务地址，服务的调用方要能发现目标服务的过程

B. 服务枚举的过程

C. 服务定义的过程

D. 以上都不对

3. 单体应用的特点是（　　　）。

A. 功能集中　　　　　　　　　　B. 代码与数据中心化

C. 在一个包中发布　　　　　　　D. 以上都不对

4. 单体应用引发的问题是（　　　）。

A. 开发效率低　　　　　　　　　B. 交付周期长

C. 技术转型难　　　　　　　　　D. 新人培养周期长

E. 以上全不是

（二）判断题

1. 微服务中，每个服务可以使用不同的编程语言实现。（　　　）

A. 对　　　　　　　　　　　　　B. 错

2. 微服务中，每个服务都可以独立部署。（　　　）

A. 对　　　　　　　　　　　　　B. 错

3. 微服务必须部署在 Docker 容器中。（　　　）

A. 对　　　　　　　　　　　　　B. 错

4. 微服务就是 Spring Cloud。（　　　）

A. 对　　　　　　　　　　　　　B. 错

项目7

微服务平台服务治理与运维

学习目标

（一）知识目标

- 理解微服务治理的概念和原理。
- 理解微服务运维的概念和原理。
- 了解微服务治理的内容。
- 了解微服务运维的内容。

（二）技能目标

- 掌握 TSF 服务治理的基本操作。
- 掌握 TSF 服务运维的基本操作。

（三）素质目标

- 培养良好的学习习惯。
- 提升服务治理理念。
- 培养团队协作互助意识。

项目描述

（一）项目背景及需求

在云服务平台上部署应用服务以后，必然面临服务管理、治理和运维的要求，TSF 提供了方便快捷、上手简单、功能强大的治理和运维功能。企业业务应用上云之后，通过 TSF 控制台，可以完成服务治理和运维的所有操作，实现应用服务的实时管控，提升治理和运维效率。

（二）项目任务

本项目包括以下几个任务：

- 任务 1　服务生命周期管理。
- 任务 2　服务鉴权管理。
- 任务 3　服务限流设置。
- 任务 4　服务路由设置。
- 任务 5　弹性伸缩设置。
- 任务 6　服务依赖分析。
- 任务 7　使用服务监控。
- 任务 8　使用日志服务。
- 项目实训　图书管理系统微服务治理与运维。

任务 1　服务生命周期管理

（一）任务描述

教学课件 7-1

在微服务平台上创建服务后，即可开始服务治理过程，服务治理工作涵盖服务生成到应用、停用、删除的整个生命周期。作为微服务部署和运维人员，需要熟悉 TSF 服务生命周期管理功能。

（二）问题引导

如何完成服务的创建、不同微服务间的互通、服务的删除等操作？如何实施服务生命周期管理？

（三）知识准备

1. 服务治理与微服务平台

当服务越来越多，服务调用也越来越频繁的时候，服务与服务调用方之间的关系就变得非常复杂，需要对这些调用关系进行管理。这个时候就需要运用服务治理机制进行管理，使用户能够清晰地看到什么服务被谁调用、谁调用了哪些服务、哪些服务是热点服务、哪些服务需要配置服务集群、服务集群如何进行负载均衡调度等。服务治理是 IT 治理的重要组成部分，它重点关注服务生命周期的相关要素，包括服务的架构、设计、发布、发现、版本治理、线上监控、线上管控、故障定界定位、安全性等。

服务治理通常采用 SOA（Service Oriented Architecture，面向服务的架构）。SOA 强调服务接口及网络调用服务，主要体现在以下方面：

①所有的团队（进程）之间必须使用服务接口来通信。

②通过服务接口来提供数据和各种功能。

③唯一许可的通信方式，就是通过网络调用服务，不允许任何其他形式的互操作，包括直接链接、直接读取、共享内存等。

④对具体的实现技术不做规定，HTTP、Corba、PubSub、自定义协议皆可。

⑤所有的服务接口在设计时，就以可以公开作为设计导向，默认这个接口可以对外部人员开放。

所有微服务治理有着相似的功能架构和要求，微服务是在 SOA 上做的升华，微服务架构强调的一个重点是"业务需要彻底地组件化和服务化"。原有的单个业务系统拆分为多个可以独立开发、设计、运行的小应用，这些小应用之间通过服务完成交互和集成。微服务是 SOA 发展出来的产物，它是一种比较现代化的细粒度的 SOA 实现方式。

SOA 中使用企业服务总线（ESB）进行通信，服务与服务之间通过总线进行消息传递。ESB 可能会成为影响整个系统的单点故障。由于每个服务都通过 ESB 进行通信，因此如果其中一项服务变慢，则可能会阻塞对该服务的请求，从而阻塞 ESB。微服务使用简单的消息总线，容错性要好得多。例如，如果一个微服务发生故障，则仅会影响该微服务，其他所有微服务将继续定期处理请求。

微服务平台是提供微服务治理的载体，而微服务是微服务平台管理的基本单元，当微服务注册到注册中心时，服务会显示在服务列表中。用户也可以提前手动创建服务，设置服务限流、路由等规则，当服务被注册后规则会下发到匹配服务名的服务实例。

TSF 提供了一个统一的入口对线上服务进行管理。常见服务治理功能主要有：设置服务访问权限白名单、黑名单；设置带有某些标签的请求访问控制；设置流量最大限制，保护核心服务；灰度发布、蓝绿发布；服务路由设置就近 IP 访问；容灾与熔断；服务 API 管理等。

2. 微服务平台服务治理的功能

TSF 服务治理的主要功能包括以下几点。

（1）服务管理

服务是微服务平台管理的基本单元，服务管理主要包含创建服务、删除服务、服务监控、服务实例管理和手动下线等。

（2）API 接口管理

API 接口管理包括查看 API 信息、手动录入 API、API 调试等。

（3）服务鉴权管理

服务鉴权管理功能支持白名单和黑名单两种鉴权方式。

（4）服务限流

可以配置全局限流、基于服务限流、基于标签限流等限流方式。

（5）服务路由

服务路由主要包括支持灰度发布、同地机房优先（就近 IP）、设置路由规则、设置服务优先保障等。

（6）服务熔断

支持可视化熔断规则管理，支持设置服务、实例、API 三种隔离级别的熔断规则。

（四）任务实施

1. 创建服务

登录 TSF 控制台（https://console.cloud.tencent.com/tsf/index），单击左侧导航栏的服务治理，在服务治理页面选择服务治理的区域和命名空间，此处选择"成都"可用区和"tsf-vm-test_default"命名空间，如图 7-1 所示。

图 7-1　在服务治理页面选择区域和命名空间

单击服务治理页面"新建服务"按钮，即可在当前区域、当前命名空间创建新的服务。

在弹出的如图 7-2 所示的页面中，设置服务名称、备注等基本信息。设置完成后，单击"提交"按钮。

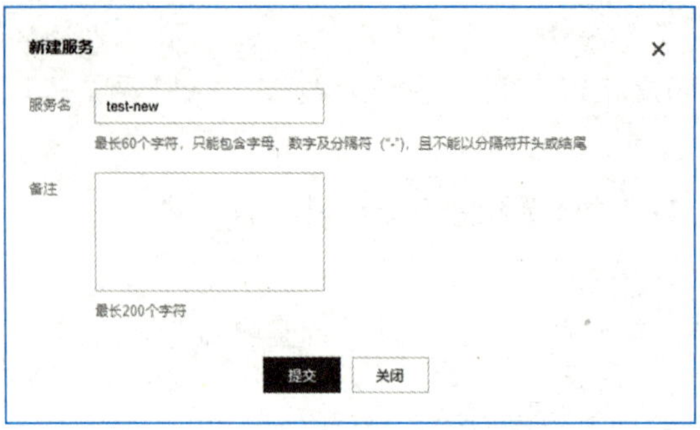

图 7-2　新建服务

2. 删除服务

在服务列表中，单击新建服务"test-new"右侧的"删除"，如图 7-3 所示。

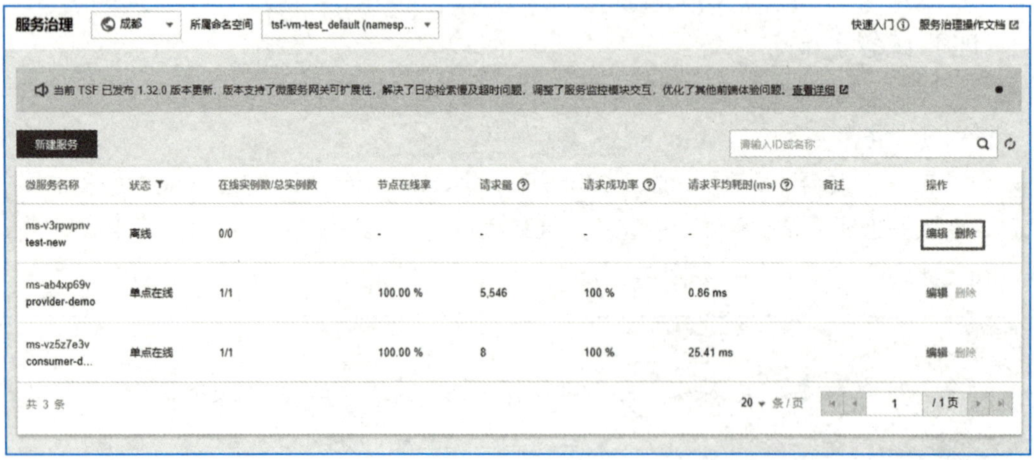

图 7-3　删除服务

在弹出的页面中单击"确认"按钮，如图 7-4 所示，即可删除服务。（注意：只有当服务运行的实例数为 0 时，才可以删除服务，如图 7-3 中，另外两个服务的"删除"选项不可用，只有进入该服务，将服务中的部署组、实例等删除之后，才可以删除此服务）。

图 7-4　确认删除服务

任务 2 服务鉴权管理

教学课件 7-2　　微课 7-2

（一）任务描述

微服务架构实现了服务的低耦合、高内聚，而当不同服务之间进行相互访问时，需要对其访问权限进行管理，服务鉴权就是管理微服务之间相互访问的治理功能。此任务要求熟悉和掌握服务鉴权规则的配置和应用。

（二）问题引导

如何应用服务鉴权实现服务间访问权限控制？

（三）知识准备

服务鉴权是处理微服务之间相互访问权限问题的解决方案。配置中心下发鉴权规则到服务，当请求到来时，服务根据鉴权规则判断鉴权结果，如果鉴权通过，则继续处理请求，否则返回鉴权失败的 HTTP 状态码 403（Forbidden）。

服务鉴权流程图如图 7-5 所示。

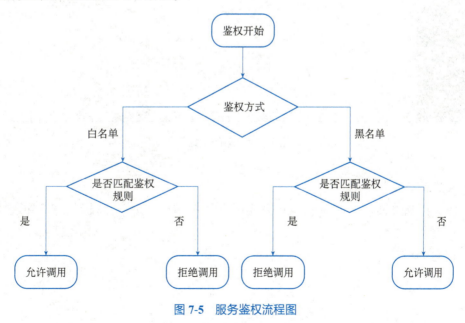

图 7-5　服务鉴权流程图

服务鉴权功能支持白名单和黑名单两种鉴权方式。

白名单：当请求匹配任意一条鉴权规则时，允许调用；否则拒绝调用。

黑名单：当请求匹配任意一条鉴权规则时，拒绝调用；否则允许调用。

通过设置白名单、黑名单，对服务进行赋权，实现访问权限控制功能。

（四）任务实施

1. 进入服务详情页面

下面进行的服务鉴权、服务限流、服务路由等操作，都是在项目 6 完成的"基于 TSF 容器部署图书管理系统微服务"基础上进行的服务治理。

使用 TSF 容器部署微服务，登录 TSF 控制台，在左侧导航栏单击"服务治理"，如图 7-6 所示，单击服务列表中的服务名，进入服务详情页面。

图 7-6　服务治理页面

2. 配置服务鉴权规则

在服务详情页面，单击 Repertory 服务的微服务名称，进入"服务鉴权"标签页面，选择鉴权方式，如图 7-7 所示。

鉴权方式有三种，即不启用、白名单、黑名单。

不启用：关闭鉴权功能；白名单：匹配罗列的任意一条规则的请求，则允许调用；黑名单：匹配任意一条规则的请求，则拒绝调用。

图 7-7　选择鉴权方式

选择"黑名单"，在下方单击"新建鉴权规则"按钮，在新建鉴权规则页面中填写规则信息，并设置规则为"生效状态"，单击"完成"按钮。

配置完成鉴权规则后，即可看到如图 7-8 所示的鉴权规则列表。

图 7-8　鉴权规则列表

3. 测试服务鉴权效果

下面通过 Order 应用访问 Repertory 服务，检查鉴权效果。

在部署组页面，查看 Order 应用的公网 IP，如图 7-9 所示，复制此公网 IP。

图 7-9　在部署组页面查看服务 IP

通过借阅 Order 服务的负载均衡 IP 可以进行借阅操作，使用 Postman 等工具构建 POST 请求，如图 7-10 所示，由于设置了黑名单，所以此次访问鉴权失败，返回"403"提示。

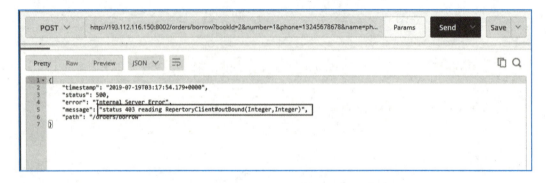

图 7-10　使用 Postman 工具发送 POST 请求

关闭 Repertory 服务中设置的黑名单规则，如图 7-11 所示。

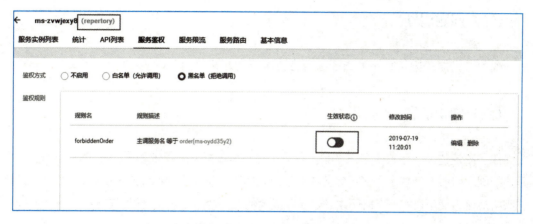

图 7-11　关闭黑名单规则

再次使用 Postman 等工具构建 POST 请求，即可返回"借阅成功"提示信息，如图 7-12 所示。

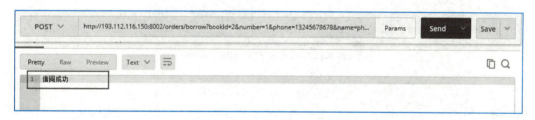

图 7-12　借阅成功

此时如果再次开启 Repertory 服务中的黑名单规则，访问将继续返回"403"。

任务 3　服务限流设置

（一）任务描述

教学课件 7-3　　微课 7-3

服务限流主要是保护服务节点或者数据节点，防止瞬时流量过大造成服务和数据崩溃，导致服务不可用。服务限流是很重要的服务治理手段，尤其是当资源成为访问瓶颈时，服务框架必须对请求做限流，启动流控保护机制，防止因流量冲击导致服务中断。

（二）问题引导

如何进行服务限流？服务限流会不会影响服务正常使用？

（三）知识准备

服务限流的原理示意图见图 7-13。在服务提供者端配置限流依赖项，在 TSF 控制台配置限流规则。若服务消费者去调用服务提供者时，所有的访问请求都会通过限流模块进行计算，若服务消费者调用量在一定时间内超过了预设阈值，则会触发限流策略，自动进行限流处理。

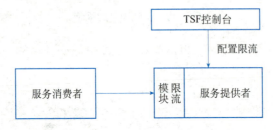

图 7-13　服务限流的原理示意图

TSF 限流方案采用动态配额分配制，限流中控可以根据实例的历史流量记录，通过动态计算，预测下一时刻该实例的流量。若所有实例的流量预测值都小于额定平均值（总配额 / 在线实例数），则以该平均值作为所有实例分配的配额；否则按预测流量的比例分配，且保证一个最小值，确保服务正常访问。

（四）任务实施

1. 进入服务限流标签页面

在 TSF 控制台，单击左侧导航栏"服务治理"，进入 Book 服务的服务限流标签页面，如图 7-14 所示。

图 7-14　服务限流标签页

2. 配置限流规则

在服务限流标签页面，单击"新建限流规则"按钮，设置限流规则，如图 7-15。

在规则名文本框填写规则名称；限流粒度选择"全局限流"；限流阈值设置单位时间和请求数；生效状态用于设置是否立即启用限流规则，这里选择启用。

为了便于查看限流效果，此处限流阈值设计为 1 秒内请求数 1 次。也就是说，在 1 秒内的请求次数一旦超过 1 次，即会该条触发限流规则。

图 7-15 设置限流规则

设置完成，单击"完成"按钮，在服务限流规则列表中将出现一条新的规则，如图 7-16 所示。

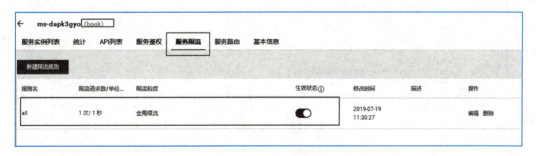

图 7-16 限流规则列表

3. 查看限流效果

如果请求数达到了限流阈值，任何到达的请求都会进入限流模块进行处理。如果该服务上的配额已经消耗完，会对请求返回"HTTP 429 Too Many Requests"；否则会正常放行。用户可以在限流规则列表下方的"请求数-时间"图中查看到被限制的请求数或者在"被限制请求率-时间"图中查看到被限制请求率随时间的变化。

为检验限流效果，进入 Book 服务详情页面，查看相应部署组 Book 服务的公网 IP，如图 7-17 所示。

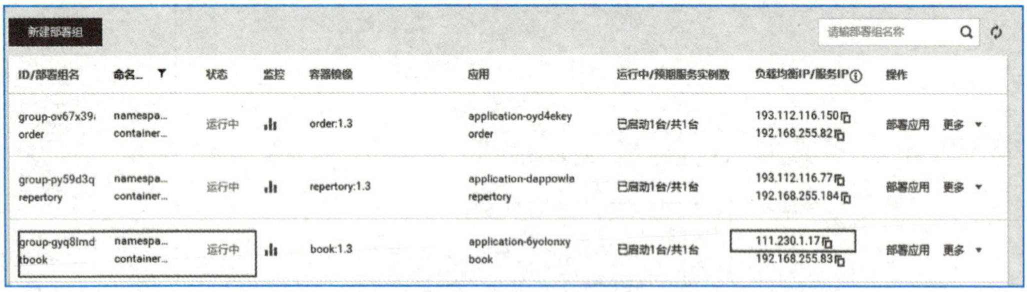

图 7-17　查看服务的公网 IP

在浏览器中访问 Book 服务，地址为 http://111.230.1.17:8001/books，如图 7-18 所示。当快速刷新页面，超过 1 秒 1 次时将返回"429"异常码，如图 7-19 所示。

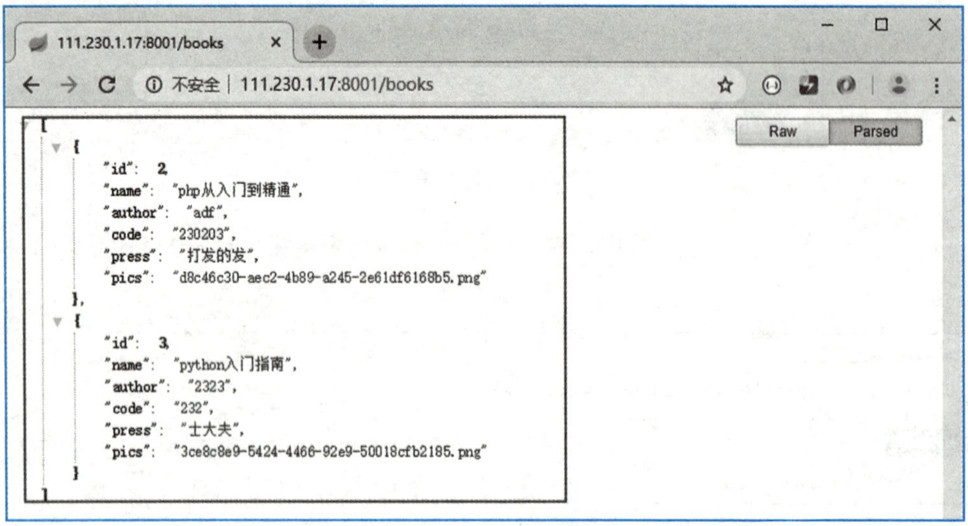

图 7-18　正常访问页面

图 7-19　异常返回信息

在限流规则列表下方可以查到限流效果图表，如图 7-20 所示。

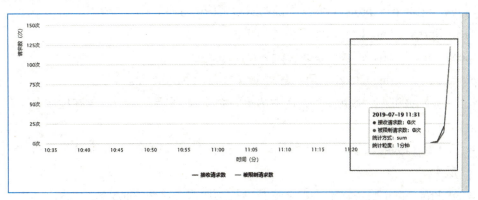

图 7-20　限流效果图表

任务 4　服务路由设置

教学课件 7-4　　微课 7-4

（一）任务描述

用户在使用 TSF 运行自己的业务时，由于业务的复杂程度，常常需要部署数目庞大的服务运行在网络环境中。这些服务运行在属性不同的实例上、部署在不同的地域中、流量分配到不同的版本号中，用户经常需要通过选择符合自己特定要求的属性来选择服务的提供者，对服务间流量的分配起到掌控作用。服务路由设置可以为用户实现上述服务功能要求。

（二）问题引导

如何将服务访问引导到不同版本的实例？如何实现跨可用区、跨地域访问？

（三）知识准备

1. 服务路由原理

在 TSF 上实现服务路由需要完成两部分操作：在控制台上为服务端（服务提供者）设置路由规则；客户端（服务消费者）获取路由规则，根据规则来分发请求。

以 user → shop → promotion 为例说明服务路由的原理，三个服务特点如下：

user：Spring Cloud 应用，使用路由 SDK。

shop：Mesh 应用，有两个版本 v1 和 v2.0-beta。

promotion：Spring Cloud 应用，有两个版本 v1 和 v2.0-beta。

这三个服务的服务调用和服务路由情况如图 7-21 所示，用户需要在控制台创建如下路由规则：

● 在 Shop 服务详情页中配置路由规则：90% 的流量分配到 v1 版本，10% 的流量分配到 v2 版本。

● 在 Promotion 服务详情页中配置路由规则：服务名为 Shop 且版本号为 v1 的流量 100% 分配到 v1 版本；服务名为 Shop 且版本号为 v2 的流量 100% 分配到 v2 版本。

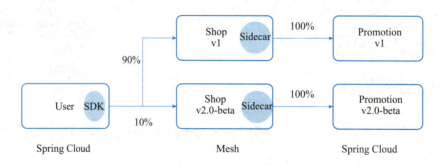

图 7-21　服务路由示例图

2. 服务路由配置方式

TSF 配置服务路由功能支持三种配置方式。

（1）按照权重方式配置路由规则

在需要配置服务路由的服务中，用户可以选择配置流量的权重，将部分权重的请求流量分配到服务提供方的某个版本或某个部署组。

（2）按照系统自带标签的方式配置路由规则

每个 TSF 上运行的服务都已经被预先设置好了某些标签，如发起请求的服务消费方所在的部署组和 IP、服务发起方的版本号等。用户可以选择这些标签，并配置标签值的特定规则，分配带有某些流量的标签到服务提供方的某个部署组上进行处理。在标签值的配置上，用户可以选择或填写"包含、不包含"，"等于、不等于"，正则表达式等灵活的规则。

（3）按照用户自定义的标签配置路由规则

TSF 提供了用户配置自定义标签的 SDK。在实际的使用中，如果系统自带标签不能保证用户使用的场景，用户可以自定义标签内容。在 SDK 中进行配置，并在控制台上配置相同的标签，控制服务消费方提供的流量按照配置的方式流入服务提供方。

3. 服务路由最佳实践

下面介绍服务路由的几种典型实践，通过这些具体实践，可以了解服务路由的应用场景。

（1）灰度发布

使用目的：当用户需要上线新的功能时，希望使用灰度发布的手段在小范围内进行新版本发布测试。

使用方法：用户可以将新的程序包上传到原有的应用中。用户选择按照权重的方式配置路由规则，填写权重大小，并选择目标版本版本号，便可以实现使用部分流量进行灰度发布的功能。生效中的权重可以被编辑，实时生效，间接实现了滚动发布的功能。

（2）同地机房优先

使用目的：当企业规模较大时，单个机房的容量已经不能满足业务需求，业务经常出现跨机房部署的情况。然而由于异地跨机房调用出现的网络延迟问题，为了能够保证服务消费方能优先调用本地的服务消费方，这就需要采用服务路由的方式。

使用方法：用户选择系统自带标签路由选项，配置系统自带标签为发起方 IP，在正则表达式中填写服务消费方的 IP 字段规则。对于服务提供方，用户可以将 IP 地址相近的实例归属在同一个部署组上，作为目标部署组，实现优先调用同地机房。

（3）部分账号内测

使用目的：希望配置某些使用者使用的版本为新的内测版本。

使用方法：用户可以配置自定义标签为用户 ID，设置 ID 值的正则表达式计算方式，保证服务消费方发起的请求带有以上条件的流量分配到服务提供方的某个版本号上，实现账号内测功能。

（4）其他实践

在实际的使用中，用户也可以通过服务路由功能，实现优先保护重要服务的运行质量、前后端分离、读写分离等功能。

（四）任务实施

1. 新建灰度发布部署组

按照项目 6 中实训任务的部署步骤重新新建一个 Repertory-gray 部署组，跟 Repertory 部署组部署同一个应用，确保如下 4 个部署组都启动，如图 7-22 所示。

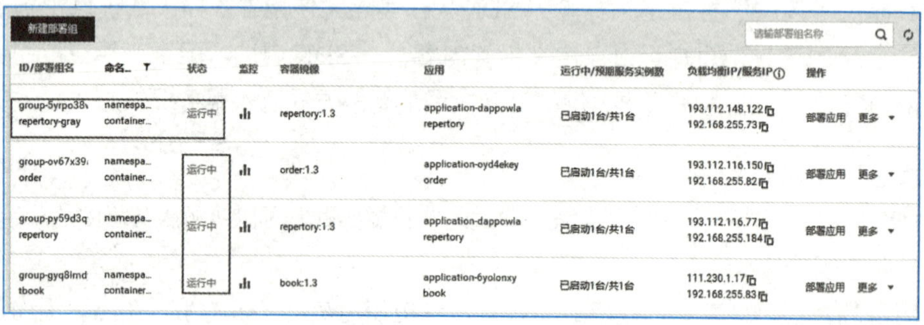

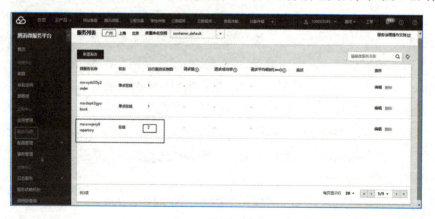

图 7-22　新建部署组

2. 进入服务路由页面

在 TSF 控制台左侧导航栏单击"服务治理"，打开服务治理页面，如图 7-23 所示。

图 7-23　服务治理标页面

单击 Repertory 服务名称，进入该服务详情页面，进入服务路由页面。

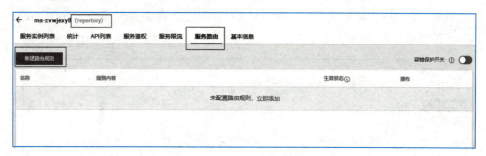

图 7-24　服务路由选项卡

3. 新建路由规则

单击"新建路由规则"按钮，进入规则配置页面，如图 7-25 所示。

图 7-25　规则配置页面

选择路由规则类型，现有的路由规则有三种。

基于权重的路由规则：可以实现将某些百分比的流量分配到某个版本、部署组上，这里面可选择的版本号和部署组是该服务绑定应用下的版本号和部署组列表。

基于系统自带标签的路由规则：可以选择服务消费方的版本号、部署组、IP、应用 ID，用户选择标签与标签值的匹配方式，并填写标签值的内容。其中，匹配方式可以参考服务鉴权中标签鉴权的匹配规范。系统自带标签路由规则解决的问题是，将带有一定系统自带标签的请求，发送到目标的部署组上。

基于自定义标签的路由规则：用户在后台配置自定义标签，并在控制台填写标签名称，其他填写内容同系统自带标签相同。设置自定义标签的过程请参考服务鉴权。

配置规则，使得 order 服务在访问 repertory 服务时，流量分别在 repertory、repertory-gray 两个部署组各分配 50%。配置完成后，使规则生效，如图 7-26 所示。

图 7-26　设置规则生效

4. 查看路由效果

进入部署组列表页面，查看 order 应用的公网 IP，如图 7-27 所示。

ID/部署组名	命名_	状态	监控	容器镜像	应用	运行中/预期服务实例数	负载均衡IP/服务IP	操作
group-5yrpo38v repertory-gray	namespa... container...	运行中		repertory:1.3	application-dappowla repertory	已启动1台/共1台	193.112.148.122 192.168.255.73	部署应用　更多　▾
group-ov67x39. order	namespa... container...	运行中		order:1.3	application-oyd4ekey order	已启动1台/共1台	193.112.116.150 192.168.255.82	部署应用　更多　▾
group-py59d3q repertory	namespa... container...	运行中		repertory:1.3	application-dappowla repertory	已启动1台/共1台	193.112.116.77 192.168.255.184	部署应用　更多　▾
group-gyq8lmd tbook	namespa... container...	运行中		book:1.3	application-6yolonxy book	已启动1台/共1台	111.230.1.17 192.168.255.83	部署应用　更多　▾

图 7-27　查看 order 应用的公网 IP

使用 Postman 工具访问如下接口（注意参数根据实际情况调整，如 bookid 可改为其他书籍 ID）http://193.112.116.150:8002/orders/borrow?bookId=2&number=1&phone=13245678678&name=php 从入门到精通 &type=0，连续多次请求接口，可以看到访问结果为"借阅成功"，如图 7-28 所示。

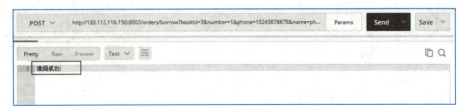

图 7-28　访问结果

在路由规则下方查看路由分布流量统计，如果关闭 repertory-gray 部署组，如图 7-29 所示，访问将在正常，异常循环出现。

图 7-29 关闭"**repertory-gray**"部署组

当访问流量路由到 repertory 时，将正常显示结果，如图 7-30 所示。

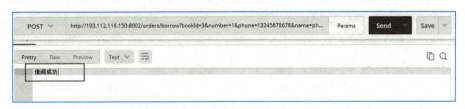

图 7-30 正常显示结果

当访问流量路由到 repertory-gray 时，将显示异常结果，如图 7-31 所示。

图 7-31 异常访问结果

任务 5 弹性伸缩设置

教学课件 7-5　　微课 7-5

（一）任务描述

云计算服务的一个重要特点是弹性伸缩，微服务在部署后同样可以实现弹性伸缩，本任务在微服务平台 TSF 配置弹性伸缩，以满足微服务弹性伸缩要求，提高资源利用率和服务访问质量。

（二）问题引导

TSF 平台如何配置弹性伸缩？

（三）知识准备

对于微服务 TSF 而言，弹性伸缩就是根据预先设定好的规则，动态增加或者减少部署组的实例数。

弹性伸缩规则由规则名、扩容活动、缩容活动、冷却时间等参数构成，用来描述弹性扩缩容的触发条件、实例数量变化和限制。

弹性伸缩指标主要有以下几个。

● CPU 利用率：在指定时间范围内，部署组内所有实例 CPU 利用率的平均值。

● 内存利用率：在指定时间范围内，部署组内所有实例内存利用率的平均值。

● 请求 QPS：在指定时间范围内，部署组内所有实例请求 QPS 的平均值。

● 响应时间：在指定时间范围内，部署组内所有实例响应时间的平均值。

● 冷却时间：设置冷却时间，可以确保在上一扩（缩）容活动生效前弹性伸缩不会启动或终止其他实例。弹性伸缩会等待冷却时间完成，然后再继续扩（缩）容活动。建议设置冷却时间大于持续时间。

（四）任务实施

1. 新建规则

在 TSF 控制台左侧导航栏单击"弹性伸缩"，在弹性伸缩页面单击"新建规则"按钮，如图 7-32 所示。

在新建弹性伸缩规则页面，填写弹性伸缩规则内容，如图 7-33 所示。

弹性伸缩规则分别需要配置扩容规则和缩容规则，分别由触发条件和动作组成。

（1）扩容

触发条件：由指标、阈值、持续时间构成。多条触发条件为逻辑或（OR）的关系。

增加实例数（动作）：每次部署组的指标达到了触发条件后，增加的实例数量。

图 7-32 弹性伸缩页面

图 7-33 新建弹性伸缩规则

最大实例数：部署组的实例数上限。

（2）缩容

触发条件：由指标、阈值、持续时间构成。多条触发条件为逻辑与（AND）的关系。

减少实例数（动作）：每次部署组的指标达到了触发条件后，减少的实例数量。

最小实例数：部署组的实例数下限。

冷却时间：建议设置冷却时间大于持续时间，如持续时间设置为 1 分钟，冷却时间设置为 5 分钟。

2. 关联部署组

创建弹性伸缩规则后，需要将规则关联到部署组上才能起作用。

在弹性伸缩列表的"操作"列，单击"关联部署组"，如图 7-34 所示。

图 7-34　弹性伸缩规则列表

在关联部署组页面，选择一个已有应用，然后选择部署组，如图 7-35 所示。

在关联部署组页面左下方，选择是否立刻开启规则。如果选择开启，则规则会在部署组上立刻生效，否则将不生效。用户可以在规则详情的关联部署组 Tab 页中修改启用状态。

图 7-35　关联部署组

3. 解除规则和部署组的关联

单击规则名称进入规则详情页面，单击"关联部署组"标签，如图7-36所示，在关联部署组列表右侧"操作"列，单击"删除"，即可解除规则和部署组的关联。

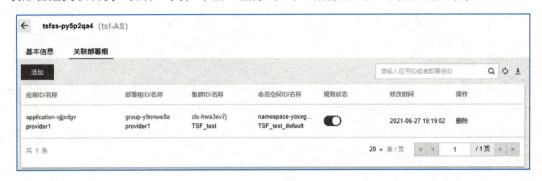

图 7-36　解除规则与部署组的关联

4. 删除规则

规则在删除前，必须保证已解除规则和部署组的关联，否则无法删除。

在弹性伸缩页面的"操作"列，单击"删除"，如图7-37所示，在弹出的确认页面中单击"确认"按钮，即可删除规则。

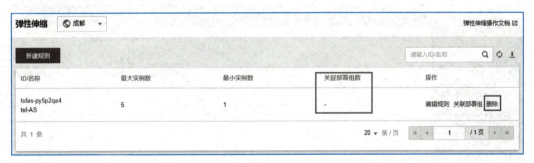

图 7-37　删除规则

任务 6　服务依赖分析

（一）任务描述

教学课件 7-6

服务依赖研究的是微服务中的定位问题。

（二）问题引导

如何查看服务依赖拓扑？

（三）知识准备

服务依赖拓扑具有查询服务之间相互依赖调用的拓扑关系、查询特定集群特定命名空间下服务之间调用的统计结果等功能。

调用链查询用来查询和定位具体某一次调用的情况。使用者可以通过具体的服务、接口定位、IP 等查询具体的调用过程，包括调用过程所需要的时间和运行情况。

（四）任务实施

1. 查询拓扑关系

在 TSF 控制台左侧导航栏选择"运维中心"→"依赖分析"→"服务依赖拓扑"，进入服务依赖拓扑页面，如图 7-38 所示。

图 7-38　服务依赖拓扑页面

在页面顶部选择需要查看的服务所属命名空间，这里选择的是"成都"区的"TSF_

test_default"命名空间。

　　选择需要依赖拓扑的时间，包括近 30 分钟、近 10 分钟、近 5 分钟及选择特定时间段（特定时间段的时间跨度最长为 32 天）四种。

　　上述设定之后将在下方空白处出现对应的服务依赖调用关系，单击"查看图例"可查看相关说明，如图 7-39 所示。

　　圆圈表示调用的服务，用不同颜色区分调用成功和调用失败。

　　圆圈中的数字表示平均请求耗时（单位：ms）和请求频率（单位：次 / 分钟）。

图 7-39　图例说明

　　服务间带箭头曲线上的数字表示两个服务间调用的平均耗时。

　　在选中时间范围内，consumer-demo 调用了 provider-demo 服务，调用成功比例为 100%，其中平均每次调用耗时 0.83ms。

2. 查询依赖详情

　　将光标放置到图上特定位置可以显示调用依赖详情，如图 7-40 所示。依赖详情页面显示该调用的主被调用方、调用数、调用成功率等信息，单击"查看调用链"可以进入到调用链查询页面。

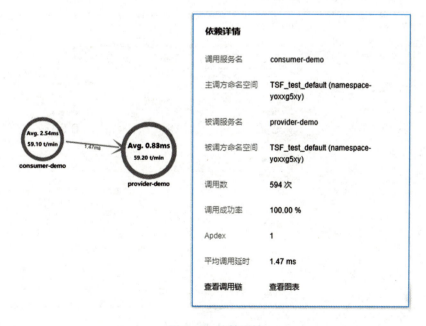

图 7-40　依赖详情

单击服务圈内（白色底），可以展示该服务的调用数、调用成功率和平均调用延时，如图 7-41 所示。

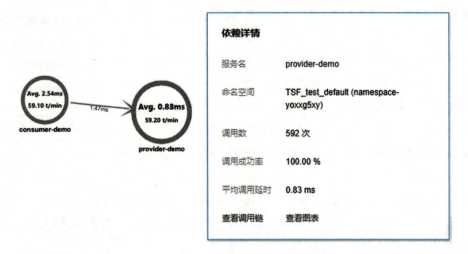

图 7-41　依赖详情（被调用服务详情）

3. 查看监控

单击依赖详情页面"查看图表"，则显示监控数据页面。该页面中包括五部分监控信息，如图 7-42 为"请求概览"页面信息。

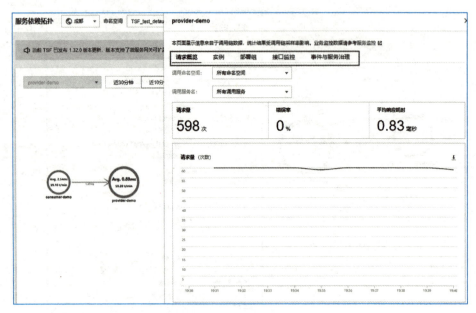

图 7-42　监控数据"请求概览"页面信息

请求概览：显示调用的请求量、错误率和平均响应耗时等信息。

实例：显示服务实例的请求量、错误率和平均响应耗时等监控信息。

部署组：显示部署组的请求量、错误率和平均响应耗时监控信息。

接口监控：显示接口的请求量、错误率和平均响应耗时监控信息。

事件与服务治理：显示最近发生的 5 个事件和正在生效的服务治理规则。

4. 可视化参考

以图 7-43 所示为例对依赖拓扑图的数据进行说明。

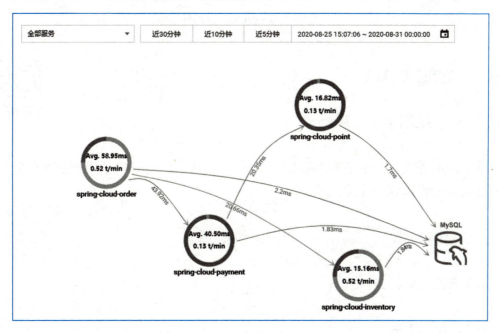

图 7-43 依赖拓扑图示例

图中调用线上的时间，指从上游服务发出请求、到上游服务接收到下游服务回包的时间。

调用线上会经历 client service send、server service receive、server service send、client service receive 的过程。

图中服务圈内的数据，是在服务 server 端采集到的。

从平均耗时角度而言，会经历从 server receive 到 server send 的过程。

Client-Server 过程可参考图 7-44。

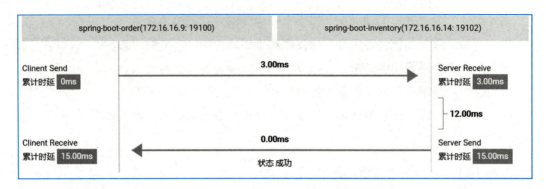

图 7-44   **Client-Server 过程**

任务 7   使用服务监控

教学课件 7-7

（一）任务描述

通过 TSF 控制台，查看某命名空间下所有微服务的运行状态，并且根据微服务的监控指标初步判断该微服务是否出现异常。

（二）问题引导

如何查看服务监控？

（三）任务实施

在 TSF 控制台左侧导航栏选择"服务监控"，在右侧服务监控页面设置命名空间、时间范围和微服务后，页面显示当前筛选条件下的服务的监控列表信息，如图 7-45 所示。

当某个服务的请求量、请求错误率、响应耗时等指标出现异常时，可以单击该服务"操作"列的"查看监控详情"，查看详细监控信息，如图 7-46 所示。在监控详情页面可以查看"服务概览""部署组监控""实例监控""接口监控""统计"等监控信息。

图 7-45 服务监控页面

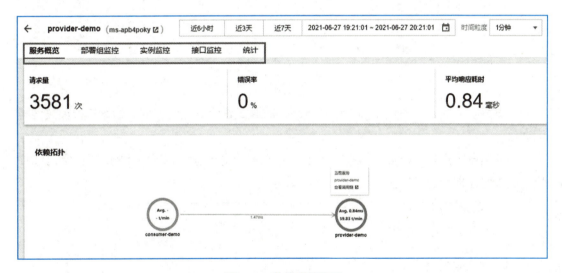

图 7-46 监控详情页面

在服务概览页面，可以查看该服务的相关依赖拓扑（服务及其上下游服务）、请求概览（统计服务被请求的监控详情）、监控信息如选择"监控"标签，显示该服务的请求量、错误率、响应耗时、响应耗时分布和 HTTP 状态码等，如图 7-47 所示。

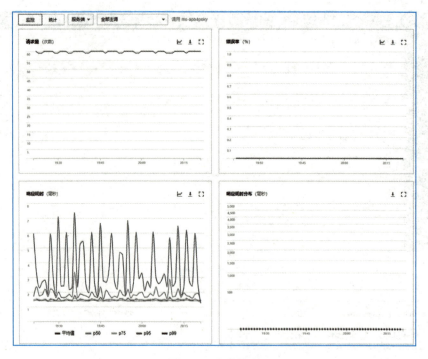

图 7-47　监控信息

单击每条曲线右上角可添加指标同环比，后面部署组、实例和接口的各指标曲线同样可查看。

统计信息：选择"统计"标签，可查看该服务的请求量、错误率、响应耗时和 HTTP 状态码等监控指标的统计信息，如图 7-48 所示。

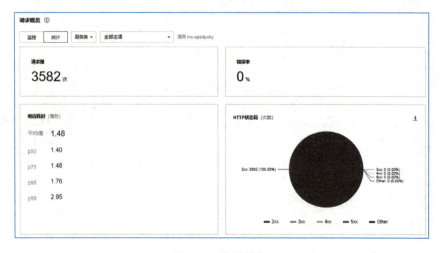

图 7-48　统计信息

在服务详情页面，可以继续查看该服务下的部署组、实例和接口列表的监控信息，如图 7-49 为部署组监控信息，图 7-50 为实例监控信息。

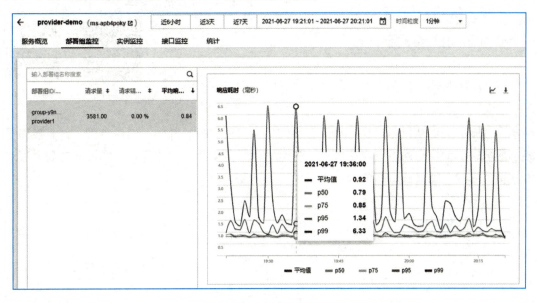

图 7-49　部署组监控信息

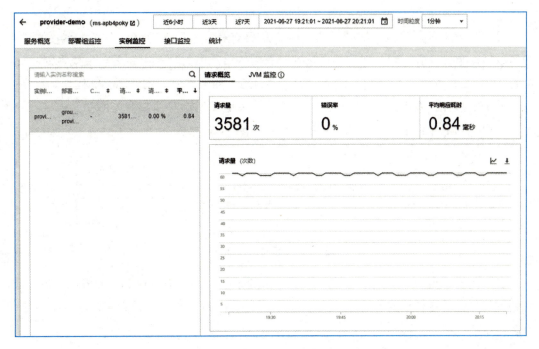

图 7-50　实例监控信息

461

可以单击具体指标右侧的按钮对该服务下所有部署组的指标进行排序，通过部署组的请求错误率和平均响应耗时等指标判断部署组是否有异常。

任务 8 使用日志服务

教学课件 7-8　　微课 7-8

（一）任务描述

日志服务提供从日志采集、日志存储到日志检索、图表分析、监控告警、日志投递等多项服务，协助用户通过日志来解决业务运维、服务监控、日志审计等场景问题。通过对本任务的学习，掌握日志服务的基本操作。

（二）问题引导

如何使用日志服务？

（三）知识准备

日志服务为用户提供一站式日志服务，从日志采集、日志存储到日志内容搜索，用户可以轻松定位业务问题。用户通过指定部署组的日志配置项来指定日志采集规则，TSF Agent 根据日志配置项采集指定路径下的文件日志，并上传日志到日志存储模块。用户可以通过 TSF 控制台查看部署组实时日志，并根据关键词来检索日志。

用户在 TSF 平台上使用日志服务的流程图见图 7-51。

图 7-51　日志服务流程图

在使用日志时，尽量保持以年–月–日作日志开头（如 2019-09-21、11:09:48.395，因为分割日志时以这种格式作为分割）。否则，可能导致日志显示分行异常，甚至不能显示日志。

（四）任务实施

1. 配置日志配置项

日志配置项用于指定采集日志的规则，包括日志的采集路径和日志解析格式。用户可以在 TSF 控制台创建日志配置项，然后将配置项发布到部署组上。同一个部署组可以关联多个日志配置项。

（1）创建日志配置项

在 TSF 控制台左侧导航栏，选择"日志服务"→"日志配置"。

在日志配置页面，单击"新建配置"，在出现的"创建日志配置"页面中设置日志配置项信息。

图 7-52　创建日志配置

日志类型：根据应用程序的日志类型选择一种日志类型，目前支持 Spring boot、Nginx Access、自定义 Logback、自定义 Log4j、自定义 Log4j2、单行 / 多行文本、无解析规则七种类型。

采集路径：设置日志采集路径，可配置一个或者多个日志采集路径。

日志格式：当日志类型为"自定义 logback"、"自定义 log4j"、"自定义 log4j2"及"单行 / 多行文本"时，需设置日志格式。

注意：若要实现调用链与业务日志联动，部署组关联的日志配置项必须遵守日志格式规范。Spring Boot 格式日志默认支持日志调用链联动；自定义 Logback、自定义 Log4j、自定义 Log4j2 和单行 / 多行文本格式日志需要在日志 pattern 中添加 %trace 才可以支持日志和调用链联动；Nginx Access 和无解析规则格式日志无法支持日志和调用链联动。

设置日志格式后，可以通过"格式解析"功能（见图 7-53），检验当前的设置是否正确。单击"格式解析"，打开日志格式解析页面，如图 7-54 所示。

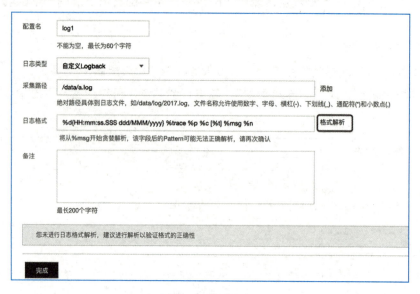

图 7-53　格式解析

复制部分日志内容并粘贴在"日志内容"区域，单击"解析"按钮，查看"解析结果"区域的输出是否符合预期。

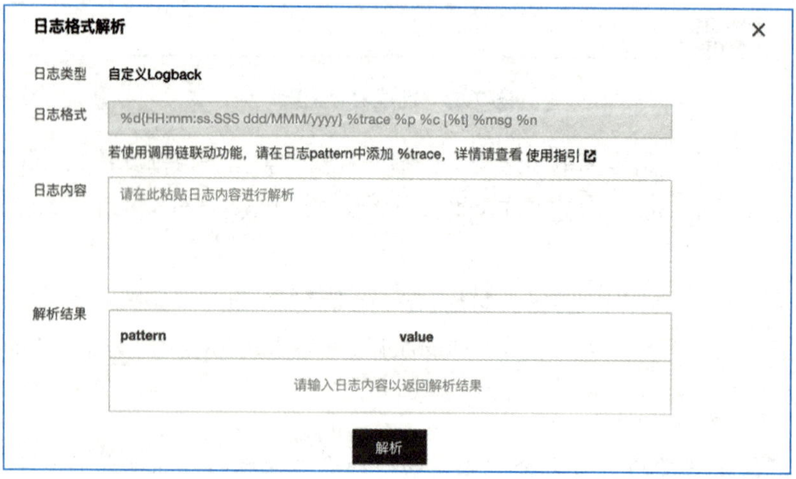

图 7-54　日志格式解析

单击"提交"按钮完成采集日志规则创建。

（2）部署组关联日志配置项

部署组关联日志配置项有两个入口，一是用户可以在创建应用时将日志配置项关联到应用；一是在日志配置项列表右侧"操作"列单击"发布规则"。

在创建部署组时选择日志配置项，需要在新建部署组时，选择关联的日志配置项，如图 7-55 所示。

图 7-55　新建部署组时关联日志配置项

在日志配置项列表发布配置，需要在日志配置页面单击"操作"列的"发布规则"，在弹出的绑定部署组页面选择要绑定的部署组，如图 7-56 所示。

图 7-56　绑定部署组

（3）删除日志配置项

当日志配置项没有被其他部署组关联时，才可以删除日志配置项。

在 TSF 控制台左侧导航栏，选择"日志配置"，单击"操作"列的"更多"→"删除"，如图 7-57 所示。

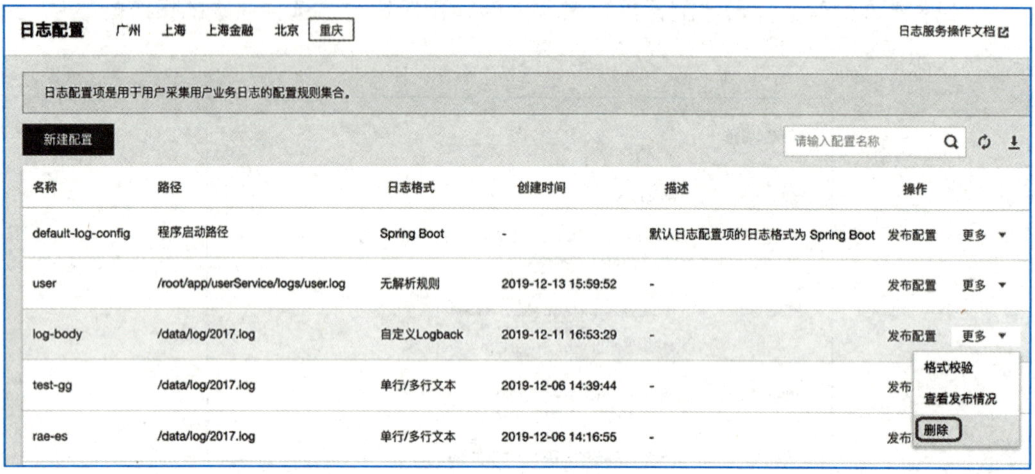

图 7-57　删除日志配置

在删除确认页面单击"确认"按钮，即可删除日志配置项。

2. 使用日志告警

用户可以使用日志告警功能，设置关键词出现频率的告警。在 TSF 控制台配置需要告警的关键词和监控对象，并在云监控页面配置告警通知人。

（1）新建告警统计

在 TSF 控制台左侧导航栏，选择"日志服务"→"日志告警"。在日志告警页面，单击左上角"新建告警统计"，在弹出的新建统计量页面填写相关信息，如图 7-58 所示。

关键词：填写需要设置告警的关键词，关键词中可以包含空格、引号、逗号、句号、冒号等常见符号。输入关键词文本框的内容都将被视为一个整体进行监控告警。整体输入内容不能超过 60 字符，且暂不支持正则表达式。

部署组：选择需要监控的部署组。此时可以选择某集群和某命名空间下的多个部署组，统计时多个部署组分别统计。配置完成单击"提交"按钮，完成告警统计设置。

图 7-58　新建告警统计

（2）配置告警策略

配置好告警统计后，在日志告警列表页面，单击"前往配置告警"，如图 7-59 所示，跳转至云监控控制台页面。

关键词	关联的部署组数	关联的部署组	创建时间	操作
Unexpected	2	consumer(consumer) 等共2个部署组	2018-06-28 12:48:21	前往配置告警 编辑 删除
test	0	--	2018-06-26 21:18:39	前往配置告警 编辑 删除
error	0	--	2018-06-26 15:25:40	前往配置告警 编辑 删除

图 7-59　前往配置告警

在云监控控制台页面单击"云监控"→"告警配置"→"告警策略"，出现告警策略，单击左上角的"新增"，系统弹出如图 7-60 所示新建策略页面。

填写新建策略内容如下。

策略名称：20 字以内。

策略类型：选择 TSF 日志告警。

所属项目：通常为默认项目。

告警对象：选择已经在 TSF 控制台上配置的告警统计对象（关键词和需要对这个关键词进行统计的部署组）。此处支持多选。

图 7-60　新建策略（1）

触发条件：针对日志告警，需要填写关键词在一定长度的统计周期下出现次数超过一定范围的触发告警，如图 7-61。

告警渠道：设置接收对象、有效时段和接收渠道。

接收对象：单击"新增接收组"，跳转至管理控制台配置页面。

接收渠道：可以通过邮件、短信、微信等方式配置告警通知渠道。

接收渠道：填写回调地址，方便云监控控制台将告警信息推送到该地址。

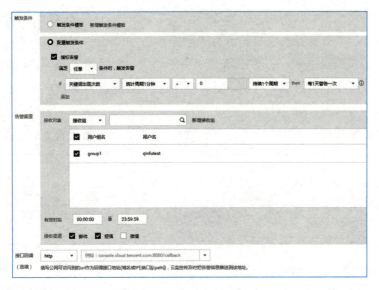

图 7-61　新建策略（2）

　　单击"完成"按钮，配置完成。当被监控的对象发生告警时，告警接收组的用户即可在配置的邮件、短信或微信上收到监控信息。

　　（3）查看告警策略详情

　　在导航栏选择"告警配置"→"告警策略"，在告警策略页面可查看当前配置的告警策略列表，在策略列表中，单击目标策略的名称即可查看策略详情，如图 7-62 所示。

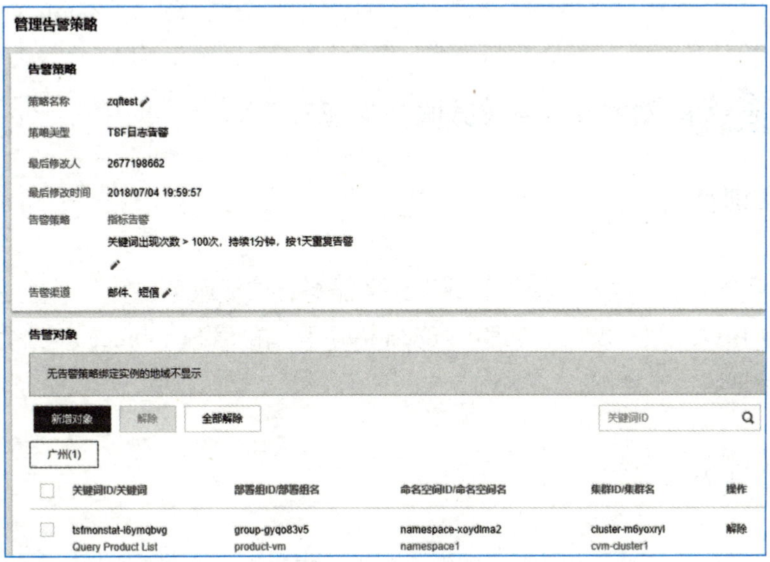

图 7-62　管理告警策略

在管理告警策略页面，用户可以修改当前的告警策略。当某一条策略被修改时，该策略产生的告警条目在告警列表中将显示为"数据不足"。

在管理告警策略页面底部，可以填写告警回调信息，填写公网可访问到的 URL 作为回调接口地址（域名或 IP[: 端口][/path]），云监控将及时把告警信息推送到该地址。

（4）查看告警列表

在云监控控制台左侧导航栏中选择"告警历史"，进入告警列表页面，如图 7-63 所示。

告警列表

| 基础告警 | 云拨测告警 | 自定义监控告警 |

当月短信配额已用 28 条，剩余 972 条可用。购买短信

| 今天 | 昨天 | 近7天 | 近30天 | 2018-07-05 |

请输入告警对象

发生时间 ↓	告警对象	告警内容	持续时长	告警渠道	告警状态 ▼	策略类型 ▼	策略名称	所属项目 ▼
2018/07/05 11:06:00	group-byx5koal	关键词出现次数 > 2 次	10 小时 53 分钟	邮件、短信	未恢复	TSF日志告警策略	setted	默认项目
2018/07/05 11:06:00	group-gyqo83v5	关键词出现次数 > 0 次	10 小时 53 分钟	邮件、短信	未恢复	TSF日志告警策略	erickwu-test	默认项目
2018/07/05 11:06:00	group-gyqo83v5	关键词出现次数 > 0 次	10 小时 53 分钟	邮件、短信	未恢复	TSF日志告警策略	erickwu-test	默认项目

图 7-63　告警列表页面

在此页面可以看到近期的告警信息，其中"告警状态"表明的是曾经发生的告警在当前的状态是否依然能够触发告警。当显示为"已恢复"时，表明此时告警情况已经被修复。

 项目实训 图书管理系统微服务治理与运维

（一）实训目的

教学课件 7-9

在 TSF 平台基于容器部署图书管理系统微服务，该微服务包含三个独立的服务：图书目录管理（Book）、图书库存管理（Repertory）和借阅管理（Order）。结合该系统，完成微服务的治理和运维操作。

（二）实训内容

在项目 6 部署完成的图书管理系统微服务上，实施服务治理与运维。

（三）实训步骤

按照下面的实训步骤，结合本实训任务，完成实训要求。

- 服务生命周期管理；
- 服务鉴权管理；
- 服务限流设置；
- 服务路由设置；
- 弹性伸缩设置；
- 服务依赖分析；
- 使用服务监控；
- 使用日志服务。

（四）实训报告要求

结合项目 6 微服务系统，完成本项目，记录操作页面截图，并对本项目实施过程用遇到的问题及解决问题的步骤进行记录和总结，形成文字报告。

（五）项目总结

微服务治理与运维是微服务生命周期管理的重要内容，通过本项目的学习和实训，熟悉和掌握 TSF 平台微服务治理与运维功能，提升服务治理与运维能力。

 项目练习

（一）选择题

1. 以下（　　）是微服务架构的特点。

　A. 服务能够独立构建、独立 部署、独立扩展

　B. 松耦合、单一职责、基于限界上下文的一种 SOA 的落地实现

　C. 代码与数据中心化

　D. 松耦合、单一职责、基于限界上 下文的一种 SOA 的落地实现

　E. 以上都不对

2. 集中式服务管理机制的问题包括（　　　）。

A. 可伸缩性差，容易成为性能瓶颈

B. 有可能出现单点故障

C. 设计开发难度极高，因为要保证非常高的可用性（HA）

D. 数据难同步

E. 以上都不对

3. 微服务架构基础设施及主要构件包括（　　　）。

A. 服务注册、发现　　　　　　B. 负载均衡

C. 服务网关　　　　　　　　　D. 服务容错

E. 配置管理

（二）简答题

1. 服务治理包含哪些内容？

2. 微服务与 SOA 有哪些区别？